全国建材行业创新规划教材

通用混凝土生产

主　编　韩长菊　周　红
副主编　刘雪娥　沈永麟　祁会军
主　审　张育才　李永庆

中国建材工业出版社

图书在版编目（CIP）数据

通用混凝土生产/韩长菊，周红主编．--北京：中国建材工业出版社，2022.1（2025.1重印）
全国建材行业创新规划教材
ISBN 978-7-5160-3041-7

Ⅰ.①通…　Ⅱ.①韩…　②周…　Ⅲ.①混凝土—生产工艺—教材　Ⅳ.①TU528.06

中国版本图书馆 CIP 数据核字（2020）第 164724 号

内容提要

本书以工学结合、能力为本、注重实用为编写宗旨，内容涵盖从混凝土原材料到施工的各个环节，主要内容包括混凝土基本知识、通用混凝土的原材料、通用混凝土的性能、通用混凝土生产与质量控制、通用混凝土施工、通用混凝土的养护、通用混凝土常见质量问题及其防治、通用混凝土绿色生产和安全生产。

本书主要面向职业院校建筑材料类、非金属材料类专业，可作为材料相关专业教材，也可作为企业职工培训、继续教育教材，亦可供水泥和混凝土企业的管理人员、技术人员、岗位操作人员阅读。

通用混凝土生产
Tongyong Hunningtu Shengchan
主　编　韩长菊　周　红

出版发行：中国建材工业出版社
地　　址：北京市西城区白纸坊东街2号院6号楼
邮　　编：100054
经　　销：全国各地新华书店
印　　刷：北京雁林吉兆印刷有限公司
开　　本：787mm×1092mm　1/16
印　　张：14.5
字　　数：350千字
版　　次：2022年1月第1版
印　　次：2025年1月第2次
定　　价：52.80元

本社网址：www.jskjcbs.com，微信公众号：zgjskjcbs

本书如有印装质量问题，由我社事业发展中心负责调换，联系电话：(010)63567692

《全国建材行业创新规划教材》丛书编委会

《通用混凝土生产》
编　委　会

主　编　韩长菊　昆明冶金高等专科学校

　　　　周　红　山西职业技术学院

副主编　刘雪娥　昆明冶金高等专科学校

　　　　沈永麟　云南省建筑材料产品质量检验研究院

　　　　祁会军　山西职业技术学院

主　审　张育才　昆明冶金高等专科学校

　　　　李永庆　云南建投绿色高性能混凝土股份有限公司

参　编　姚通稳　山西职业技术学院

　　　　钟　蓉　江西现代职业技术学院

　　　　曹良桂　云南建投绿色高性能混凝土股份有限公司

　　　　杨晓杰　昆明冶金高等专科学校

　　　　刘宗飞　中建西部建设云南公司

　　　　许加达　博努力（北京）仿真技术有限公司

序　言

2020年12月，中央经济工作会议将“做好碳达峰、碳中和工作”列为2021年的重点任务之一。2021年1月中国建筑材料联合会为全面提升建筑材料行业绿色低碳发展水平，加快推进建筑材料行业碳减排工作，促进建筑材料行业提前实现碳达峰，向全行业发出《推进建筑材料行业碳达峰、碳中和行动倡议书》（以下简称《倡议》）。《倡议》明确提出“建筑材料行业相关科研院所、大专院校要充分发挥自身的优势，坚持绿色低碳的科技创新方向，加强行业碳减排基础研究工作，为建筑材料行业尽早实现碳达峰提供强大的基础理论和技术支撑”。

2019年2月，国务院印发《国家职业教育改革实施方案》中指出“随着我国进入新的发展阶段，产业升级和经济结构调整不断加快，各行各业对技术技能人才的需求越来越紧迫，职业教育重要地位和作用越来越凸显。但是，与发达国家相比，与建设现代化经济体系、建设教育强国的要求相比，我国职业教育还存在着体系建设不够完善、职业技能实训基地建设有待加强、制度标准不够健全、企业参与办学的动力不足、有利于技术技能人才成长的配套政策尚待完善、办学和人才培养质量水平参差不齐等问题，到了必须下大力气抓好的时候。没有职业教育现代化就没有教育现代化。”该方案中明确提出建立健全教学教材是健全国家职业教育制度框架内容之一。

为有效支撑职业院校教学改革和教材建设，深化人才培养模式和课程体系的改革与创新，进一步探索建筑材料类职业教育发展内涵及特色，加快培养具有理论和实践相结合的高水平专业人才，促进校企、校校、校社的交流与合作，中国建材工业出版社与全国建材职业教育教学指导委员会共同组织编写了《全国建材行业创新规划教材》。系列教材内容突出建筑材料类建筑材料工程技术、建筑材料检测技术、建筑装饰材料技术、建筑材料设备应用、新型建筑材料技术、建筑材料生产与管理专业，非金属材料类材料工程技术等专业特色与科技创新，反映新材料、新技术、新工艺、新标准。

本系列教材以精品化、规范化、系统化、规模化为原则，确保建材类职业教育的高水准，集聚建材行业权威专家、院校资深教师、优秀企业家通力合作、协同推进、联合共编。内容强化科学性、先进性、适用性、实用性，同时配套优质新媒体资源，力图实现良好的职业教育教学效果。

本书编委会

2021年2月

前　言

随着社会的不断进步与时代的不断发展，职业教育的重要性更加凸显，发展职业教育已成为构建和谐社会的重要内容。根据中国特色高水平高职学校和专业建设计划的意见、高等职业学校专业教学标准对课程建设的要求，昆明冶金高等专科学校、山西职业技术学院、江西现代职业技术学院等职业院校联合云南建投绿色高性能混凝土股份有限公司、云南省建筑材料产品质量检验研究院、中建西部建设云南公司等企业共同编写了《通用混凝土生产》一书。

混凝土是当今世界上用量最大、使用最广泛的建筑材料之一，已经与人们日常生活无法分割。我们通过对企业的充分调研，了解通用混凝土生产过程，并以此为主线，介绍了混凝土从原材料到施工的各个环节。参照国家和行业现行标准，我们将通用混凝土生产相关知识进行梳理、整合，力求体现职业教育工学结合、能力为本、注重实用的特点，淡化理论分析，突出实际应用。本书主要内容包括混凝土基本知识、通用混凝土的原材料、通用混凝土的性能、通用混凝土生产与质量控制、通用混凝土施工、通用混凝土的养护、通用混凝土常见质量问题及其防治、通用混凝土绿色生产和安全生产。我们在编写过程中，力求理论联系生产实际，深入浅出，立足我国混凝土生产发展特点，反映国内外混凝土生产现用设备和生产工艺。每章后附有多种类型的习题，便于学习者掌握、巩固相关知识内容。

本书主要面向职业院校建筑材料类、非金属材料类专业，可作为材料相关专业教材，也可作为企业职工培训、继续教育教材，亦可供水泥和混凝土企业的管理人员、技术人员、岗位操作人员阅读。

本书由昆明冶金高等专科学校韩长菊、山西职业技术学院周红担任主编并统稿，昆明冶金高等专科学校张育才、云南建投绿色高性能混凝土股份有限公司李永庆为主审，昆明冶金高等专科学校刘雪娥、云南省建筑材料产品质量检验研究院沈永麟、山西职业技术学院祁会军担任副主编，参加编写的人员还有山西职业技术学院姚通稳、江西现代职业技术学院钟蓉、云南建投绿色高性能混凝土股份有限公司曹良桂、昆明冶金高等专科学校杨晓杰、中建西部建设云南公司刘宗飞、博努力（北京）仿真技术有限公司许加达。

我们在编写过程中参考了大量书籍、论文、标准和网上资料，不能将出处一一列出，在此向所有支持过本书编写的同仁和被引入本书内容的作者表示最真诚的感谢！

由于编者水平有限，书中难免存在不妥之处，恳请广大读者提出批评和建议，以便及时改进。

编　者

2021 年 12 月

目　　录

1　混凝土基本知识

混凝土
基本知识

本章导读

混凝土是指用水泥作胶凝材料，砂、石作骨料，与水、适量外加剂和掺合料，按一定比例配合，经搅拌、成型、养护而得到的工程复合材料的统称。由于它具有工程所需要的强度和耐久性，而且原料易得，造价低廉，工艺简单，特别是能耗较低，使它在工程中有广泛的应用。本章从混凝土的发展历史、分类及发展趋势进行阐述。通过本章的学习，掌握混凝土的概念及分类方法，了解各类混凝土的特点及其发展史和发展趋势。

混凝土是建筑工程中常用的建筑材料，是指由胶凝材料、粗细骨料、水，必要时加入外加剂和矿物掺合料，按一定的比例混合，并在一定条件下经硬化后形成的复合材料。混凝土的出现，极大地改善了人类的居住、工作和出行环境。随着混凝土制备和应用技术的不断进步，混凝土已经成为现代社会的基础，在日常生活的各个方面都直接或间接地涉及混凝土。混凝土是工业与民用建筑、水利水电、道路桥梁、地下工程及国防工程建设的主导材料。

1.1　混凝土的发展历史

混凝土的出现可以上溯几千年，所用的胶凝材料为黏土、石灰、石膏、火山灰等。如我国的万里长城、古埃及的金字塔、古罗马的建筑都已使用了以石灰、石膏或天然火山灰为胶凝材料的混凝土。虽然早期的混凝土凝结硬化缓慢，强度较低，但典型建筑经历 2000 多年的流水、雨雪、海水等自然因素作用至今仍然保存完整。

自 19 世纪 20 年代出现了波特兰水泥后，由于用它配制成的混凝土具有工程所需要的强度和耐久性，具有优良的建筑性能，而且原料易得，造价较低，因此用途极为广泛。

1824 年英国工程师阿斯普丁（J. Aspdin）用石灰石和黏土为原料，按一定比例配合后，在类似于烧石灰的立窑内煅烧成熟料，再经磨细制成水泥。因水泥硬化后的颜色与英格兰岛上波特兰地方用于建筑的石头相似，被命名为波特兰水泥，获得了第一份水泥专利，标志着水泥工业的开端。此后水泥和混凝土的生产技术得以迅速发展，混凝土的强度及其性能也都有了很大的提高，混凝土的用量急剧增加。时至今日，混凝土材料已经成为世界上用量最大、用途最广的人造材料。

1850 年法国人朗波（J. L. Lambat）研究出使用钢筋混凝土的方法，并首次制成了钢丝网水泥船，使得混凝土的使用范围更加扩大。1861 年钢筋混凝土得到了第一次的应用，首先建造的是水坝、管道和楼板。1867 年法国技师 Joseph Monier 取得了用格子状配筋制作桥面板的专利，钢筋混凝土工艺迅速向前发展。1867 年是全世界公认的最早的钢筋混凝土桥架设的一年。

20 世纪初，艾布拉姆斯（D. A. Abrams）及利滋（Lyse）发表了水灰比学说，初步奠定了混凝土强度的理论基础。1928 年法国的佛列西涅（E. Freyssinet）提出混凝土的收缩和徐变理论，发明了预应力钢筋混凝土施工工艺。钢筋混凝土和预应力钢筋混凝土解决了混凝土抗压强度高、抗折和抗拉强度较低的问题，为钢筋混凝土结构在大跨度桥梁、高层建筑，以及在抗裂、防裂等方面的应用开辟了新的途径。

1960 年前后，混凝土外加剂的出现，尤其是高效减水剂的大量使用，不仅改善了混凝土的各种性能，而且为混凝土施工工艺的发展创造了良好的条件。在混凝土拌合物中掺入减水剂，可以大幅度地降低水灰比、提高强度或拌合物的流动性，使拌合物在搅拌运输浇筑和成型等工艺过程变得容易操作。目前，混凝土外加剂已经成为混凝土原材料中不可或缺的部分。

由于混凝土材料具有原材料来源广、便于施工、可灌注任何形状、能适应各种环境、经久耐用等特点，因此，混凝土材料被广泛地应用于工业与民用建筑、城市建设、水利工程、地下工程、国防工业等国民经济的各个方面。

1.2 混凝土的分类及特点

随着科学技术的进步和经济的不断发展，社会对水泥和混凝土用量的需求越来越大，性能要求越来越高，满足各种工程需要的混凝土的品种也越来越多。因此，其分类方法也是多种多样，较常用的几种分类方法如下：

1.2.1 按表观密度分类

混凝土按表观密度大小不同可分为以下三类：

1. 重混凝土

重混凝土是指干表观密度大于 2600kg/m^3 的混凝土，通常是采用高密度集料（如重晶石、铁矿石、钢屑等）或同时采用重水泥（如钡水泥、锶水泥等）制成的混凝土。因为它主要用作核能工程的辐射屏蔽结构材料，又称为防辐射混凝土。

2. 普通混凝土

普通混凝土是指干表观密度为 1950～2600kg/m^3 的混凝土，通常是以水泥为胶凝材料，以天然砂、石为骨料配制而成的混凝土。普通混凝土是建筑工程中最常用的混凝土。

3. 轻质混凝土

轻质混凝土是指干表观密度小于 1950kg/m^3 的混凝土，通常采用陶粒、浮石、火山渣等轻质多孔的骨料，或者不用骨料而掺入加气剂或泡沫剂等形成多孔结构的混凝土。根据其性能与用途的不同又可分为结构用轻质混凝土、保温用轻质混凝土和结构保温轻质混凝土等。

1.2.2 按胶凝材料分类

1. 无机胶凝材料混凝土

(1) 水泥混凝土。以硅酸盐水泥以及各种水泥为胶凝材料，可用于各种混凝土结构。

(2) 硅酸盐混凝土。由石灰和各种含硅原料（砂及工业废渣）以水热合成方法来产生水化胶凝物质，可用于制作各种硅酸盐砌块等。

(3) 石膏混凝土。以各种石膏作为胶凝材料，可制作顶棚、内隔墙等。

(4) 水玻璃混凝土。以水玻璃为胶凝材料，可制作耐酸混凝土结构物。

2. 有机胶凝材料混凝土

(1) 沥青混凝土。用天然或人造沥青为胶凝材料制成，可用于道路工程。

(2) 聚合物胶结混凝土（又称树脂混凝土）。以聚酯树脂、环氧树脂、脲醛树脂等为胶凝材料制成，适用于有侵蚀介质的环境中使用。

3. 无机有机复合胶凝材料混凝土

(1) 聚合物水泥混凝土。以水泥为主要胶凝材料，掺入少量聚合物或用掺有聚合物的水泥制成，适用于路面、桥梁及修补工程。

(2) 聚合物浸渍混凝土。以水泥混凝土为基材，用有机单体液浸渍和聚合制成，适用于耐磨、抗渗、耐腐蚀等混凝土工程。

1.2.3 按用途分类

按混凝土在工程中的用途不同可分为结构混凝土、水工混凝土、海洋混凝土、道路混凝土、防水混凝土、补偿收缩混凝土、装饰混凝土、耐热混凝土、耐酸混凝土、防辐射混凝土等。

1.2.4 按强度等级分类

按混凝土的抗压强度可分为低强混凝土、中强混凝土、高强混凝土及超高强混凝土等。

1.2.5 按施工工艺分类

根据混凝土施工工艺的不同又可分为两大类：一类是现浇混凝土，通过在现场组装模板，然后进行混凝土的浇筑。另一类是预制混凝土，指混凝土梁、板、柱等构件在工厂浇筑生产，然后运至工程现场组装。

1.2.6 按混凝土性能分类

按混凝土的性能分类有早强混凝土、补偿收缩混凝土、高强混凝土、高性能混凝土等。

1.2.7 按配筋方式分类

按混凝土配筋方式分类有素混凝土、钢筋混凝土、预应力混凝土、纤维增强混凝土等。

1.2.8 混凝土的特点

混凝土材料之所以能够得到不断发展，主要是因为它具有一系列的优良性能和特点。

1. 混凝土的优点

(1) 原材料来源丰富。混凝土中约70%以上的材料是砂石料，属地方性材料，可就地取材，避免远距离运输，因而价格低廉。

(2) 施工方便。混凝土拌合物具有良好的流动性和可塑性，可根据工程需要浇筑成各种形状和尺寸的构件及构筑物，既可现场浇筑成型，也可预制。

(3) 性能可根据需要设计调整。通过调整各组成材料的品种和数量，特别是掺入不同外加剂和掺合料，可获得不同施工和易性、强度、耐久性或具有特殊性能的混凝土，满足工程上的不同要求。

(4) 抗压强度高。混凝土的抗压强度一般在7.5～60MPa。当掺入高效减水剂和掺合料时，强度可达100MPa以上。而且，混凝土与钢筋具有良好的匹配性，浇筑成钢筋混凝土后，可以有效地改善抗拉强度低的缺陷，使混凝土能够应用于各种结构部位。

(5) 耐久性好。木材容易腐朽，钢材容易生锈，而混凝土在自然环境下使用的耐久性要比木材和钢材优越得多。原材料选择正确、配比合理、施工养护良好的混凝土具有优异的抗渗性、抗冻性和耐腐蚀性能，且对钢筋有保护作用，可保持混凝土结构长期使用性能稳定。

(6) 耐火性好。作为建筑材料，混凝土比木材、塑料、钢材等具有更好的耐火性能，高温下仍然可以保持一定的强度。

(7) 与其他材料的复合能力强。作为基材，混凝土可以与钢筋、纤维、聚合物等复合，制成钢筋混凝土、纤维增强混凝土、聚合物混凝土等，融合钢筋、纤维和聚合物的优点，弥补混凝土的脆性大的弱点，提高混凝土的抗裂性，并且可利用混凝土的碱性特点弥补钢筋和钢纤维生锈的问题。

(8) 有利于工业利废。混凝土行业可以有效地消纳工业废渣，如粉煤灰、矿渣、尾矿粉等，减轻工业废渣对环境的污染。

2. 混凝土的缺点

混凝土材料也有其缺点，限制了它的使用范围。其主要有如下几点：

(1) 自重大。$1m^3$混凝土重约2400kg，故结构物自重较大，导致地基处理费用增加。

(2) 混凝土的脆性大，抗拉强度低，抗裂性差。混凝土的抗拉强度一般只有抗压强度的1/10～1/20，易开裂。

(3) 收缩变形大。水泥水化凝结硬化引起的自身收缩和干燥收缩达500×10^{-6}m/m以上，易产生混凝土收缩裂缝。

(4) 混凝土保温隔热性差，导热系数约为1.4W/(m·K)，约为黏土砖的2倍。

(5) 混凝土受力破坏呈现明显的脆性，抗冲击能力较差，不适合高层有抗震性能要求的结构物。

混凝土的上述问题，可以通过合理的设计、适当的选材以及严格的质量管理控制来加以弥补。而近年来各种新型、特种混凝土的出现正逐渐完善混凝土的性能，扩大混凝土使用范围。

1.3 混凝土的发展趋势

《混凝土与水泥制品行业“十三五”发展规划》提出预拌混凝土领域的发展重点是：推广应用高性能混凝土，包括推广应用高强高性能混凝土和普通强度混凝土的高性能化；通过技术手段，积极推进消纳固废，减少自然资源的开发和利用，保护环境，使混凝土产业成为“资源的再生器”。故今后混凝土材料技术将主要沿着高强、高性能、轻质、复合、经济耐久及环保等方向发展。

1.3.1 高强、高性能、绿色化

1. 向高强度发展

随着市场经济快速发展，在建筑工程领域，越来越重视高强混凝土的应用。高强混凝土具有强度高、变形小并且耐久性好等特点。高强混凝土通过优质的原材料配比和高质量的施工管理，比普通混凝土更加适用于现代化发展的需要。

在国外，高强混凝土的应用较早，施工技术也比较成熟。美国的高强混凝土建筑相对其他国家应用得更早，尤其是在芝加哥，20 世纪 70 年代前后兴建起大量高层建筑，大部分是以高强混凝土作为结构受力材料，加拿大多伦多市 56 层大楼也用了高强混凝土。日本在 20 世纪 40 年代就已经实现了混凝土强度等级达到 100MPa 的突破，但由于日本特殊的抗震和延性要求，规定所使用的混凝土强度等级不宜超过 60MPa。在法国的 Catenom 核电站，使用了 2000 根高强钢筋混凝土预应力梁，抗压强度达到了 250MPa。马来西亚的吉隆坡石油大厦采用了高强混凝土建筑结构，使其成为当时世界上第二高的建筑物。在德国的混凝土结构设计规范中，混凝土的强度等级达到了 C110，是当前世界范围内强度等级最高的。挪威仅次于德国，其规范中的混凝土最高强度设计等级为 C105。

目前我国高强混凝土的应用越来越广泛，尤其是在超高层建筑中。我国最早应用高强混凝土的建筑为 1977 年建成的毛主席纪念堂，其全部混凝土构件均采用 60MPa 的高强混凝土。近年来由于我国对高强混凝土的研究逐渐深入，对高效减水剂的研发和生产不断扩大，促进了高强混凝土在实际工程中的应用。然而在我国，高强混凝土的应用主要集中在发达城市的高层建筑、大跨桥梁和海上建筑中，其中最高强度等级在实际工程中达到了 C130。

2. 向高性能发展

高性能混凝土（HPC）是一种新型的高技术混凝土，是在大幅度提高常规混凝土性能的基础上，采用现代混凝土技术，选用优质原材料，在妥善的质量控制下制成的。除采用优质水泥、水和骨料以外，必须采用低水胶比和掺加足够数量的矿物细掺合料与高效外加剂。

随着现代化进程的加快，我国的建设规模日益扩大，如何保证建筑工程安全长久受

到了社会各界的广泛关注。混凝土作为当今世界使用量最大、使用面最广的建筑材料之一，其性能备受重视。我国是以混凝土作为主要建筑材料的国家，高性能混凝土由于具有高耐久性、高强度、高体积稳定性和高工作性等许多优良特性，使其在建筑工程中的应用逐年增加。

高性能混凝土一般应满足以下几项要求：

（1）高工作性

混凝土拌合物具有大的流动性，不离析、不泌水、易泵送、易成型、自密实，能保证混凝土的浇筑质量。

（2）良好的物理力学性能

高性能混凝土应具有较高的强度、较高的弹性模量和体积稳定性。

（3）高耐久性

这是高性能混凝土最重要的性能，其使用寿命应在百年以上，较高的工程使用寿命是节约资源和能源的有效途径之一。

（4）经济合理性

高性能混凝土的使用不能较大幅度地提高工程造价。

（5）高体积稳定性

高性能混凝土应具有低干缩、低徐变、低温度变形和高弹性模量。

3. 向绿色混凝土发展

绿色混凝土是从绿色材料角度对混凝土进行开发利用，从而改善混凝土与环境的协调性。绿色材料的特点包括材料本身的先进性，生产过程的安全性，材料使用的合理性以及符合现代工程学的要求等。作为矿物掺合料，大掺量或广泛使用粉煤灰、磨细高炉矿渣和其他工业废渣，减少水泥消耗；更多使用再生骨料，如破碎混凝土、工业废渣，减少资源消耗。总之，尽可能循环利用资源，降低生产单位体积混凝土的CO_2排放量。绿色混凝土主要特点体现在以下几方面：

（1）大量利用工业废料，降低水泥用量。

（2）要有比传统混凝土更好的力学与耐久性能。即满足结构和力学、使用功能以及使用年限的要求。

（3）具有与自然环境的协调性。减轻对地球环境系统的负荷，实现非再生性资源的可循环使用，节省能源，实现有害物质的“零排放”。

（4）能够为人类提供温和、舒适、便捷的生存环境。

1.3.2 轻质混凝土的广泛应用

自重大是普通混凝土材料的一大缺点，因而其使用量也受到了一定限制。减轻混凝土材料的自重是混凝土材料科学发展的重要目标之一。减轻混凝土的自重有如下几种方法：一是采用轻骨料（如浮石、火山渣、黏土陶粒、粉煤灰陶粒等）制成轻骨料混凝土；二是在混凝土中加入气泡制成多孔混凝土（如加气混凝土、泡沫混凝土等）；三是轻骨料与在水泥浆中引入气泡相结合的轻质混凝土。

美国是轻骨料混凝土应用较早、最广泛的国家之一。20 世纪 70 年代初期，美国的轻骨料产量已达 1800 万 m^3，并且以每年 5%～8%的速度递增；1969 年，美国就用轻骨料混凝土建成了 52 层高 218m 的休斯敦贝壳广场大厦。苏联于 1955 年在莫斯科建成了第一个黏土陶粒中间试验厂，随后在全国迅速推广应用，成为世界上第一大轻骨料混凝土生产国。北欧一些国家自 20 世纪 50 年代就发展和应用轻骨料混凝土，如丹麦于 1959 年首先生产超轻陶粒，成为当今世界上人均产量最多的国家。目前，国外轻骨料混凝土向着高强方向发展，现已配制出 60～80MPa 的轻质高强混凝土，为发展高层和超高层建筑发挥了巨大作用。

我国于 1956 年开始研制人造轻骨料，1958 年前后许多地区试制和生产黏土陶粒、页岩陶粒和粉煤灰陶粒，1966 年在天津建成了第一个年产 5 万 m^3 的粉煤灰陶粒厂。到目前为止，全国已建成黏土陶粒、页岩陶粒、粉煤灰陶粒、膨胀矿渣珠和大颗粒膨胀珍珠岩等各种轻骨料厂 30 余个，总设计年生产能力已达 200 万 m^3，全国已建成轻骨料混凝土建筑约 1000 万 m^2。

轻骨料混凝土在我国应用虽然较晚，但在应用范围和品种研制方面做出了不懈努力。1982 年，新疆建筑科学研究所成功研制了表观密度小于 400kg/m^3 的超轻黏土陶粒，抚顺市红砖一厂研制出表观密度小于 500kg/m^3 的超轻页岩陶粒。1958 年，在北京建成第一栋轻集料装配式大板试点建筑；1965—1968 年，上海在 12 万 m^2 的装配式工业与民用建筑中应用了陶粒混凝土板材；天津在预制构件中多数采用了陶粒混凝土；1980 年，辽宁省在全装配大板、滑升模板、现浇墙板、空心砌块等建筑中，已用了约 12 万 m^3 的轻骨料混凝土，总建筑面积达 50 万 m^2；黑龙江采用陶粒小型空心砌块达 70 万 m^2。

目前，我国在轻骨料混凝土应用方面，正向着轻质、高强、多功能方向发展。随着建筑节能、高层、抗震的综合要求，轻骨料的质量和产量还远不能满足建筑业高速发展的需要。提高轻集料混凝土的质量，大力推广应用轻骨料混凝土，这是摆在建筑业所有技术人员面前的一项重要任务。

本章小结

混凝土是建筑工程中常用的建筑材料，本章主要介绍了混凝土的发展历史、混凝土的分类及特点、混凝土的发展趋势。

混凝土的出现可以上溯几千年，所用的胶凝材料为黏土、石灰、石膏、火山灰等。19 世纪 20 年代出现了波特兰水泥，1850 年法国人朗波（J. L. Lambat）研究出使用钢筋混凝土的方法；20 世纪初，艾布拉姆斯（D. A. Abrams）及利滋（Lyse）发表了水灰比学说，1928 年法国的佛列西涅（E. Freyssinet）提出混凝土的收缩和徐变理论，1960 年前后，混凝土外加剂出现。

混凝土可以从表观密度、胶凝材料、用途、强度、施工工艺、性能、配筋方式等方面进行分类。混凝土材料之所以能够得到不断发展，主要是因为它具有一系列的优良性能和特点，但也有少量的缺点。

混凝土正在向高强、高性能、绿色化、轻质方向发展。

习 题

一、填空题

1. 混凝土是指由________、________、________，必要时加入外加剂和矿物掺合料，按一定的比例混合，并在一定条件下经硬化后形成的复合材料。

2. 我国的万里长城、古埃及的金字塔、古罗马的建筑都已使用了以________、________或________为胶凝材料的混凝土。

3. 1850 年法国人朗波（J. L. Lambat）研究出使用________的方法，并首次制成了________，使得混凝土的使用范围更加扩大。

4. 1960 年前后，混凝土________的出现，尤其是________的大量使用，不仅改善了混凝土的各种性能，而且为混凝土施工工艺的发展创造了良好的条件。

5. 今后混凝土材料技术将主要沿着________、________、________、________，经济耐久及环保等方向发展。

二、单项选择题

1. 20 世纪初，艾布拉姆斯及利滋发表了（　　），初步奠定了混凝土强度的理论基础。

A. 水灰比学说　　B. 混凝土配筋理论

C. 收缩理论　　D. 徐变理论

2. 轻质混凝土是指干表观密度小于（　　）kg/m^3 的混凝土。

A. 1850　　B. 1900　　C. 1950　　D. 2000

3. 自 19 世纪 20 年代出现了（　　）后，用它配制成的混凝土具有工程所需要的强度和耐久性，具有优良的建筑性能。

A. 矾土水泥　　B. 波特兰水泥　　C. 高铝水泥　　D. 海工水泥

4. 轻质混凝土是克服了普通混凝土（　　）的缺点。

A. 脆性大　　B. 自重大　　C. 收缩变形大　　D. 抗裂性差

5. 高性能混凝土最重要的性能是应具有（　　）。

A. 高强度　　B. 高工作性　　C. 经济合理　　D. 高耐久性

三、多项选择题

1. 古代的混凝土特点为（　　），典型建筑经历 2000 多年的流水、雨雪、海水等自然因素作用至今仍然完整保存。

A. 凝结硬化缓慢　　B. 强度较高

C. 强度较低　　D. 耐久性高

E. 耐久性低

2. 混凝土按表观密度大小不同可分为（　　）。

A. 重混凝土　　B. 轻质混凝土

C. 普通混凝土　　D. 素混凝土

3. 可用于混凝土的无机胶凝材料有（　　）。

A. 沥青　　B. 水泥　　C. 石膏　　D. 水玻璃

4. 按混凝土配筋方式分类有(　　)。

A. 素混凝土　　B. 钢筋混凝土　　C. 预应力混凝土　　D. 纤维增强混凝土

5. 属于有机胶凝材料混凝土的有(　　)

A. 聚合物水泥混凝土　　B. 聚合物浸渍混凝土

C. 聚合物胶结混凝土　　D. 沥青混凝土

四、判断题

1. 聚合物水泥混凝土的主要胶凝材料为聚合物。(　　)
2. 梁、板、柱等混凝土构件一般是用现浇的方式进行生产。(　　)
3. 钢筋混凝土中的钢筋主要是改善混凝土的抗拉强度。(　　)
4. 纤维加入混凝土，可以改善混凝土的抗裂性。(　　)
5. 高性能混凝土应具有高的强度，高强混凝土也一定具有高的性能。(　　)

五、简答题

1. 混凝土有哪些类别，各用于何种结构或工程中？
2. 混凝土材料有哪些优缺点？
3. 简述混凝土的发展历史。
4. 何谓高性能混凝土，高性能混凝土应满足哪些要求？

2 通用混凝土的原材料

本章导读

水泥、粗骨料、细骨料、水是组成通用混凝土的基本材料，粗、细骨料构成混凝土的基本骨架，水泥作为胶凝材料，加水拌和后形成水泥浆填充到骨架结构中，同时，水泥水化将粗、细骨料胶结为一个整体。为了提高、调节或改善混凝土性能，在配制混凝土时掺入适量的掺合料和外加剂。组成材料的性能将直接影响混凝土性能，因此，要配制满足工程需要的混凝土，选材至关重要。本章介绍了制备通用混凝土的原材料：通用硅酸盐水泥、粗、细骨料、拌和用水及一些常用的掺合料、外加剂。通过对制备混凝土原材料的学习，掌握其基本性质、技术指标，并能够合理选用。

制备混凝土的原材料与混凝土的力学性能、混凝土的耐久性、变形性能等有着密切的关系，正确选用混凝土原材料是获得高质量混凝土的先决条件。

2.1 水泥

普通混凝土原材料——水泥

水泥起源于胶凝材料，是在胶凝材料的发展过程中逐渐演变和发明的。水泥是指加水拌和成塑性浆体后，能胶结砂、石等材料，既能在空气中硬化，又能在水中继续硬化的粉末状水硬性胶凝材料。

制备混凝土时，水泥与水形成水泥浆，水泥浆包裹在骨料表面并填充在骨料间的空隙。在硬化前，水泥浆起润滑、填充作用，赋予拌合物一定的和易性，便于施工及振捣密实。水泥浆硬化后，则将骨料胶结成一个坚实的整体，赋予混凝土一定的强度。

2.1.1 通用硅酸盐水泥

通用硅酸盐水泥（Common Portland Cement）是指以硅酸盐水泥熟料和适量的石膏及规定的混合材料制成的水硬性胶凝材料。

通用硅酸盐水泥按混合材料的品种和掺量分为硅酸盐水泥、普通硅酸盐水泥、矿渣硅酸盐水泥、火山灰质硅酸盐水泥、粉煤灰硅酸盐水泥和复合硅酸盐水泥。各品种的组分和代号应符合表 2-1 的要求。

表 2-1 通用硅酸盐水泥的组分要求

品种	代号	组分（质量分数）(%)						
		主要组分						替代组分
		熟料＋石膏	粒化高炉矿渣	粉煤灰	火山灰质混合材料	石灰石	砂岩	
硅酸盐水泥	P·Ⅰ	100	—	—	—	—	—	—
	P·Ⅱ	95～100	0～5	—	—	—	—	—
			—	—	—	0～5	—	—
普通硅酸盐水泥	P·O	80～95	5～20[a]			—	—	0～5[b]
矿渣硅酸盐水泥	P·S·A	50～80	20～50	—	—	—	—	0～8[c]
	P·S·B	30～50	50～70	—	—	—	—	
粉煤灰硅酸盐水泥	P·F	60～80	—	20～40	—	—	—	—
火山灰质硅酸盐水泥	P·P	60～80	—	—	20～40	—	—	—
复合硅酸盐水泥	P·C	50～80	20～50[d]					0～8[e]

注：a 本组分材料由符合本标准规定的粒化高炉矿渣、粉煤灰、火山灰质混合材料组成。

b 本替代组分为符合本标准规定的石灰石、砂岩、窑灰中的一种材料。

c 本替代组分为符合本标准规定的粉煤灰、火山灰、石灰石、砂岩、窑灰中的一种材料。

d 本组分材料由符合本标准规定的粒化高炉矿渣、粉煤灰、火山灰质混合材料、石灰石和砂岩中的三种（含）以上材料组成，其中石灰石和砂岩的总量小于水泥质量的 20%。

e 本替代组分为符合本标准规定的窑灰。

1. 通用硅酸盐水泥的水化、凝结和硬化

通用硅酸盐水泥的生产过程可概括为“两磨一烧”，即将石灰石、黏土、铁矿粉等原料按一定比例配合磨细制成生料，将生料送入水泥窑中经过 1300～1450℃高温煅烧得到熟料，由水泥熟料、适量石膏、粒化高炉矿渣、粉煤灰等混合材料按不同比例配合、磨细制成水泥。

水泥生料在加热煅烧过程中发生一系列的物理、化学变化，硅酸盐水泥熟料中的主要化学成分是 CaO、SiO_2、Al_2O_3 和 Fe_2O_3 四种氧化物，其总和通常占熟料总量的 95% 以上。这些氧化物在高温下形成以硅酸钙为主的熟料矿物，其组成、含量及特性见表 2-2。

表 2-2 硅酸盐熟料主要矿物组成、含量及其特性

主要矿物	简式	含量 (%)	密度 (g/cm^3)	水化速率	28d 水化热	强度	耐化学腐蚀性
硅酸三钙（$3CaO \cdot SiO_2$）	C_3S	37～60	3.25	快	大	高	差
硅酸二钙（$2CaO \cdot SiO_2$）	C_2S	15～37	3.28	慢	小	早期低，后期高	好
铝酸三钙（$3CaO \cdot Al_2O_3$）	C_3A	7～15	3.04	最快	最大	早期高，后期低（强度绝对值低）	最差
铁铝酸四钙（$4CaO \cdot Al_2O_3 \cdot Fe_2O_3$）	C_4AF	10～18	3.77	快	中	低	中

四种熟料矿物中，硅酸三钙（C_3S）水化速度快、强度高，是水泥强度的主要来源；硅酸二钙（C_2S）早期强度低、后期强度高，是水泥后期强度的主要来源；铝酸三钙

(C_3A)水化反应速度最快、放热量最大，其含量多少直接影响水泥的凝结时间。在实际生产中，可以通过改变熟料中各种矿物的含量获得不同特性的水泥。

(1) 水泥的水化

由表 2-2 可知，水泥熟料主要由硅酸三钙(C_3S)、硅酸二钙(C_2S)、铝酸三钙(C_3A)、铁铝酸四钙(C_4AF)四种矿物组成。其中硅酸盐熟料矿物硅酸三钙(C_3S)、硅酸二钙(C_2S)一般占总量的70%以上，是水泥强度的主要来源；熔剂型矿物铝酸三钙(C_3A)、铁铝酸四钙(C_4AF)一般占总量的20%左右。加水拌和时，四种熟料矿物均会与水发生反应，其反应如下：

1) 硅酸三钙：

$$2(3CaO \cdot SiO_2)+6H_2O \longrightarrow 3CaO \cdot 2SiO_2 \cdot 3H_2O+3Ca(OH)_2$$

2) 硅酸二钙：

$$2(2CaO \cdot SiO_2)+4H_2O \longrightarrow 3CaO \cdot 2SiO_2 \cdot 3H_2O+Ca(OH)_2$$

3) 铝酸三钙：

$$3CaO \cdot Al_2O_3+6H_2O \longrightarrow 3CaO \cdot Al_2O_3 \cdot 6H_2O$$

4) 铁铝酸四钙：

$$4CaO \cdot Al_2O_3 \cdot Fe_2O_3+7H_2O \longrightarrow 3CaO \cdot Al_2O_3 \cdot 6H_2O+CaO \cdot Fe_2O_3 \cdot H_2O$$

水化产物中的水化硅酸钙、水化铁酸钙以凝胶形式存在，水化铝酸钙、氢氧化钙以晶体形式存在，水泥熟料中的铝酸三钙(C_3A)水化速度非常快，为了调节水泥凝结时间，通常在水泥生产过程中加入适量的石膏与水泥熟料共同粉磨，加入的石膏会与水化生成的水化铝酸钙发生如下反应：

$$3CaO \cdot Al_2O_3 \cdot 6H_2O+3(CaSO_4 \cdot 2H_2O)+19H_2O \longrightarrow 3CaO \cdot Al_2O_3 \cdot 3CaSO_4 \cdot 31H_2O$$

水化硫铝酸钙又称钙矾石，是一种针状晶体，不溶于水，会在水泥颗粒表面形成一层较致密的保护膜，阻碍水分子的扩散，从而延缓了水泥颗粒特别是 C_3A 的水化速度。随着水化反应的进行，生成的钙矾石填充到水泥石空隙中，使水泥石强度增加。但生成钙矾石时体积会膨胀，如果石膏掺量过多，会引起水泥体积安定性不良。

(2) 水泥的凝结和硬化

水泥的凝结硬化过程一般可概括为如下四个阶段：

当水泥加水拌和后，水泥颗粒分散在水中，水泥颗粒表面开始水化，生成的可溶性水化产物立即溶于水中，形成水泥浆体。

水泥颗粒内部未水化的水泥继续反应，水化产物逐渐增多，水分减少，浆体变稠。水泥颗粒周围溶液达到过饱和，水化产物以分散状态的颗粒析出，附在水泥颗粒表面形成凝胶状膜层，水化反应减慢。

随着水化反应继续进行，水化产物持续增多，凝胶状膜层越来越厚直至破裂，未水化的水泥颗粒重新与水接触并发生反应。水分越来越少，水泥颗粒相互接触，水化产物相互连接成网络，浆体稠度进一步增加，逐渐失去可塑性，出现凝结现象。

水化后期，水化产物形成的网络结构越来越致密，水化越来越困难，未水化水泥颗粒水化速度减慢，水泥硬化，水化产物继续增多并填充于硬化水泥石空隙中，使水泥石密实度增加而产生强度。

综上所述，水泥的凝结硬化是一个由表及里，由快到慢、连续的过程。较大颗粒的内部很难完全水化。因此，硬化后的水泥石是由水泥水化产物、未完全水化的水泥颗粒、毛细孔等组成的非匀质结构体。

2. 通用硅酸盐水泥的技术要求和性质

技术要求是衡量及保证水泥质量的主要依据，通用硅酸盐水泥的技术要求包括细度、凝结时间、安定性、强度。

（1）物理指标

① 细度。《通用硅酸盐水泥》（GB 175—2020）规定硅酸盐水泥的细度以比表面积表示，不低于 300m^2/kg，但不大于 400m^2/kg。普通硅酸盐水泥、矿渣硅酸盐水泥、粉煤灰硅酸盐水泥、火山灰质硅酸盐水泥、复合硅酸盐水泥的细度以 45μm 方孔筛筛余表示，不小于 5%。

当有特殊要求时，由买卖双方协商确定。

② 凝结时间

凝结时间分初凝时间和终凝时间。初凝时间是指从水泥加水拌和至水泥净浆开始失去可塑性所需的时间；终凝时间指水泥加水拌和开始至水泥净浆完全失去可塑性所需的时间。《通用硅酸盐水泥》（GB 175—2020）规定硅酸盐水泥初凝时间不少于 45min，终凝时间不大于 390min；普通硅酸盐水泥、矿渣硅酸盐水泥、粉煤灰硅酸盐水泥、火山灰质硅酸盐水泥、复合硅酸盐水泥初凝时间不小于 45min，终凝时间不大于 600min。

③ 安定性

水泥的体积安定性是指水泥浆体在凝结硬化过程中体积变化的均匀性。当水泥浆体硬化过程发生不均匀变化时，会导致水泥石膨胀开裂、变形等现象，严重的可引发工程事故。《通用硅酸盐水泥》（GB 175—2020）规定水泥安定性沸煮法合格。

④ 强度

硅酸盐水泥强度的测定按《水泥胶砂强度检验方法（ISO 法）》（GB/T 17671—2020）规定的方法，在实验室温度为（20±2）℃，相对湿度不低于 50%的条件下，按水泥、标准砂、水质量比为 1∶3∶0.5 的比例制成 40mm×40mm×160mm 的试件，测其 3d、28d 的抗折和抗压强度。水泥胶砂强度是划分水泥强度等级的主要依据，《通用硅酸盐水泥》（GB 175—2020）规定，通用硅酸盐水泥不同龄期的强度应符合表 2-3 的规定。

表 2-3　通用硅酸盐水泥不同龄期强度要求

<table>
<tr><th rowspan="2">强度等级</th><th colspan="2">抗压强度/MPa</th><th colspan="2">抗折强度/MPa</th></tr>
<tr><th>3d</th><th>28d</th><th>3d</th><th>28d</th></tr>
<tr><td>32.5</td><td>≥12.0</td><td rowspan="2">≥32.5</td><td>≥3.0</td><td rowspan="2">≥5.5</td></tr>
<tr><td>32.5R</td><td>≥17.0</td><td>≥4.0</td></tr>
<tr><td>42.5</td><td>≥17.0</td><td rowspan="2">≥42.5</td><td>≥4.0</td><td rowspan="2">≥6.5</td></tr>
<tr><td>42.5R</td><td>≥22.0</td><td>≥4.5</td></tr>
<tr><td>52.5</td><td>≥22.0</td><td rowspan="2">≥52.5</td><td>≥4.5</td><td rowspan="2">≥7.0</td></tr>
<tr><td>52.5R</td><td>≥27.0</td><td>≥5.0</td></tr>
</table>

续表

<table>
<tr><th rowspan="2">强度等级</th><th colspan="2">抗压强度/MPa</th><th colspan="2">抗折强度/MPa</th></tr>
<tr><th>3d</th><th>28d</th><th>3d</th><th>28d</th></tr>
<tr><td>62.5</td><td>≥27.0</td><td rowspan="2">≥62.5</td><td>≥5.0</td><td rowspan="2">≥8.0</td></tr>
<tr><td>62.5R</td><td>≥32.0</td><td>≥5.5</td></tr>
</table>

（2）化学指标

通用硅酸盐水泥的化学指标包括不溶物、烧失量、三氧化硫、氧化镁、氯离子等，各指标应符合表 2-4 的规定。

表 2-4　通用硅酸盐水泥的化学指标　（%）

<table>
<tr><th>品种</th><th>代号</th><th>不溶物
（质量分数）</th><th>烧失量
（质量分数）</th><th>三氧化硫
（质量分数）</th><th>氧化镁
（质量分数）</th><th>氯离子
（质量分数）</th></tr>
<tr><td rowspan="2">硅酸盐水泥</td><td>P·Ⅰ</td><td>≤0.75</td><td>≤3.0</td><td rowspan="3">≤3.5</td><td rowspan="3">≤6.0</td><td rowspan="8">≤0.10[a]</td></tr>
<tr><td>P·Ⅱ</td><td>≤1.50</td><td>≤3.5</td></tr>
<tr><td>普通硅酸盐水泥</td><td>P·O</td><td>—</td><td>≤5.0</td></tr>
<tr><td rowspan="2">矿渣硅酸盐水泥</td><td>P·S·A</td><td>—</td><td>—</td><td rowspan="2">≤4.0</td><td>≤6.0</td></tr>
<tr><td>P·S·B</td><td>—</td><td>—</td><td>—</td></tr>
<tr><td>火山灰质硅酸盐水泥</td><td>P·P</td><td>—</td><td>—</td><td rowspan="3">≤3.5</td><td rowspan="3">≤6.0</td></tr>
<tr><td>粉煤灰硅酸盐水泥</td><td>P·F</td><td>—</td><td>—</td></tr>
<tr><td>复合硅酸盐水泥</td><td>P·C</td><td>—</td><td>—</td></tr>
</table>

a 当有更低要求时，买卖双方协商确定。

检验结果符合《通用硅酸盐水泥》（GB 175—2020）中化学指标（不溶物、烧失量、三氧化硫、氧化镁、氯离子）、凝结时间、安定性、强度要求的为合格品。检验结果不符合《通用硅酸盐水泥》（GB 175—2020）中化学指标（不溶物、烧失量、三氧化硫、氧化镁、氯离子）、凝结时间、安定性、强度测定中的任何一项技术要求为不合格品。

2.1.2　通用硅酸盐水泥的选择

水泥浆在混凝土中起到胶结和填充的作用，同时也是混凝土强度的重要来源，配制混凝土应选用合适的水泥品种和强度等级。水泥的品种应根据工程特点、工程所处环境、气候条件进行选择。常用水泥品种选用可参考表 2-5。

表 2-5　常用水泥品种选用

混凝土工程特点及所处环境	优先使用	可以使用	不得使用
普通气候环境中的混凝土	普通水泥	矿渣水泥、火山灰质水泥、粉煤灰水泥、复合水泥	
干燥环境中的混凝土	普通水泥	矿渣水泥	火山灰质水泥、粉煤灰水泥

续表

混凝土工程特点及所处环境	优先使用	可以使用	不得使用
严寒地区的露天混凝土，寒冷地区的处在水位升降范围内的混凝土	普通水泥	矿渣水泥（≥32.5级）	火山灰质水泥、粉煤灰水泥
严寒地区处在水位升降范围内的混凝土	普通水泥（≥42.5级）		矿渣水泥、火山灰质水泥、粉煤灰水泥、复合水泥
在高湿度环境中或长期处于水中的混凝土	矿渣水泥、火山灰质水泥、粉煤灰水泥、复合水泥	普通水泥	
受侵蚀介质作用的混凝土	矿渣水泥、火山灰质水泥、粉煤灰水泥、复合水泥		硅酸盐水泥、矿渣水泥
有抗渗要求的混凝土	普通水泥、火山灰质水泥		矿渣水泥
有耐磨性要求的混凝土	普通水泥、硅酸盐水泥	矿渣水泥（≥32.5级）	火山灰质水泥、粉煤灰水泥
有快硬早强要求的混凝土	硅酸盐水泥、快硬硅酸盐水泥	普通水泥	矿渣水泥、火山灰质水泥、粉煤灰水泥
大于C40级混凝土	硅酸盐水泥	普通水泥、矿渣水泥	火山灰质水泥、粉煤灰水泥
厚大体积混凝土	矿渣水泥、火山灰质水泥、粉煤灰水泥、复合水泥	普通水泥、火山灰质水泥	硅酸盐水泥

水泥强度等级应与混凝土的设计强度等级相适应。一般情况下，以水泥强度等级为混凝土设计强度等级的1.5～2.0倍为宜。水泥强度等级的选择可参考表2-6。

表2-6　配制混凝土所用水泥强度等级

配制混凝土强度等级	可选用水泥强度等级
C15～C25	32.5
C30	32.5、42.5
C35	42.5
C40、C45	42.5、52.5
C50～C60	52.5
C65	52.5、62.5
≥C65	62.5

2.2　细骨料

通用混凝土的细骨料主要是砂，包括天然砂和机制砂。天然砂是指自然生成的，经人工开采和筛分制成的，粒径小于4.75mm的岩石颗粒，主要有河砂、湖砂、山砂和淡化海砂，但不包括软质、风化的岩石颗粒。机制砂是指经除土处理，由机械破碎、筛分制成的、粒径小于4.75mm的岩石、矿山尾矿或工业废渣颗粒，但不包括软质、风化的颗粒，俗称人工砂。砂的表观密度不小于2500kg/m^3，松散堆积密度不小于1400kg/m^3，空隙率不大于44%。

普通混凝土原材料——骨料

国家标准《建设用砂》（GB/T 14684—2011）对砂的颗粒级配、含泥量、石粉含量和泥块含量、有害物质、坚固性等技术要求做了明确规定。砂按技术要求分为Ⅰ类、Ⅱ类和Ⅲ类。其中Ⅰ类宜用于强度等级大于C60的混凝土；Ⅱ类宜用于强度等级C30～C60及抗冻、抗渗或其他要求的混凝土；Ⅲ类宜用于强度等级小于C30的混凝土和建筑砂浆。

2.2.1 砂的细度模数和颗粒级配

砂的颗粒级配

砂的粗细程度用细度模数衡量，细度模数越大，砂的粒径就越大。按细度模数不同，分为粗、中、细三种规格。在配制混凝土时，用砂量一定的情况下，砂子粒径越小，则其表面积越大，需要水泥浆的量就越多。如果采用粒径过大的砂，易使混凝土和易性变差，出现泌水、离析现象。因此，在配制混凝土时要选择合适粒径的细骨料。

砂的颗粒级配是指砂中不同粒径颗粒的分布情况。骨料的级配情况如图2-1所示。图（a）为颗粒大小一样的砂粒堆积，此时堆积的空隙率最大；图（b）为两种不同粒径的砂搭配使用时，空隙率减小；图（c）为多种不同粒径的砂搭配使用，空隙率最小。级配良好的砂，可有效减少空隙率，节约水泥浆用量，改善混凝土的和易性，提高混凝土的强度和耐久性，减少混凝土的干缩与徐变。

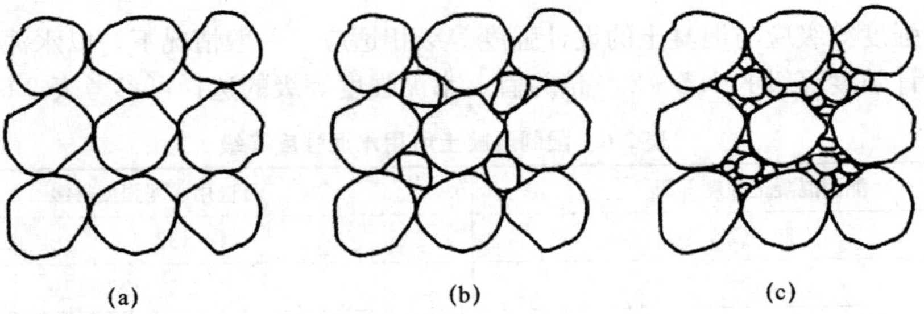

图2-1 骨料的颗粒级配示意图

（a）单一粒径；（b）两种粒径；（c）多种粒径

砂的细度模数和颗粒级配通过筛分试验确定。干砂试样先过9.50mm的方孔筛，然后称取500g试样使其依次通过孔径分别为4.75mm、2.36mm、1.18mm、600μm、300μm、150μm的方孔筛，然后称量各筛上的筛余量m_1、m_2、m_3、m_4、m_5、m_6，计算各筛的分计筛余百分率a_1、a_2、a_3、a_4、a_5、a_6及累计筛余百分率A_1、A_2、A_3、A_4、A_5、A_6，分计筛余是各筛对应的筛余量占砂样总质量的百分数，累计筛余百分率是指等于和大于某筛筛孔的砂子质量之和占砂样总质量的百分数，其计算关系见表2-7。

表 2-7 分计筛余和累计筛余百分率计算表

筛孔尺寸	筛余量（g）	分计筛余百分率（%）	累计筛余百分率（%）
4.75mm	m_1	$a_1=(m_1/500)\times100\%$	$A_1=a_1$
2.36mm	m_2	$a_2=(m_2/500)\times100\%$	$A_2=a_1+a_2$
1.18mm	m_3	$a_3=(m_3/500)\times100\%$	$A_3=a_1+a_2+a_3$
600μm	m_4	$a_4=(m_4/500)\times100\%$	$A_4=a_1+a_2+a_3+a_4$
300μm	m_5	$a_5=(m_5/500)\times100\%$	$A_5=a_1+a_2+a_3+a_4+a_5$
150μm	m_6	$a_6=(m_6/500)\times100\%$	$A_6=a_1+a_2+a_3+a_4+a_5+a_6$

砂的细度模数 M_x 按下式计算：

$$M_x=\frac{(A_2+A_3+A_4+A_5+A_6)-5A_1}{100-A_1} \tag{2-1}$$

国家标准《建设用砂》（GB/T 14684—2011）中规定，普通混凝土用砂的细度模数范围一般在 3.7～1.6，$M_x=3.7\sim3.1$ 为粗砂，$M_x=3.0\sim2.3$ 为中砂，$M_x=2.2\sim1.6$ 为细砂。

细度模数反映了砂的粗细程度，但无法反映砂的粒径分布情况，因此，还需考虑砂的颗粒级配。国家标准《建设用砂》（GB/T 14684—2011）中把建设用砂的级配划分为 1 区、2 区、3 区三个级配区，见表 2-8。除 4.75mm 和 600μm 筛孔外，实际级配与表 2-8 所列的累积筛余量相比，允许稍有超出，但超出总量不应大于 5%。

表 2-8 砂的颗粒级配

砂的分类	天然砂			机制砂		
级配区	1 区	2 区	3 区	1 区	2 区	3 区
方孔筛	累计筛余（%）					
4.75mm	10～0	10～0	10～0	10～0	10～0	10～0
2.36mm	35～5	25～0	15～0	35～5	25～0	15～0
1.18mm	65～35	50～10	25～0	65～35	50～10	25～0
600μm	85～71	70～41	40～16	85～71	70～41	40～16
300μm	95～80	92～70	85～55	95～80	92～70	85～55
150μm	100～90	100～90	100～90	97～85	94～80	94～75

砂的级配类别应符合表 2-9 要求。

表 2-9 级配类别

类别	Ⅰ类	Ⅱ类	Ⅲ类
级配区	2 区	1、2、3 区	

为了更直观地反映砂的颗粒级配，以累计筛余百分率为纵坐标，以方孔筛筛孔尺寸为横坐标，根据表 2-8 的数值画出砂的级配曲线如图 2-2 所示。

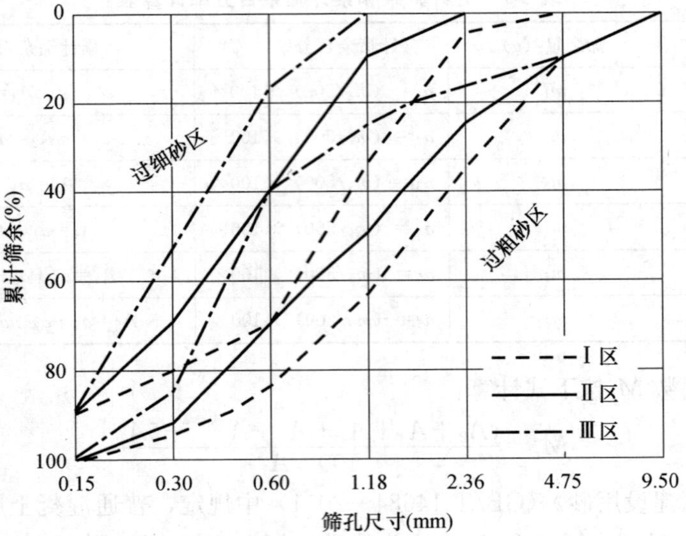

图 2-2 砂的级配曲线

2.2.2 砂的含泥量、石粉含量和泥块含量

砂的含泥量是指天然砂中粒径小于 75μm 的颗粒含量；石粉含量是指机制砂中粒径小于 75μm 的颗粒含量；泥块含量是指砂中原粒径大于 1.18mm，经水浸洗、手捏后小于 600μm 的颗粒含量。砂中含泥量、石粉含量和泥块含量要满足表 2-10 的要求。

表 2-10 砂中含泥量、石粉含量和泥块含量

<table>
<tr><th colspan="3" rowspan="2">项目</th><th colspan="3">指标</th></tr>
<tr><th>Ⅰ类</th><th>Ⅱ类</th><th>Ⅲ类</th></tr>
<tr><td colspan="2" rowspan="2">天然砂</td><td>含泥量（按质量计,%）</td><td>≤1.0</td><td>≤3.0</td><td>≤5.0</td></tr>
<tr><td>泥块含量（按质量计,%）</td><td>0</td><td>≤1.0</td><td>≤2.0</td></tr>
<tr><td rowspan="5">机制砂</td><td rowspan="3">MB≤1.4 或快速法试验合格</td><td>MB 值</td><td>≤0.5</td><td>≤1.0</td><td>≤1.4 或合格</td></tr>
<tr><td>石粉含量（按质量计,%）</td><td colspan="3">≤10.0</td></tr>
<tr><td>泥块含量（按质量计,%）</td><td>0</td><td>≤1.0</td><td>≤2.0</td></tr>
<tr><td rowspan="2">MB>1.4 或快速法试验部合格</td><td>石粉含量（按质量计,%）</td><td>≤1.0</td><td>≤3.0</td><td>≤5.0</td></tr>
<tr><td>泥块含量（按质量计,%）</td><td>0</td><td>≤1.0</td><td>≤2.0</td></tr>
</table>

注：MB—人工砂亚甲基蓝测定值。

2.2.3 有害物质

砂中含有云母、轻物质、有机物、硫化物及硫酸盐、氯化物、贝壳等有害物质。若其含量较高，在配制混凝土时，有害物质黏附在砂粒表面，影响水泥浆与砂子的黏结，降低混凝土强度，同时还会增加混凝土的用水量，从而加大混凝土硬化过程中的干燥收缩，影响混凝土的耐久性能。有机物杂质、硫化物及硫酸盐、氯化物还会对混凝土有腐蚀作用。所以，混凝土用砂要干净无杂质，海砂有害物质限量见表 2-11。

表 2-11 海砂有害物质限量

类别	Ⅰ	Ⅱ	Ⅲ
云母（按质量计，%）	≤1.0	≤2.0	
轻物质（按质量计，%）	≤1.0		
有机物	合格		
硫化物及硫酸盐（按 SO_3 质量计，%）	≤0.5		
氯化物（以氯离子质量计，%）	≤0.01	≤0.02	≤0.06
贝壳（按质量计，%）	≤3.0	≤5.0	≤8.0

2.2.4 砂的坚固性

砂的坚固性是指砂在自然风化和其他外界物理、化学因素的作用下抵抗破裂的能力。天然砂采用硫酸钠溶液法进行检验，砂样经 5 次循环后，测定其质量损失。机制砂除测定坚固性外，还要测定压碎指标，其相应的指标值均应符合表 2-12 中的规定。

表 2-12 砂的坚固性指标

项目	指标		
	Ⅰ类	Ⅱ类	Ⅲ类
质量损失（%）	≤8		≤10
机制砂、单级最大压碎指标（%）	≤20	≤25	≤30

2.3 粗骨料

石子筛分

混凝土用粗骨料主要是卵石和碎石，按照《建筑用卵石、碎石》（GB/T 14685—2011）的规定，卵石是指由自然风化、水流搬运和分选、堆积形成的，粒径大于 4.75mm 的岩石颗粒；碎石是指由天然岩石或卵石经机械破碎、筛分制成的，粒径大于 4.75mm 的岩石颗粒。

《建筑用卵石、碎石》（GB/T 14685—2011）对碎石和卵石的颗粒级配、含泥量和泥块含量、坚固性、强度、压碎指标等技术要求做了明确规定。卵石、碎石按其技术要求分为Ⅰ类、Ⅱ类、Ⅲ类三种类别。Ⅰ类宜用于强度等级大于 C60 的混凝土；Ⅱ类用于强度等级为 C30～C60 及抗冻、抗渗或其他要求的混凝土；Ⅲ类宜用于强度等级小于 C30 的混凝土。卵石、碎石的表观密度大于 2600kg/m³，松散堆积空隙率Ⅰ类≤43%、Ⅱ类≤45%、Ⅲ类≤47%。

2.3.1 最大粒径和颗粒级配

粗骨料的公称粒级的上限称为该粒级的最大粒径。配制混凝土中粗骨料的最大粒径增大，总表面积减小，需水量降低。在和易性要求一定的条件下，增大粗骨料最大粒径可以减小水灰比，提高混凝土的强度和耐久性。但粗骨料最大粒径过大时，总表面积过小，骨料与水泥砂浆黏结面积过小将导致混凝土的强度下降。

粗骨料的级配原理和要求与细骨料基本相同。级配通过筛分法测定，根据粗骨料最大粒径称取试样，依次通过 90mm、75.0mm、63.0mm、53.0mm、37.5mm、31.5mm、26.5mm、19.0mm、16.0mm、9.50mm、4.75mm 和 2.36mm 的方孔筛，称量每个筛子上的筛余量，计算分计和累计筛余百分率；根据各筛子的累计筛余百分率，采用修约值比较法评定试样的颗粒级配。根据《建筑用卵石、碎石》（GB/T 14685—2011）的规定，碎石和卵石的颗粒级配应符合表 2-13 的要求。

表 2-13　碎石和卵石的颗粒级配

级配情况	公称粒径（mm）	累计筛余（%） 方孔筛（mm）											
		2.36	4.75	9.50	16.0	19.0	26.5	31.5	37.5	53.0	63.0	75.0	90.0
连续粒级	5～16	95～100	85～100	30～60	0～10	0							
	5～－20	95～100	90～100	40～80	—	0～10	0						
	5～25	95～100	90～100	—	30～70	—	0～5	0					
	5～31.5	95～100	90～100	70～90	0	15～45	—	0～5	0				
	5～40	—	95～100	70～－90	—	30～65	—	—	0～5	0			
单粒粒级	5～10	95～100	80～100	0～15	0								
	10～16		95～100	80～100	0～15								
	10～20		95～100	85～100		0～15	0						
	16～25			95～100	55～70	25～40	0～10						
	16～31.5		95～100		85～100			0～10	0				
	20～40			95～100		80～100			0～10	0			
	40～80					95～100			70～100		30～60	0～10	0

2.3.2　含泥量和泥块含量

含泥量是指卵石、碎石中粒径小于 75μm 的颗粒含量；泥块含量指卵石、碎石中原粒径大于 4.75mm，经水浸洗、手捏后小于 2.36mm 的颗粒含量。卵石和碎石中含泥量、泥块含量应符合表 2-14 的要求。

表 2-14　卵石、碎石含泥量、泥块含量

项目	指标		
	Ⅰ类	Ⅱ类	Ⅲ类
含泥量（按质量计，%）	<0.5	<1.0	<1.5
泥块含量（按质量计，%）	0	<0.5	<0.7

2.3.3 针、片状颗粒含量

针状颗粒是指卵石和碎石中长度大于该颗粒所属相应粒级的平均粒级 2.4 倍的颗粒；片状颗粒是指厚度小于平均粒径 0.4 倍的颗粒。粗骨料中的针、片状颗粒强度较低，含量较高时，会降低混凝土强度。另外，针、片状颗粒表面积较大，且相互直接的摩擦力较大，会降低混凝土的和易性。粗骨料中针、片状颗粒含量应满足表 2-15 的要求。

表 2-15 卵石、碎石针、片状含量

项目	指标		
	Ⅰ类	Ⅱ类	Ⅲ类
针片状颗粒（按质量计,%）	<5	<15	<25

2.3.4 卵石、碎石的坚固性

坚固性是卵石和碎石在自然风化及其他外界物理、化学因素作用下抵抗破裂的能力。骨料密实度越高、吸水性越小、结构越均匀，其强度、坚固性越高。坚固性采用硫酸钠溶液法进行测定，碎石和卵石经 5 次循环后，其质量损失应符合表 2-16 的规定。

表 2-16 卵石、碎石的坚固性指标

项目	指标		
	Ⅰ类	Ⅱ类	Ⅲ类
质量损失（%）<	5	8	12

2.3.5 强度

卵石和碎石的强度，采用岩石立方体抗压强度和压碎指标两种方法检验。

岩石立方抗压强度试验：将试样制成 50mm×50mm×50mm 立方体，或直径与高度均为 50mm 的圆柱体试件，浸没于水中浸泡 48h，待吸水饱和后，擦干表面，以 0.5～1MPa/s 的加荷速度进行抗压试验。按照规定，火成岩的抗压强度应不小于 80MPa；变质岩应不小于 60MPa；水成岩应不小于 30MPa。

压碎指标检验：将一定质量，去除针、片状颗粒的石子分两层装入标准圆模内，放在压力机上以 1kN/s 的速度均匀加荷至 200kN 稳荷 5s，卸荷后称取试样质量 G_1，然后用孔径为 2.36mm 的筛筛除被压碎的细颗粒，称出余留在筛上的试样质量 G_2，按下式计算压碎指标值 Q_e：

$$Q_e = \frac{G_1 - G_2}{G_1} \times 100\% \tag{2-2}$$

压碎指标值越小，骨料的强度越高。压碎指标值应符合表 2-17 的规定。

表 2-17 卵石、碎石的压碎指标值

项目	指标		
	Ⅰ类	Ⅱ类	Ⅲ类
碎石压碎指标（%）<	10	20	30
卵石压碎指标（%）<	12	16	16

2.4 混凝土拌和用水

拌和用水是混凝土组成的重要原料之一，混凝土拌和用水应满足：不得影响混凝土的凝结硬化；不得有碍混凝土强度的发展；不得降低混凝土的耐久性；不得加快钢筋锈蚀；不能引起预应力钢筋脆断；不得污染混凝土表面等要求。

混凝土用水包括饮用水、地表水、地下水、再生水、混凝土企业设备洗刷水和海水等。混凝土拌和用水不应有漂浮明显的油脂和泡沫，不应有明显的颜色和异味；满足国家标准要求的生活用水可直接用于配制混凝土；地表水、地下水、工业废水经检验合格可使用；混凝土企业设备洗刷水不宜用于预应力混凝土、装饰混凝土、加气混凝土和暴露于腐蚀环境的混凝土，不得用于使用碱活性或潜在碱活性骨料的混凝土；海水中含有较多硫酸盐、氯盐，未经处理的海水严禁用于混凝土；在无法获得水源的情况下，海水可用于素混凝土，但不宜用于装饰混凝土。根据《混凝土用水标准》（JGJ 63—2006）的规定，混凝土拌和及养护用水应符合表 2-18 的要求。

表 2-18 混凝土拌和及养护用水要求

项目	预应力混凝土	钢筋混凝土	素混凝土
pH 值	≥5.0	≥4.5	≥4.5
不溶物（mg/L）	≤2000	≤2000	≤5000
可溶物（mg/L）	≤2000	≤5000	≤10000
Cl^-（mg/L）	≤500	≤1000	≤3500
SO_4^{2-}（mg/L）	≤600	≤2000	≤2700
碱含量（mg/L）	≤1500	≤1500	≤1500

注：碱含量按 $Na_2O+0.685K_2O$ 计算值来表示。采用非碱活性骨料时，可不检验碱含量。

对于设计使用年限为 100 年的结构混凝土，氯离子含量不得超过 500mg/L；对使用钢丝或经热处理钢筋的预应力混凝土，氯离子含量不得超过 350mg/L。

2.5 混凝土掺合料

普通混凝土原材料——掺合料和外加剂

为节约水泥用量、调节或改善混凝土性能、提高工程质量、延长混凝土结构使用寿命，在配制混凝土时，与原料一起掺入，掺量大于水泥质量 5%的矿物材料或工业废渣，称为混凝土掺合料。常用的混凝土掺合料有粉煤灰、硅灰、粒化高炉矿渣粉、钢渣粉、石灰石粉、磷渣粉等工业废渣。配制强度等级为 C60 及 C60 以上的混凝土，宜采用Ⅰ级粉煤灰、Ⅰ级沸石粉、硅灰、S95 级及以上粒化高炉矿渣粉或复合掺合料，C60 以下的混凝土可采用其他等级的矿物掺合料。

2.5.1 粉煤灰

粉煤灰是从燃煤的电厂锅炉烟道气体中收集的细粉末，其颗粒多呈球形，表面光滑，灰色或淡灰色。按煤种和氧化钙含量分为 F 类和 C 类，F 类是由无烟煤或烟煤燃烧收集的粉煤灰，C类粉煤灰氧化钙含量一般大于10%，由褐煤或次烟煤燃烧收集的粉煤灰。根据用途分为拌制砂浆和混凝土用粉煤灰、水泥活性混合材料用粉煤灰两类。其中，拌制砂浆和混凝土用粉煤灰分为Ⅰ级、Ⅱ级、Ⅲ级三个等级。

粉煤灰的主要化学成分为 SiO_2（45%～60%）、Al_2O_3（20%～30%）、Fe_2O_3（5%～10%），少量的 CaO、MgO、Na_2O 等。其中 SiO_2，Al_2O_3 具有火山灰活性，即能在潮湿环境下，与水泥生成的 $Ca(OH)_2$ 发生反应，生成水化硅酸钙、铝酸钙，使得混凝土强度提高。由于粉煤灰的火山灰活性需要在有 $Ca(OH)_2$ 生成即碱性激发下，才能表现出来，因此，配制混凝土时掺入一定量的粉煤灰不仅能节约水泥用量，还能提高混凝土后期强度。

粉煤灰为球形玻璃体，有利于提高混凝土的流动性，粉煤灰表观密度比水泥小，可以增加水泥砂浆的体积，使混凝土具有较好的黏度。另外，粉煤灰的掺入可以提高混凝土的抗化学侵蚀和抗渗性，有效降低混凝土的水化热。粉煤灰价格便宜，有利于降低混凝土的成本。

掺粉煤灰混凝土的缺点：掺粉煤灰混凝土的28d强度低于基准混凝土，90d以后才可与基准混凝土相等，所以掺粉煤灰混凝土验收强度以60d或90d强度为佳。

根据《用于水泥和混凝土中的粉煤灰》（GB/T 1596—2017）的规定，混凝土用粉煤灰理化性能指标要满足表2-19的要求。

表 2-19　混凝土用粉煤灰理化性能指标

项目		理化性能指标		
		Ⅰ级	Ⅱ级	Ⅲ级
细度（45μm方孔筛筛余）（%）	F类	≤12.0	≤30.0	≤45.0
	C类			
需水量比（%）	F类	≤95	≤105	≤115
	C类			
烧失量（Loss）（%）	F类	≤5.0	≤8.0	≤10.0
	C类			
含水量（%）	F类	≤1.0		
	C类			
三氧化硫（SO_3）（质量分数，%）	F类	≤3.0		
	C类			
游离氧化钙（f-CaO）（质量分数，%）	F类	≤1.0		
	C类	≤4.0		
二氧化硅（SiO_2）、三氧化二铝（Al_2O_3）、三氧化二铁（Fe_2O_3）（总质量分数，%）	F类	≥70.0		
	C类	≥50.0		
密度（g/cm^3）	F类	≤2.6		
	C类			
安定性（雷氏法）（mm）	C类	≤5.0		
强度活性指数（%）	F类	≥70.0		
	C类			

2.5.2 硅灰

硅灰是指在冶炼硅铁合金或工业硅时，通过烟道排出的粉尘，经收集得到的以无定形二氧化硅为主要成分的粉体材料。按其使用时的状态，可分为硅灰（SF）和硅灰浆（SF-S）。硅灰主要被用来配制高强混凝土。硅灰的主要成分是 SiO_2（85%～98%），且绝大部分为无定形态，粒径比水泥颗粒小 20～100 倍，具有很高的火山灰活性。

根据《砂浆和混凝土用硅灰》（GB/T 27690—2011）的规定，混凝土用硅灰的技术指标应符合表 2-20 的规定。

表 2-20 硅灰的技术指标

项目	指标
固含量（液料）	按生产厂控制值的±2%
总碱量	≤1.5%
SiO_2含量	≥85.0%
氯含量	≤0.1%
含水率（粉料）	≤3.0%
烧失量	≤4.0%
需水量比	≤125%
比表面积（BET 法）	≥15m²/g
活性指数（7d 快速法）	≥105%
放射性	I_{ra}≤1.0 和 I_r≤1.0
抑制碱骨料反应性	14d 膨胀率低值≥35%
抗氯离子渗透性	28d 电通量之比≤40%

注：1. 硅灰浆折算为固体含量按此表进行检验。
2. 抑制碱骨料反应性和抗氯离子渗透性为选择性试验项目，由供需双方协商决定。

硅灰作为混凝土掺合料，不仅能够填充水泥颗粒间的孔隙，提高混凝土密实度，而且活性 SiO_2 能与水泥水化产物发生反应生成凝胶体，显著提高混凝土强度及耐久性。由于硅灰粒径非常小，具有一定保水性，能在一定程度上防止混凝土出现离析、泌水现象。

硅粉在混凝土中不减水，而且憎水，其需水量比可达 134%。当硅粉掺量超过 15% 时，则会导致新拌混凝土因变得干硬而无法操作。因此，在掺用硅粉的同时，应加入高效减水剂，以提高混凝土的和易性，减少需水量。

2.5.3 粒化高炉矿渣粉

粒化高炉矿渣是指熔融的高炉矿渣经水或空气急冷而成的细小颗粒状物料。以粒化高炉矿渣为主要原料，掺少量天然石膏共同粉磨后得到的粉状物料称为粒化高炉矿渣粉，又称矿渣粉。矿渣粉按矿粉活性指数分为 S105、S95、S75 三个级别。根据《用于水泥、砂浆和混凝土中的粒化高炉矿渣粉》（GB/T 18046—2017）中的规定，矿渣粉的技术指标应符合表 2-21 的规定。

表 2-21　矿渣粉的技术指标

项目		级别		
		S105	S95	S75
密度（g/cm^3）		≥2.8		
比表面积（m^2/kg）		≥500	≥400	≥300
活性指数（%）	7d	≥95	≥70	≥55
	28d	≥105	≥95	≥75
流动度比（%）		≥95		
初凝时间比（%）		≤200		
含水量（质量分数，%）		≤1.0		
三氧化硫（质量分数，%）		≤4.0		
氯离子（质量分数，%）		≤0.06		
烧失量（质量分数，%）		≤1.0		
不溶物（质量分数，%）		≤3.0		
玻璃体含量（质量分数，%）		≥85		
放射性		I_{ra}≤1.0 且 I_r≤1.0		

2.5.4　钢渣粉

钢渣粉是指转炉炼钢和电炉炼钢时所得的以硅酸盐、铁铝酸盐为主要矿物组成，经稳定化处理并且安定性合格的钢渣，经过磁选处理后粉磨达到一定细度的产品。根据《用于水泥和混凝土中的钢渣粉》（GB/T 20491—2017）的规定，用于混凝土的钢渣粉技术指标应符合表 2-22 的规定。

表 2-22　混凝土用钢渣粉的技术指标

项目		一级	二级
比表面积（m^2/kg）		≥350	
密度（g/cm^3）		≥3.2	
含水量（质量分数，%）		≤1.0	
游离氧化钙含量（质量分数，%）		≤4.0	
三氧化硫（质量分数，%）		≤4.0	
氯离子（质量分数，%）		≤0.06	
活性指数（%）	7d	≥65	≥55
	28d	≥80	≥65
流动度比（%）		≥95	
安定性	沸煮法	合格	
	压蒸法	6h 压蒸膨胀率≤0.50%	

注：如果钢渣粉中 MgO 含量不大于 5%时，可不检验压蒸安定性。

2.5.5 石灰石粉

石灰石粉是指将碳酸钙含量不小于75%的石灰石粉磨至一定细度的粉体或石灰石机制砂生产过程中产生的收尘粉。石灰石粉按亚甲蓝值（MB值）分为Ⅰ级、Ⅱ级、Ⅲ级三个等级，Ⅰ级不大于0.5g/kg，Ⅱ级不大于1.0g/kg，Ⅲ级不大于1.4g/kg；按45μm方孔筛筛余分为A型和B型，A型不大于15%，B型不大于45%。根据《用于水泥、砂浆和混凝土中的石灰石粉》（GB/T 35164—2017）的规定，用于混凝土的石灰石粉流动度比不小于95%，碳酸钙含量不小于75%，7d和28d抗压强度比不小于60%，含水量不大于1.0%，总有机碳含量（TOC）不大于0.5%。

2.5.6 粒化电炉磷渣粉

粒化电炉磷渣粉又称磷渣粉，是指以粒化电炉磷渣为主，与少量石膏共同粉磨制成一定细度的粉体。根据《用于水泥和混凝土中的粒化电炉磷渣粉》（GB/T 26751—2011）的规定，混凝土用磷渣粉的技术指标应符合表2-23的规定。

表2-23 磷渣粉技术指标

项目		级别		
		L95	L85	L70
比表面积（m^2/kg）		≥350		
活性指数（%）	7d	≥70	≥60	≥50
	28d	≥95	≥85	≥70
流动度比（%）		≥95		
密度（g/cm^3）		≥2.8		
五氧化磷含量（%）		≤3.5		
碱含量（$Na_2O+0.658K_2O$）（%）		≤1.0		
三氧化硫含量（%）		≤4.0		
氯离子（%）		≤0.06		
烧失量（%）		≤3.0		
含水量（%）		≤1.0		
玻璃体含量（%）		≥80		
放射性		$I_{ra}\leq 1.0$ 且 $I_r\leq 1.0$		

2.6 混凝土外加剂

混凝土外加剂是在搅拌混凝土过程中掺入，占水泥质量5%以下，能显著改善混凝土性能的化学物质。混凝土外加剂的特点是品种多、掺量小，对混凝土的性能影响较大，具有投资少、见效快、技术经济效益显著的特点，对人、生物及环境安全无有害影响。随着科学技术的不断进步，外加剂已越来越多地得到应用，外加剂已成为混凝土除

4 种基本组分以外的第 5 种重要组分。按其使用功能分为 4 类：

（1）改善混凝土拌合物流变性能的外加剂，如各种减水剂和泵送剂等；

（2）调节混凝土凝结时间、硬化过程的外加剂，如缓凝剂、早强剂、促凝剂和速凝剂等；

（3）改善混凝土耐久性的外加剂，如引气剂、防水剂和阻锈剂等；

（4）改善混凝土其他性能的外加剂，如膨胀剂、防冻剂和着色剂等。

2.6.1 减水剂

混凝土减水剂是指在保持混凝土拌合物和易性基本不变的条件下，减少拌合物用水量的外加剂。根据减水剂的作用效果及功能不同，减水剂可分为普通减水剂、高效减水剂、高性能减水剂、早强减水剂、缓凝减水剂、引气减水剂和缓凝高效减水剂等。按化学成分减水剂分为木质素系减水剂、萘系减水剂、聚羧酸系减水剂、树脂系减水剂、糖蜜系减水剂及腐殖酸系减水剂等。

1. 减水剂的作用机理

减水剂多为表面活性剂，其分子由亲水基团和憎水基团构成，加入混凝土拌合物后能改变水泥颗粒的表面活性状态，起到改善混凝土拌合物流动性的作用。

（1）减水剂的吸附分散作用

水泥加水拌和后，由于水泥颗粒粒径较小，颗粒聚集将部分的拌合水包裹在水泥颗粒之中，形成絮凝结构体，这部分水不能参与自由流动，从而影响了混凝土拌合物的流动性。当加入减水剂后，减水剂分子的憎水基团定向吸附于水泥颗粒表面，亲水基团指向水溶液，构成了单分子或多分子吸附膜，使水泥颗粒表面带有同种电荷，形成静电排斥作用，促使水泥颗粒相互分开，絮凝结构体破坏，释放出被包裹的部分水，在颗粒间起到润滑作用，从而有效地增加混凝土拌合物的流动性。减水剂的作用机理示意图如图 2-3所示。

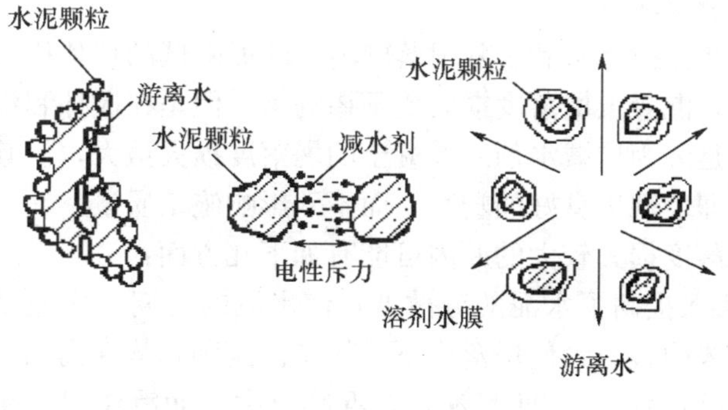

图 2-3 减水剂的作用机理示意图

（2）润湿作用

表面活性剂的掺入，大大降低水的表面张力，这样不但能使水泥颗粒有效地分散，而且由于润湿作用，也会增大水泥颗粒的水化面积，加速水泥水化。根据吉布斯方程可知：

$$dG=\sigma dS \tag{2-3}$$

式中 dG——表面自由能的变化量；

σ——水泥-水界面上的界面张力；

dS——扩散润湿的面积变化。

将式（2-3）积分得：

$$G=\sigma S+C$$

式中，C 为常数。当 G 一定时，σ 与 S 呈反比，随着表面张力 σ 的降低，润湿面积 S 增大，即水泥颗粒在水溶液中的分散度增加。

（3）润滑作用

减水剂大多为阴离子表面活性剂，离解后其分子一端是憎水基团，另一端是极性很强带负电荷的亲水基团。亲水基团定向吸附于水泥颗粒表面，很容易和水分子以氢键形式缔合起来，这种氢键缔合作用力远大于该分子与水泥颗粒间的分子引力。当水泥颗粒表面吸附足够的减水剂后，借助于上述缔合作用，使水泥颗粒表面形成一层稳定的溶剂化水膜，阻止了水泥颗粒间的直接接触，增加了水泥颗粒间的滑动能力。另外，减水剂的掺入，一般会伴随引入一定量的微小气泡，这些气泡被减水剂定向吸附的分子膜所包围，与水泥颗粒吸附层电荷的符号相同。因而，气泡与气泡、气泡与水泥颗粒间也因具有电性斥力而使水泥颗粒易于分散，从而也增加了水泥颗粒间的滑动能力。

由于减水剂所引起的吸附分散作用、润湿和润滑作用，因此只要使用较少量的水，就可以较容易地将混凝土拌和均匀，使新拌混凝土的和易性得到改善。或在保持和易性不变的情况下，显著降低混凝土的水灰比，起到减水的作用。

2. 减水剂对混凝土性能的影响

（1）拌合物的和易性

减水剂的主要用途之一就是在不影响强度的情况下提高混凝土的流动性能。混凝土和易性的提高取决于多种因素，包括外加剂掺量、水泥用量、水泥品种、骨料种类等。混凝土的流动性随减水剂的增加而提高，但有可能使混凝土凝结时间延长，含气量增加，故在使用时应予以注意。

混凝土拌合物卸出搅拌机后，其坍落度随时间而降低的现象称为坍落度损失。一般地，掺入减水剂后，混凝土坍落度损失比不掺的大。但是在搅拌和浇筑的间隔时间不长时还是有利的。这是因为掺减水剂后混凝土的坍落度损失虽大，但其工作性损失小，一经振捣，混凝土立即表现出良好的塑性，而不致影响施工质量。

引起混凝土坍落度损失较大的原因可能有如下几方面：

1）减水剂的掺入提高了水泥的分散度，使水泥的初期水化速度加快，整个体系的稠度增加，凝聚趋势明显，致使坍落度下降较快。这种趋势在高温下更甚。

2）掺入减水剂后会产生一些气泡，在混凝土中起润滑作用。在运输过程中这些气泡会不断溢出，并伴随水分的蒸发，使得坍落度下降。减水量越大，这种作用越明显。

3）由于水泥中各种矿物组成对减水剂的吸附能力不同（$C_3A>C_4AF>C_3S>C_2S$），而促使减水剂过多地吸附到水泥颗粒表面，使整个液相中的减水剂浓度明显下降，对水泥起分散作用的减水剂量显得不足，也造成坍落度的损失。

为减少坍落度损失，可在混凝土拌合物拌和几分钟后再加入减水剂，或分几次加入。若在使用减水剂的同时复合使用缓凝剂，一方面可使初始坍落度变大，另一方面也能使坍落度损失减小。

（2）泌水性

多数减水剂能减少混凝土的泌水。减水剂减少泌水的原因是其提高了水泥-水悬浮系统的稳定性，使水泥颗粒沉降速度减慢。同时减水剂使水泥的分散度提高，增大了水泥与水的接触面积，使得多余水分减少，也相应减少了泌水。

（3）水化放热

掺入减水剂后，28d内水泥的总发热量与不掺者大致相同，但大多数减水剂能推迟水泥水化热峰值出现的时间。有资料显示，在普通硅酸盐水泥及矿渣硅酸盐水泥中掺入0.25％的木质素磺酸钙，其放热峰值出现的时间较未掺者分别推迟3h及8h，其峰值也低于未掺者。这是由于减水剂在颗粒表面所形成的单分子或多分子吸附膜，抑制了水泥的初期水化速度的原因。因此，对于大体积混凝土，木质素磺酸盐减水剂可防止混凝土产生温度应力裂缝的出现。

（4）凝结时间

一般认为，减水剂对混凝土的凝结硬化或多或少都有延缓作用。这种作用对同一种水泥而言，又因减水剂分子的大小、极性基团的强弱，以及对水泥颗粒的水化矿物吸附能力的大小而有所不同。

减水剂延缓凝结时间主要是在水泥水化的潜伏期。此时，水泥颗粒表面定向吸附着一层减水剂分子，加之水化初期生成的水化矿物，形成了一层具有一定强度的表面保护膜。它一定程度地阻碍着水分子进一步渗入水泥颗粒内部，从而延缓了水泥的凝结硬化时间。木质素类减水剂对水泥的延缓作用更为显著。这是因为除了上述原因外，更重要的是它含有一定量的糖分。无论是什么糖，其分子结构中都有羟基，它们能与O^{2-}产生氢键结合，使其具有很好的亲水性。同时它还与水分子中氢原子形成氢键，生成缔合分子，束缚了水分子的运动，使得一定阶段内的水泥水化反应速度降低，凝结时间延长。例如，在混凝土中掺入水泥质量0.25％的木质素磺酸钙后，与基准混凝土比较，在坍落度相同的情况下，普通硅酸盐水泥的初、终凝时间分别延缓1～2h和2h；矿渣水泥的初、终凝时间分别延缓了2～4h和2～3h。

（5）强度

在相同水泥用量、含气量和坍落度的条件下，由于减水剂的掺入，可使混凝土的水灰比明显降低，减水率达10％左右，混凝土的28d强度提高10％～20％；在保持相同用水量的条件下，可增加混凝土的流动性；在保持相同强度的情况下，约可节约水泥10％。

由于减水剂对混凝土强度的这一作用，对于缩短混凝土的养护周期，加快施工速度有重要意义。另外，掺减水剂的混凝土，其抗拉强度、抗折强度等也有相应提高，但没有抗压强度的增长幅度大。

（6）收缩与徐变

一般认为混凝土掺减水剂后早期收缩略有增加。但随着混凝土龄期的延长，越来越接近不掺者，有时甚至更小。因此，从总的收缩值看，基本上与不掺者接近，或者有增大的趋势。

掺入非引气型减水剂时，由于水灰比降低而使混凝土强度明显提高，因而在同一龄期和施加相同应力的情况下，徐变将有所减少。若掺入引气型减水剂，则由于混凝土含气量的增加，徐变将有较大增加。

(7) 耐久性

混凝土掺入减水剂后，由于其减水增强效果及引入一定数量的微小气泡，使得混凝土的耐久性特别是抗冻性有明显提高。因此，对于有抗冻性要求的混凝土工程，可采用引气型减水剂，但引入的空气里宜控制在2%～6%。

由于减水剂降低了混凝土的水灰比，改善了混凝土的内部结构，从而提高了混凝土的抗渗性及抵抗各种有害介质侵蚀的能力。另外，减水剂对混凝土的抗碳化、钢筋锈蚀、弹性模量等性能均有所提高和改善。

3. 减水剂的适用范围

根据国家标准《混凝土外加剂应用技术规范》(GB 50119—2013) 的规定，普通减水剂包括木质素系减水剂（木钙、木钠、木镁）、早强型普通减水剂、缓凝型普通减水剂。普通减水剂宜用于日最低气温5℃以上强度等级为C40以下的混凝土，不宜单独用于蒸养混凝土。

早强型普通减水剂宜用于常温、低温和最低温度不低于－5℃环境中施工的有早强要求的混凝土工程，炎热环境下不宜使用早强型普通减水剂；缓凝型普通减水剂可用于大体积混凝土、碾压的混凝土、避免冷缝产生的混凝土、需长时间停放或长距离运输的混凝土、炎热气候条件下施工的混凝土、大面积浇筑混凝土、滑模施工或拉模施工混凝土及其他需要延缓凝结时间的混凝土，不宜用于有早强要求的混凝土。

高效减水剂主要包括萘系减水剂、磺化三聚氰胺系减水剂、脂肪族类减水剂及由高效减水剂与高效缓凝剂复合而成的缓凝型高效减水剂。高效减水剂可用于素混凝土、钢筋混凝土、预应力混凝土及高强混凝土制备；缓凝型高效减水剂可用于大体积混凝土、碾压混凝土、炎热气候条件下施工的混凝土、大面积浇筑的混凝土、避免冷缝产生的混凝土、需长时间停放或长距离运输的混凝土、自密实混凝土、滑模施工或拉模施工混凝土及其他需要延缓凝结时间且有较高减水率要求的混凝土；标准型高效减水剂宜用于日最低气温0℃以上施工的混凝土，也可用于蒸养混凝土；缓凝型高效减水剂宜用于日最低气温5℃以上施工的混凝土。

聚羧酸系高性能减水剂可用于素混凝土、钢筋混凝土和预应力混凝土；宜用于高强混凝土、自密实混凝土、泵送混凝土、清水混凝土、预制构件混凝土和钢管混凝土；宜用于具有高体积稳定性、高耐久性或高工作性要求的混凝土；缓凝型聚羧酸系高性能减水剂宜用于大体积混凝土，不宜用于日最低气温5℃以下施工的混凝土；早强型聚羧酸系高性能减水剂宜用于有早强要求或低温季节施工的混凝土，但不宜用于日最低气温－5℃以下施工的混凝土，且不宜用于大体积混凝土。

2.6.2 引气剂

引气剂是指能提高物理作用引入均匀分布、稳定而封闭的微小气泡，且能将气泡保留在硬化混凝土中的外加剂。引气剂是一种憎水性表面活性剂，其憎水基团朝向气泡，亲水基团吸附水分子形成水膜，使气泡不易破裂。引入的这些微小气泡（直径为20～1000μm）在拌合物中均匀分布，明显地改善混合料的和易性，提高混凝土的耐久性

(抗冻性和抗渗性)，使混凝土的强度和弹性模量有所降低。

常用的混凝土引气剂有松香热聚物、松香皂、烷基磺酸钠、烷基苯磺酸钠、脂肪醇聚氧乙烯磺酸钠、脂肪醇聚氧乙烯醚等。

引气剂适用于港口、土工、地下防水等工程有抗冻融要求的混凝土、泵送混凝土和易产生泌水的混凝土；可用于抗渗混凝土、抗硫酸盐混凝土、贫混凝土、轻骨料混凝土、人工砂混凝土和有饰面要求的混凝土；不宜用于蒸养混凝土及预应力混凝土，必要时，应经试验确定。

1. 引气剂的引气过程及作用机理

(1) 混凝土的引气及气泡的形成过程

混凝土的气泡是由搅拌作用产生的，在搅拌混凝土时，有两种主要作用可引入空气并形成气泡。

第一种作用是涡流吸气作用。在搅拌液体形成涡流时，涡流负压区会吸入空气，被吸入涡流中的空气在剪切力的作用下，被碎散形成大量气泡。在盘式混凝土搅拌机中，涡流由搅拌叶片推动混合料产生；在鼓式搅拌机中，涡流主要存在于物料落下来的搅拌叶片末端，为了产生涡流，混凝土拌合物应有一定程度的流动性，但对于较干的拌合物，搅拌所产生的捏合作用，也能使一定量的空气夹带进入混凝土中。

第二种作用是骨料抛落形成的三维幕引气作用。在混凝土搅拌过程中，当物料相互之间逐级下落时，粒状物料（骨料）形成的三维幕便会将空气携带进入混凝土中，并在物料的重力、搅拌过程中产生的剪切力等作用下，将引入的空气碎散成气泡。

掺与不掺引气剂，在搅拌混凝土过程中引入空气并被碎散形成气泡的作用是一样的，对于未掺引气剂的混凝土，在搅拌混凝土过程中引入的空气被浆体包裹形成气泡，但当气泡互相靠近时，极易相互兼并增大，并上浮至表面，从而破灭消失。因此，未掺引气剂的混凝土夹带空气量少，引入气泡少。

由上可知，引气剂的作用主要表现在两个方面：一是使引入的空气易于形成微小气泡；二是防止气泡兼并增大、上浮破灭，也就是要保持微小气泡稳定，并均匀分布在混凝土中。

(2) 引气剂在液-气界面上的吸附与排布

引气剂的界面活性作用基本上与减水剂的界面活性作用相同，区别在于减水剂的界面活性作用主要发生在液-固界面上，而引气剂的界面活性作用主要发生在液-气界面上。

所谓气泡，就是液体薄膜包围着的气体。若某种液体易于成膜，且膜不易破裂，则此液体在搅拌时就会产生许多泡沫。引气剂是表面活性物质，其由非极性基（碳氢链）和极性基（如磺酸基—SO_3H、羧酸基—COOH、醇基—OH、醚基—O—等）构成。引气剂分子溶于水中后，对于液-气体系，其非极性基深入气相，而极性基留于水中，从而吸附在气泡的液-气界面上形成定向排布。正是由于引气剂分子在气泡表面的这种定向吸附与排布作用，才能使吸附了引气剂的小气泡难以兼并增大，从而能够稳定地分布在混凝土中。

(3) 引气剂的作用机理

在混凝土中，引气剂对微小气泡的稳定作用机理主要包括以下几个方面。

1）降低液-气界面张力作用

当混凝土拌合物含气量一定时，气泡尺寸减小，则整个体系的液-气界面面积增大，致使整个体系总的界面自由焓将增大，从而使体系处于热力学不稳定状态。掺入引气剂后，由于降低了液-气界面张力，因此，即使气泡不相互兼并增大，也能使整个体系总的液-气界面保持不变，使整个体系的液-气界面自由焓不会增大，或者还有所降低，从而使体系处于热力学较为稳定的状态。

2）气泡表层液膜之间的静电斥力作用

对于用离子型表面活性剂作为引气剂时，其分子在水中电离成阴、阳离子，使气泡液膜表面带上相同的负电荷，当气泡相互靠近时，气泡之间便产生静电斥力作用，从而阻止气泡进一步靠近。因此，离子型引气剂吸附在气泡表面，使气泡之间产生的静电斥力有助于提高气泡的稳定性。

3）水化膜厚度及机械强度增大作用

在混凝土中掺入引气剂，其在气泡表面吸附时均是非极性基伸入气相，而极性基留于液相，由于极性基具有强烈的亲水作用，使吸附了引气剂分子的气泡表面水化膜增大，机械强度提高，气泡表面黏度及液膜弹性增大，这样当气泡碰撞接触时，气泡间液膜便不易排液薄化，同时气泡的弹性变形还有利于抵消气泡所受的外力作用。因此，掺引气剂的混凝土气泡不易被兼并破灭，稳定性提高。

4）微细固体颗粒沉积气泡表面形成的“罩盖”作用

在混凝土中加入阴离子型引气剂，会吸收和集中在气泡表面，使混凝土中的气泡实际上成了气固液三相气泡，固体颗粒“罩盖”薄膜使气泡表层膜厚度增大，机械强度和弹性提高。此层“罩盖”薄膜使气泡靠近时水化膜更不易排液薄化，因而气泡更难以兼并增大还有助于阻止气泡上浮和凝聚，从而使大量微小气泡能够稳定地均匀分布在混凝土拌合物中。

2. 引气剂对混凝土性能的影响

（1）和易性

引气剂用于在混凝土中引进了大量微小且独立的气泡，这些球状气泡如滚珠一样使混凝土的和易性得到大大改善，这种作用尤其是在骨料粒形不好的碎石或人工砂混凝土中更为显著。

（2）泌水性

引气剂可以增加混凝土拌合物的黏聚性，它使混凝土拌合物中的骨料与水泥浆的黏聚性加大，使它们的离散性减弱，这种作用可使拌合物更好地处于均质状态，使拌和用的水分能更长时间地停留在水泥浆中而减少了泌水性。

（3）强度

由于引气剂使混凝土中气泡数量增多，自然会使混凝土的强度有所降低，一般规律如下：含气量每增加1%，抗压强度减低4%～5%，抗折强度降低2%～3%。且龄期增长后，含气量对混凝土的影响还要大些。

当混凝土中含气量一定时，其强度的降低还受到骨料最大粒径的影响，最大粒径越大，则强度降低率越小，在贫水泥混凝土中，因为引气而引起的强度下降很小，往往可忽略不计。

若在配制混凝土时，考虑引气剂能增大混凝土拌合物的流动性而适量减少用水量，则由于引气剂引入气泡而引起的强度损失就可被弥补过来。

（4）耐久性

由于掺引气剂后可使混凝土用水量减少，同时泌水率减低，这都会使混凝土内部的大毛细孔（在水泥石与骨料界面上产生，比水泥面中的毛细孔至少大数十倍）减少。同时大量微小的气泡占据着混凝土中的自由空间，切断了毛细管的通道，这样能使混凝土的抗渗性得到改善，与抗渗性有关的抗化学物质侵蚀作用和对碳化的抵抗作用等也同时得到提高。

3. 引气剂的使用

在使用引气剂时，应注意以下几个问题：

（1）掺引气剂前，应该参照说明书及有关资料，结合工地现场所使用的材料及工程要求，进行实地试配试验，然后才能确定该种引气剂能否在本工程使用，以及工程中使用的合适剂量。

（2）引气剂使用时，其掺加量一般都比较小（一般只有水泥质量的万分之几），所以计量要准确，为此一般应首先将引气剂配成溶液，稀释到合适浓度后，在拌和混凝土时按所需掺量摇匀后加入。使用时应加入拌合水中，引气剂溶液中的水量应从拌合水中扣除。

（3）要求配混凝土材料的性质、混凝土拌合物的配比，以及搅拌、装卸、浇筑等方面都尽可能保持稳定，使含气量的波动范围尽量小。当混凝土原材料、施工配合比或施工条件变化时，引气剂或引气减水剂的掺量应重新试验并确定。施工中要定时进行现场检测，严格控制含气量的波动幅度，近年来由于施工中采用高频插入式振捣器，在强烈的振动作用下，混凝土中的气泡外溢，致使含气量下降，因此施工中必须保持不同部位的振捣时间和振捣方法的一致。

（4）掺引气剂的混凝土，由于其引气量的增加，将会导致混凝土体积的增加，因此在配合比设计时应加以考虑。

根据国家标准《混凝土外加剂应用技术规范》（GB 50119—2013）的规定，混凝土含气量试验应采用工程实际使用的原材料和配合比，有抗冻融要求的混凝土含气量应根据混凝土抗冻等级和粗骨料最大公称粒径试验确定，用于改善新拌混凝土工作性时，新拌混凝土含气量控制在3％～5％。

2.6.3 早强剂

早强剂是指能加速混凝土早期强度发展的外加剂，其主要作用在于加速水泥水化速度，促进混凝土早期强度的发展，缩短工期，提高模板周转率。常用的早强剂有硫酸盐类、氯盐类、有机胺类及其复合物。

根据国家标准《混凝土外加剂应用技术规范》（GB 50119—2013）的规定，早强剂宜用于蒸养、常温、低温和最低温度不低于－5℃环境中施工的有早强要求的混凝土工程，炎热条件以及环境温度低于－5℃时，不宜使用早强剂；早强剂不宜用于大体积混凝土；三乙醇胺等有机胺类早强剂不宜用于蒸养混凝土；无机盐类早强剂不宜用于处于水位变化的结构，露天结构及经常受水淋、受水流冲刷的结构，相对湿度大于80％环境中使用的结构，直接接触酸、碱或其他侵蚀性介质的结构，有装饰要求的混凝土，特别是要求色彩一致或表面有金属装饰的混凝土。

1. 早强剂的种类

（1）硫酸盐类早强剂

硫酸盐类早强剂主要有硫酸钠、硫代硫酸钠、硫酸钙、硫酸铝、硫酸铝钾等，其中硫酸钠应用最多。硫酸钠（Na_2SO_4）与水泥的水化产物 $Ca(OH)_2$ 反应生成 $CaSO_4 \cdot 2H_2O$ 分散在混凝土中，这些 $CaSO_4 \cdot 2H_2O$ 与 C_3A 的反应比 C_3A 与水泥生产时掺入的石膏反应快得多，能迅速生成水化硫铝酸钙晶体，增加固相体积，提高早期结构的密实度，同时也会加快水泥的水化速度，从而提高混凝土的早期强度。硫酸钠的适宜掺量为0.5%～2%，当掺量过高时，生成的水化硫铝酸钙晶体过多，会使混凝土膨胀开裂，或者在混凝土表面形成“白霜”。硫酸钠掺量限值应符合表2-24的规定。

表2-24　硫酸钠掺量限值

混凝土种类	使用环境	掺量限值（胶凝材料质量%）
预应力混凝土	干燥环境	≤1.0
钢筋混凝土	干燥环境	≤2.0
	潮湿环境	≤1.5
有饰面要求的混凝土	—	≤0.8
素混凝土	—	≤3.0

（2）氯盐类早强剂

氯盐类早强剂主要有氯化钙、氯化钠、氯化钾、氯化铝及三氯化铁等，其中氯化钙应用最多。氯化钙能与 C_3A 和 $Ca(OH)_2$ 反应，生成不溶性复盐水化氯铝酸钙（$3CaO \cdot Al_2O_3 \cdot 3CaCl_2 \cdot 32H_2O$）和氧氯酸钙［$3CaCl_2 \cdot 3Ca(OH)_2 \cdot 12H_2O$］，以晶体形式析出，使水泥浆体中固相增多；同时液相中 $Ca(OH)_2$ 浓度降低，也使 C_3S、C_2S、C_3A 水化速度加快，使早期强度提高。氯化钙早强剂因其能产生氯离子，易促使钢筋产生锈蚀，故施工中必须严格控制掺量。

（3）有机胺类早强剂

有机胺类早强剂主要有三乙醇胺、三乙丙醇胺等，其中三乙醇胺早强效果较佳。三乙醇胺为无色至淡黄色透明黏稠液体，无毒，能溶于水，是一种非离子型表面活性剂，它不改变水化生成物，但能在水泥的水化过程中起着“催化作用”，能加速水泥水化。三乙醇胺单独使用时，早强效果不显著，常与其他早强剂复合使用。

（4）复合类早强剂

复合类早强剂往往比单组分早强剂具有更优良的早期效果，掺量也比单组分早强剂少。在水泥中加入微量的三乙醇胺，不会改变水泥的水化生成物，但对水泥的水化速度和强度有加速作用。当它与无机盐类复合时，不仅对水泥水化起催化作用，还能在无机盐与水泥的反应中起催化作用。故其作用效果要较单掺三乙醇胺显著，并有互补作用。

2. 早强剂对混凝土质量的影响

（1）对混凝土强度的影响

早强剂对混凝土的早期强度有十分明显的影响，1d、3d、7d强度都能大幅度提高，但对混凝土长期性能的影响不一致，有的后期强度提高，有的后期强度降低。对单组分早强剂而言，在相同的掺量下，混凝土强度的提高一般都较掺复合早强剂低，尤其是28d强度。早强减水剂由于加入了减水剂，可以通过降低水灰比来进一步提高早期强度，同时也可以弥补掺早强剂混凝土后期强度不足的缺陷，使28d强度也有所提高。

（2）对混凝土收缩性能的影响

无机盐类早强剂对早期水化有促进作用，水泥浆体初期的水化产物有较大的表面积，产生一定的膨胀作用，使整个混凝土体积略有增加，但后期的收缩与徐变也会有所增大。这是因为早期不够致密的水化产物的结构，影响了混凝土的孔隙率、结构密实度，在后期造成一定的干缩，特别是掺氯化钙早强剂的混凝土。

（3）对混凝土耐久性的影响

在无机盐类早强剂中，氯化物与硫酸盐是常用的早强剂。氯化物中含有一定的氯离子会加速混凝土中钢筋的锈蚀作用，从而影响混凝土的耐久性。硫酸盐早强剂因含有钠盐，可能会与带有活性二氧化硅的骨料产生碱-骨料反应而导致混凝土耐久性降低。亚硝酸盐、硝酸盐、碳酸盐等含有K^+、Na^+也可能导致碱-骨料反应。此外由于这些无机早强剂均属强电解质，在潮湿环境下容易导电，因此对电解车间、电气化运输设施的钢筋混凝土，如果绝缘条件不好，极易受到直流电的作用而发生电化学腐蚀，这些部位不允许使用强电解质外加剂。

2.6.4 缓凝剂

缓凝剂是一种能延迟水泥水化反应，从而延缓混凝土凝结的外加剂，大致可分为无机和有机两类。有机缓凝剂包括羟基羧酸及盐类、多元醇及其衍生物、糖类及碳水化合物、木质素磺酸盐等。无机缓凝剂包括磷酸盐、偏磷酸盐、锌盐、硫酸铁、硫酸铜、硼酸盐、氟硅酸盐等。根据国家标准《混凝土外加剂应用技术规范》（GB 50119—2013）的规定，缓凝剂宜用于延缓凝结时间的混凝土；宜用于对坍落度保持能力有要求的混凝土、静停时间较长或长距离运输的混凝土、自密实混凝土；可用于大体积混凝土；宜用于日最低气温5℃以上施工的混凝土；柠檬酸（钠）及酒石酸（钾钠）等缓凝剂不宜单独用于贫混凝土。

1. 缓凝剂的作用机理

（1）无机缓凝剂的作用机理

绝大多数无机缓凝剂都是电解质盐类，能在水中电离出带电离子，并在水泥颗粒表面构成双电层，阻止水泥颗粒相互结合，从而降低水泥水化反应速度。在无机缓凝剂中，磷酸盐类具有较强的缓凝作用。主要原因在于磷酸根离子与水泥水化产物发生反应，在水泥颗粒表面生成致密难溶的磷酸盐薄层，抑制了水分子的渗入，阻碍了水泥正常水化作用的进行，从而起到缓凝作用。

（2）有机缓凝剂的作用机理

1）羟基羧酸、氨基羧酸及其盐

羟基羧酸、氨基羧酸及其盐的分子结构中均含有配合物形成基（—OH、—COOH、—NH_2），羟基在水泥水化的碱性介质中与游离的Ca^{2+}生成不稳定的配合物，在水化初期控制了液相中的Ca^{2+}浓度，产生缓凝作用。其次，羟基、氨基、羧基均易与水分子通过氢键缔合，再加上水分子之间的氢键缔合，使水泥颗粒表面形成了一层稳定的溶剂化水膜，阻止了水泥颗粒间的直接接触，阻碍水化的进行。含羧基与羧基盐的化合物与游离的 Ca^{2+} 生成不溶性的钙盐，沉淀在水泥颗粒表面，延缓水泥的水化。

2）糖类、多元醇类及其衍生物

醇中的羟基吸附在水泥颗粒表面，与水化产物表面上的 O^{2-} 形成氢键，同时其他羟基又与水分子通过氢键缔合，同样使水泥颗粒表面形成了一层稳定的溶剂化水膜，从而抑制水泥的水化进程。在醇类的同系物中，随着羟基数目的增加，缓凝作用逐渐增强。

3）木质素磺酸盐缓凝减水剂

木质素磺酸盐类表面活性剂是典型的阴离子表面活性剂。木质素磺酸盐中含有相当数量的糖。由于糖类是多羟基碳水化合物，亲水性强，吸附在矿物颗粒表面可以增厚溶剂化水膜层，起到缓凝的作用。另外，木质磺酸盐可以降低水的表面张力，具有一定的引气性，而且掺量增加后，引气和缓凝作用更强，所以应避免超量使用，否则会由于引气过多或过于缓凝，使混凝土强度降低甚至长期不凝结硬化，造成工程事故。

4）糖蜜类缓凝减水剂

糖蜜中的主要成分是己糖二酸钙，具有较强的固-液表面活性，因此能吸附在水泥矿物颗粒表面形成溶剂化吸附层，阻碍颗粒的接触和凝结，从而破坏了水泥的絮凝结构，使水泥粒子分散，游离水增多，起到减水的作用。另外，糖钙含有多个羟基，对水泥的初期水化有较强的抑制作用，可以使游离水增多，增加了水泥浆的流动性。

2. 缓凝剂的使用

（1）缓凝剂的品种、掺量应根据环境温度、施工要求的混凝土凝结时间、运输距离、静停时间、强度等经试验确定。

（2）缓凝剂用于连续浇筑的混凝土时，混凝土的初凝时间应满足设计和施工要求。

（3）缓凝剂宜以溶液掺加，使用时应加入拌合水中，拌合水中应扣除缓凝剂溶液中的水量。难溶或不溶的粉状缓凝剂应采用干掺法，并宜延长搅拌时间 30s。

（4）缓凝剂可与减水剂复合使用。配制溶液时，如产生絮凝或沉淀等现象，宜分别配制溶液，并应分别加入搅拌机内。

（5）掺缓凝剂的混凝土浇筑、振捣后应及时养护。

（6）当环境温度波动超过 10℃时，应经试验调整缓凝剂掺量。

2.6.5 速凝剂

速凝剂是能使混凝土或砂浆迅速凝结硬化的外加剂。速凝剂主要用于喷射混凝土、砂浆及堵漏抢险工程。

喷射混凝土自发明以来，因其运输、浇筑和捣固合而为一，且能在高空或狭小工作面上制成薄壁结构而得到广泛应用。尤其在地下工程、边坡加固和基坑护壁、建筑结构修复工程和防护工程中大量采用。由于其成型工艺特点，喷射混凝土离不开速凝剂。速凝剂能令混凝土在 2min 内初凝，并具有较高的早期强度。

速凝剂的主要成分为铝酸盐、碳酸盐、硫酸铝、氢氧化铝等，按氧化钠当量含量不同分为有碱与无碱两类，无碱速凝剂氧化钠当量含量不大于 1%，有碱速凝剂氧化钠当量含量大于1%；按其状态不同有粉状和液体速凝剂两种。速凝剂可用于喷射法施工的砂浆或混凝土，也可用于有速凝要求的其他混凝土；粉状速凝剂宜用于干法施工的喷射混凝土，液体速凝剂宜用于湿法施工的喷射混凝土；永久性支护或衬砌施工使用的喷射混凝土、对碱含量有特殊要求的喷射混凝土工程，宜选用碱含量小于1%的无碱速凝剂。

1. 速凝剂的性能

速凝剂的作用是使混凝土喷射到工作面上后很快就能凝结，因此速凝剂必须具备以下几种性能。

（1）速凝剂使喷至岩石上的混凝土在2～5min内初凝，10min内终凝。

（2）速凝剂的促凝效果与掺入水泥中的数量呈正比增长，但超过4%～6%后则不再进一步速凝。因此，速凝剂使混凝土有较高的早期强度，但后期强度降低不能太大（小于30%）。

（3）速凝剂应使混凝土具有一定的黏度，以防回弹量过高。

（4）配制喷射混凝土时，尽量减小水灰比，以防收缩过大，混凝土硬化后应具有一定的强度和耐久性，提高抗渗性能。

（5）对钢筋无腐蚀作用。

（6）在低温下使用不失效。

2. 速凝剂主要种类的作用机理

速凝剂用途不同则化学成分也不同，因此按用途或化学成分大致可以分为3类。由于速凝剂是由复合材料制成的，同时又与水泥水化反应交织在一起，其作用机理较为复杂，下面就仅以其主要成分的反应加以阐述。

（1）铝氧熟料加碳酸盐型速凝剂

$$Na_2CO_3 + CaSO_4 \longrightarrow CaCO_3\downarrow + Na_2SO_4$$

$$NaAlO_2 + 2H_2O \longrightarrow Al(OH)_3 + NaOH$$

$$2NaAlO_2 + 3Ca(OH)_2 + 3CaSO_4 + 30H_2O \longrightarrow 3CaO \cdot Al_2O_3 \cdot 3CaSO_4 \cdot 32H_2O + 2NaOH$$

碳酸钠与水泥浆中石膏反应，生成不溶的$CaCO_3$沉淀，从而破坏了石膏的缓凝作用。铝酸钠在有$Ca(OH)_2$存在的条件下与石膏反应生成水化硫铝酸钙和氢氧化钠，由于石膏消耗而使水泥中的C_3A成分迅速溶解进入水化反应，C_3A的水化又迅速生成钙矾石而加速了凝结硬化。另一方面大量生成NaOH、$Al(OH)_3$、Na_2SO_4，这些都具有促凝、早强作用。速凝剂中的铝氧熟料（$NaAO_2$）及石灰，在水化初期产生强烈的放热反应，使整个水化温度大幅度升高，促进了水化反应的进程和混凝土强度的发展。

（2）硫铝酸盐型速凝剂

$$Al_2(SO_4)_3 + 3CaO + 5H_2O \longrightarrow 3(CaSO_4 \cdot 2H_2O) + 2Al(OH)_3$$

$$2NaAlO_2 + 3CaO + 7H_2O \longrightarrow 3CaO \cdot Al_2O_3 \cdot 6H_2O + 2NaOH$$

$$3CaO \cdot Al_2O_3 \cdot 6H_2O + 3(CaSO_4 \cdot 2H_2O) + 20H_2O \longrightarrow 3CaO \cdot Al_2O_3 \cdot 3CaSO_4 \cdot 32H_2O$$

$Al_2(SO_4)_3$和石膏的迅速溶解使水化初期溶液中硫酸根离子浓度骤增，它与溶液中的Al_2O_3、$Ca(OH)_2$发生反应，迅速生成微细针柱状钙矾石和中间产物次生石膏，这些新晶体的增长、发展在水泥颗粒之间交叉生成网络状结构而呈现速凝，这种速凝剂主要是早期形成钙矾石而促进凝结，但掺此类速凝剂会使水泥浆体过早地形成结晶网络结构，在一定程度上会阻碍水泥颗粒的进一步水化。另外，钙矾石向单硫型水化硫铝酸钙转化会使水泥石内部孔隙增加，这些都使水泥石后期强度的增长受到影响。

（3）水玻璃型速凝剂

水玻璃类速凝早强剂是止水堵水用速凝早强剂。这类速凝剂除要求混凝土混合物迅速凝结硬化外，还必须有较高的早期强度，以抵抗水渗冲刷作用。单一水玻璃组分使得速凝剂过于黏稠无法喷射，因此加入无机盐以降低黏性。

水泥中的 C_3S、C_2S 等矿物在水化过程中生成 $Ca(OH)_2$，而水玻璃溶液能与 $Ca(OH)_2$ 发生强烈反应，生成硅酸钙和二氧化硅胶体，其反应如下：

$$Na_2O \cdot nSiO_2 + Ca(OH)_2 \longrightarrow (n-1)\ SiO_2 + CaSiO_3 + 2NaOH$$

反应中生成大量 NaOH，将进一步促进水泥熟料矿物水化，从而使水泥迅速凝结硬化。

3. 速凝剂的使用

（1）速凝剂掺量宜为胶凝材料质量的 2%～10%，当混凝土原材料、环境温度发生变化时，应根据工程要求，经试验调整速凝剂掺量。

（2）掺速凝剂混凝土的粗骨料宜采用最大粒径不大于 20mm 的卵石或碎石，细骨料宜采用中砂。

（3）掺速凝剂的喷射混凝土配合比宜通过试配试喷确定，其强度应符合设计要求，并应满足节约水泥、回弹量少等要求。特殊情况下，还应满足抗冻性和抗渗性等要求。砂率宜为 45%～60%。湿喷混凝土拌合物的坍落度宜不小于 80mm。

（4）干法施工时，混合料应随拌随用。无速凝剂掺入的混合料，存放时间应不超过 2h，有速凝剂掺入的混合料，存放时间应不超过 2min。

（5）掺速凝剂喷射混凝土作业区日最低气温不应低于 5℃。

2.6.6 防冻剂

防冻剂是能使混凝土在负温下硬化，并在规定养护条件下达到预期性能的外加剂，适用于在负温下施工的混凝土工程。我国常用的防冻剂是由防冻组分、早强组分、减水组分、引气组分等组成的复合防冻剂。常用的防冻剂如下：

（1）氯盐类：主要成分是氯化钠、氯化钙或两者复合。此类防冻剂适用于素混凝土。

（2）氯盐阻锈剂类：即氯盐与阻锈剂复合的防冻剂，阻锈剂为亚硝酸钠、重铬酸钾、磷酸盐等，其中亚硝酸钠应用较多。此类防冻剂可用于钢筋混凝土。

（3）无氯盐类：以硝酸盐、亚硝酸盐、碳酸盐等，此类防冻剂适用于钢筋混凝土及预应力钢筋混凝土，但硝酸盐、亚硝酸盐、碳酸盐易引起钢筋的电化学腐蚀，对于钢筋与锌材、铝材接触的钢筋混凝土，此类防冻剂不适用。

各类防冻剂使用范围不同，选用时要注意其使用环境。另外，根据《混凝土外加剂应用技术规范》（GB 50119—2013）的规定，防冻剂可用于冬期施工的混凝土，亚硝酸钠防冻剂或亚硝酸钠与碳酸锂复合防冻剂，可用于冬期施工的硫铝酸盐水泥混凝土。

2.6.7 泵送剂

泵送剂是能改善混凝土拌合物泵送性能的外加剂。既能使混凝土在负温下硬化，并能在规定养护条件下达到预期性能，又能改善混凝土拌合物泵送性能的外加剂为防冻泵送剂。按防冻泵送剂性能分为I型、II型；按规定使用温度分为−5℃、−10℃、−15℃。

泵送剂大多情况下是通过多组分的外加剂复合得到的，混凝土工程常用的泵送剂有以下 4 种：

（1）采用一种减水剂与缓凝组分、引气组分、保水组分和黏度调节组分复合而成。

（2）采用两种或两种以上减水剂与缓凝组分、引气组分、保水组分和黏度调节组分复合而成。

（3）采用一种减水剂作为泵送剂。

（4）采用两种或两种以上减水剂复合而成。

根据《混凝土外加剂应用技术规范》（GB 50119—2013）的规定，泵送剂宜用于泵送施工的混凝土；可用于工业与民用建筑结构工程混凝土、桥梁混凝土、水下灌注桩混凝土、大坝混凝土、清水混凝土、防辐射混凝土和纤维增强混凝土；宜用于日平均气温5℃以上的施工环境；不宜用于蒸汽养护和蒸压养护的预制混凝土。

2.6.8 阻锈剂

阻锈剂是指能抑制或减轻混凝土中钢筋或其他预埋金属锈蚀的外加剂。钢筋或金属预埋件的锈蚀与其表面保护膜的情况有关。混凝土碱性高，埋入的金属表面形成钝化膜，有效地抑制钢筋锈蚀。若混凝土中存在氯化物，会破坏钝化膜，加速钢筋锈蚀，加入适量的阻锈剂，可以有效地防止锈蚀的发生或减缓锈蚀的速度。

混凝土工程可采用的阻锈剂如下：

（1）亚硝酸盐、硝酸盐、铬酸盐、重铬酸盐、磷酸盐、多磷酸盐、硅酸盐、钼酸盐、硼酸盐等无机盐类。

（2）胺类、醛类、炔醇类、有机磷化合物、有机硫化合物、羧酸及其盐类、磺酸及其盐类、杂环化合物等有机化合物类。

混凝土工程可采用两种或两种以上无机盐类或有机化合物类阻锈剂复合而成的阻锈剂。

根据国家标准《混凝土外加剂应用技术规范》（GB 50119—2013）的规定，阻锈剂宜用于容易引起钢筋锈蚀的侵蚀环境中的钢筋混凝土、预应力混凝土和钢纤维混凝土，阻锈剂宜用于新建混凝土工程和修复工程。阻锈剂可用于预应力孔道灌浆。

2.7 外加剂的选择与使用

2.7.1 外加剂的选择

外加剂的品种很多，若选择使用不当，将会造成工程质量和安全问题，外加剂的选择应注意以下几点：

（1）外加剂种类应根据设计和施工要求及外加剂的主要作用选择。

（2）当不同供方、不同品种的外加剂同时使用时，应经试验验证，并应确保混凝土性能满足设计和施工要求后再使用。

（3）含有六价铬盐、亚硝酸盐和硫氰酸盐成分的混凝土外加剂，严禁用于饮水工程中建成后与饮用水直接接触的混凝土。

（4）含有强电解质无机盐的早强型普通减水剂、早强剂、防冻剂和防水剂，严禁用于下列混凝土结构：

1）与镀锌钢材或铝铁相接触部位的混凝土结构；

2）有外露钢筋预埋铁件而无防护措施的混凝土结构；

3）使用直流电源的混凝土结构；

4）距高压直流电源 100m 以内的混凝土结构。

（5）含有氟盐的早强型普通减水剂、早强剂、防水剂和氯盐类防冻剂，严禁用于预应力混凝土、钢筋混凝土和钢纤维混凝土结构。

（6）含有硝酸铵、碳酸铵的早强型普通减水剂、早强剂和含有硝酸铵、碳酸铵、尿素的防冻剂，严禁用于办公、居住等有人员活动的建筑工程。

（7）含有亚硝酸盐、碳酸盐的早强型普通减水剂、早强剂、防冻剂和含亚硝酸盐的阻锈剂，严禁用于预应力混凝土结构。

（8）掺外加剂混凝土所用水泥，应符合现行《通用硅酸盐水泥》（GB 175—2007）和《中热硅酸盐水泥、低热硅酸盐水泥》（GB 200—2017）的规定；掺外加剂混凝土所用砂、石应符合行业标准《普通混凝土用砂、石质量及检验方法标准（附条文说明）》（JGJ 52—2006）的规定；所用粉煤灰和粒化高炉矿渣粉等矿物掺合料，应符合《用于水泥和混凝土中的粉煤灰》（GB/T 1596—2017）和《用于水泥、砂浆和混凝土中的粒化高炉矿渣粉》（GB/T 18046—2017）的规定，并应检验外加剂与混凝土原材料的相容性，应符合要求后再使用。掺外加剂混凝土用水包括拌和用水和养护用水，应符合行业标准《混凝土用水标准（附条文说明）》（JGJ 63—2006）的规定。硅灰应符合国家标准《高强高性能混凝土用矿物外加剂》（GB/T 18736—2017）的规定

（9）试配掺外加剂的混凝土应采用工程实际使用的原材料，检测项目应根据设计和施工要求确定，检测条件应与施工条件相同，当工程所用原材料或混凝土性能要求发生变化时，应重新试配。

2.7.2 外加剂的掺量

外加剂的掺量应从技术效果和经济效果两方面来考虑，其最终的原则是在保证混凝土技术要求的条件下，采用最经济掺量。一般外加剂产品均注明其掺量范围，可根据试配结果确定最佳掺量（最经济合理掺量）。

有些外加剂超量掺入不但达不到预期效果，还会带来负面的作用。普通减水剂掺量过大时会造成严重缓凝，后期强度损失过大。高效减水剂掺量过大，不但减水率增加不明显，还会造成泌水、离析、坍落度损失大等。引气剂或引气减水剂掺量过大则会使混凝土后期强度降低。早强剂及早强减水剂超量掺加不仅会引起后期强度损失，还会使混凝土表面出现白霜，产生盐析现象。缓凝剂及缓凝减水剂掺量过大会使混凝土长时间不

凝结，水分散失后造成表面起砂，严重影响强度。除外加剂本身的性能外，外加剂的掺量还会受到水泥品种、掺合料品种、施工环境温度、外加剂掺加方法的影响。因此，外加剂掺量的确定应当在给定的外加剂掺量范围内，根据施工的具体条件经过试验来确定。

2.7.3 外加剂的掺加方法

许多研究资料证明，外加剂的掺加方法对外加剂的掺量及效果影响很大。尤其是属于表面活性剂类的减水剂、引气剂及含有表面活性剂成分的外加剂。常用的外加剂掺用方法有以下几种。

（1）先掺法

粉状外加剂与水泥混合，再加骨料与水搅拌称作先掺法。该法有利于外加剂的分散，减少骨料对外加剂的吸附量，但实际工程使用不方便，一般是实验室用作试配。

（2）同掺法

即粉状外加剂与混凝土骨料混合在一起，一同加水搅拌，液体外加剂则加入拌合水中共同进入搅拌机。同掺法使混凝土在一开始时就有外加剂介入，立即被吸附到水泥表面，从而迅速降低了液相中外加剂的浓度。

（3）后掺法（滞水法）

在混凝土加水搅拌了一段时间后，再加入外加剂进一步搅拌，即水泥水化反应进行了一段时间后，外加剂才介入水化反应，从而保持了混凝土液相中的外加剂浓度不会很快降低。

（4）分次加入法

混凝土搅拌过程中或运输途中分几次将外加剂加入混凝土中，使混凝土液相中的外加剂浓度保持在一定水平，这种方法有利于减少混凝土拌合物的坍落度损失。

同条件下，后掺法，分次加入法对减少拌合物坍落度损失效果较好，并可降低减水剂的掺量，特别是对水泥矿物中 C_3A 及 C_4AF 含量高且新鲜的水泥效果最明显。水泥矿物对减水剂的吸附作用从大到小排列顺序：$C_3A > C_4AF > C_3S > C_2S$。以上顺序与水泥水化顺序相同，采用后掺法或分次加入法，就可以在 C_3A、C_4AF 已经水化，对减水剂吸附能力下降时，减水剂才进入，使溶液中保持有足够的减水剂，因而减水剂对水泥适应性得到改善。一般高效减水剂和低掺量外加剂宜选用后掺法，木钙减水剂和膨胀剂选用先掺法，缓凝剂和引气剂宜选用同掺法。

本章小结

正确选用混凝土原材料是获得高质量混凝土的先决条件。

水泥是指加水拌和成塑性浆体后，能胶结砂、石等材料，既能在空气中硬化，又能在水中继续硬化的粉末状水硬性胶凝材料。水泥在混凝土中起到胶结和填充的作用，同时也是混凝土强度的重要来源，配制混凝土应选用合适的水泥品种和强度等级。

通用混凝土的细骨料主要是砂，包括天然砂和机制砂。砂的技术要求主要有颗粒级配、含泥量、石粉含量和泥块含量、有害物质、坚固性等，砂按技术要求分为Ⅰ类、Ⅱ

类和Ⅲ类。

混凝土用粗骨料主要是卵石和碎石，碎石和卵石的技术要求有：颗粒级配、含泥量和泥块含量、坚固性、强度、压碎指标等，卵石、碎石按技术要求分为Ⅰ类、Ⅱ类、Ⅲ类。

拌和用水是混凝土组成的重要原料之一，混凝土拌和用水应满足：不得影响混凝土的凝结硬化；不得有碍混凝土强度的发展；不得降低混凝土的耐久性；不得加快钢筋锈蚀；不能引起预应力钢筋脆断；不得污染混凝土表面等要求。

为节约水泥用量、调节或改善混凝土性能、提高工程质量、延长混凝土结构使用寿命，在配制混凝土时，与原料一起掺入，掺量大于水泥质量5%的矿物材料或工业废渣，称为混凝土掺合料。常用的混凝土掺合料有粉煤灰、硅灰、粒化高炉矿渣粉、钢渣粉、石灰石粉、磷渣粉等工业废渣。

混凝土外加剂是在搅拌混凝土过程中掺入，占水泥质量5%以下，能显著改善混凝土性能的化学物质。混凝土减水剂是指在保持混凝土拌合物和易性基本不变的条件下，减少拌合物用水量的外加剂。引气剂是指能提高物理作用引入均匀分布、稳定而封闭的微小气泡，且能将气泡保留在硬化混凝土中的外加剂。早强剂是指能加速混凝土早期强度发展的外加剂。缓凝剂是指能延缓混凝土凝结的外加剂。速凝剂是能使混凝土或砂浆迅速凝结硬化的外加剂。常用的外加剂还有防冻剂、阻锈剂、泵送剂等。

外加剂的品种很多，若选择使用不当，将会造成质量和安全问题。外加剂使用时要注意品种选择、掺量确定和掺加方法。

习　题

一、填空题

1. 制备混凝土时，水泥浆在硬化前起________作用，水泥浆硬化后，将骨料胶结成一个坚实的整体，赋予混凝土一定的________。

2. 普通混凝土用砂按细度模数的大小，分为________、________、________。

3. 碎石的颗粒级配分为________和________两种，采用________级配配制的混凝土和易性好，不易发生离析。

4. 混凝土中掺入减水剂，在混凝土流动性不变的情况下，可以减少________，提高混凝土的________，在用水量及水胶比一定时，混凝土的________增大。

5. 我国常用的防冻剂是由________组分、________组分、________组分和________组分等组成的复合防冻剂。

6. 混凝土的骨料按其粒径大小分为________和________。

二、单项选择题

1. 天然砂是指自然生成的，经人工开采和筛分制成的，粒径小于(　　)的岩石颗粒。

A. 4.50mm　　B. 4.75mm　　C. 5.50mm　　D. 5.75mm

2. 对有抗渗要求的混凝土工程不宜使用(　　)。

A. 硅酸盐水泥　　B. 普通水泥

C. 火山灰质水泥　　D. 矿渣水泥

3. 普通混凝土用砂应选择(　　)较好。

A. 孔隙率小

B. 尽可能粗

C. 越粗越好

D. 在孔隙率小的条件下尽可能粗

4. 一批砂的细度模数为1.9，应属(　　)砂。

A. 细　　B. 粗　　C. 中　　D. 特细

5. 喷射混凝土必须加入的外加剂是(　　)。

A. 早强剂　　B. 减水剂　　C. 引气剂　　D. 速凝剂

6. 配制混凝土时，优先选用(　　)区砂。

A. 1　　B. 2　　C. 3　　D. 非标准砂

7. 含泥量是指天然砂中粒径小于(　　)的颗粒含量。

A. 75mm　　B. 100mm　　C. 75μm　　D. 100μm

8. 骨料在混凝土中起(　　)作用。

A. 骨架　　B. 胶结　　C. 润滑　　D. 凝结

三、多项选择题

1. 在干燥环境中的混凝土不得使用(　　)。

A. 硅酸盐水泥　　B. 普通水泥

C. 火山灰质水泥　　D. 矿渣水泥

E. 粉煤灰水泥

2. 大体积混凝土可以选用(　　)。

A. 硅酸盐水泥　　B. 普通水泥

C. 火山灰质水泥　　D. 矿渣水泥

E. 粉煤灰水泥

3. 硅酸盐水泥的初凝时间不小于(　　)，终凝时间不大于(　　)。

A. 30min　　B. 45min　　C. 390min　　D. 6.5h

4. 硅酸盐熟料矿物中，强度最高的是(　　)，水化反应速度最快的是(　　)。

A. C_3S　　B. C_2S　　C. C_3A　　D. C_4AF

5. 在实际施工中，在(　　)情况下使用缓凝剂。

A. 大体积混凝土　　B. 高温环境

C. 长距离运输　　D. 冬期施工

6. 引气剂加入混凝土，可以提高混凝土的(　　)。

A. 强度　　B. 抗冻性

C. 抗渗性　　D. 和易性

7. 减水剂之所以有减水效果，是因为减水剂具有(　　)。

A. 吸附分散作用　　B. 润湿作用

C. 润滑作用　　D. 减少水分蒸发作用

8. 混凝土冬期施工可掺加(　　)外加剂。

A. 早强剂　　B. 减水剂　　C. 引气剂　　D. 速凝剂

四、判断题

1. 细度模数相同的骨料，级配情况也一样。 （ ）
2. 级配好的骨料，其空隙率小，总表面积大。 （ ）
3. 混凝土中掺入引气剂后，密实度降低，所以掺引气剂会降低混凝土抗冻性。 （ ）
4. 氯盐类早强剂不可用于钢筋混凝土和预应力钢筋混凝土中。 （ ）
5. 压碎指标法测定骨料强度时，压碎指标越小，表示石子的强度越大。 （ ）
6. 配制混凝土时，宜优先选用2区砂，当采用1区砂时应适当降低砂率。 （ ）
7. 用细度模数表示砂的粗细，细度模数越大，表示砂越粗。 （ ）
8. 不同品种的水泥不可以随意掺用。 （ ）

五、简答题

1. 简述水泥的凝结硬化过程的四个阶段。
2. 混凝土拌和用水应满足哪些条件？
3. 硅灰对混凝土质量有哪些影响？
4. 减水剂对混凝土性能有什么影响？
5. 引气剂在混凝土中有什么作用？
6. 引气剂对混凝土性能有什么影响？
7. 外加剂的掺加方法有哪些？各有什么优缺点？
8. 选择外加剂时应注意哪些事项？

六、计算题

某砂做筛分试验，分别从上到下称取各筛筛余量为32.5g、48.5g、40.0g、187.5g、118.0g、65.0g，筛底质量为8.5g，计算各号筛的分计筛余百分率、累计筛余百分率、细度模数，并评定该砂的颗粒级配和粗细程度。

3　通用混凝土的性能

本章导读

普通混凝土的主要技术性质包括新拌混凝土的工作性、硬化后混凝土的力学性质和耐久性。本章主要介绍通用混凝土的基本性能，重点介绍新拌混凝土的和易性、混凝土的变形性能（弹性和塑性、收缩变形、徐变）、混凝土强度（抗压强度、抗拉强度、抗弯折强度、握裹强度等）和混凝土的耐久性（碳化、抗冻性、抗渗性、混凝土常见的化学腐蚀、碱-骨料反应和钢筋锈蚀），对影响这些性能的因素和改善措施也做了较详细的介绍。

3.1　新拌混凝土的性能

普通混凝土的主要技术性质包括新拌混凝土的工作性、硬化后混凝土的力学性质和耐久性。

混凝土在尚未凝结硬化以前称为新拌混凝土（也称混凝土拌合物）。新拌混凝土的技术性质包括工作性（或称和易性）、凝结时间等，新拌混凝土最基本的技术性质是工作性。混凝土工程施工时，新拌混凝土拌合物必须具有良好的工作性，才能保证混凝土获得良好的浇灌质量。

3.1.1　新拌混凝土的和易性

1. 和易性的概念

新拌混凝土的和易性（又称工作性）是指混凝土拌合物易于施工操作（拌和、运输、浇灌、捣实）并能获得质量均匀、成型密实的混凝土的性能。和易性是一项综合性技术性能，包括流动性、黏聚性和保水性等三方面的含义。

（1）流动性是指混凝土拌合物在自重或机械振捣作用下，能流动并均匀密实地填满模板的性能，它主要反映混凝土拌合物的稠度。

（2）黏聚性是指混凝土拌合物内组分之间具有一定的凝聚力，在运输和浇筑过程中不致发生分层离析，使混凝土保持整体均匀的性能。

（3）保水性是指混凝土拌合物具有一定的保持内部水分的能力，在施工过程中不致产生严重的泌水现象。

混凝土拌合物的流动性、黏聚性、保水性三者之间既互相关联又互相矛盾，黏聚性好则保水性往往也好，但当流动性增大时，黏聚性和保水性往往变差。所谓拌合物的和易性良好，就是要使这三方面的性能在某种具体条件下，达到均为良好，满足施工要求。

2. *和易性的测定方法*

在工地和实验室，通常是测定拌合物的流动性，并辅以直观经验评定黏聚性和保水性。混凝土流动性按《普通混凝土拌合物性能试验方法标准》（GB/T 50080—2016）规定的方法测定。

（1）坍落度法

坍落度试验

坍落度试验用具为高 300mm、上口直径 100mm、下口直径 200mm 的圆锥筒（称为坍落度筒）。试验时将坍落度筒放在平整光洁的地面上，混凝土拌合物按规定方法装入筒中，逐层插捣并装满刮平后，垂直提起坍落度筒，混凝土拌合物由于自重向下坍落。测量坍落的高度（以 mm 计），即为坍落度（图 3-1）。坍落度越大，则混凝土拌合物的流动性越大。

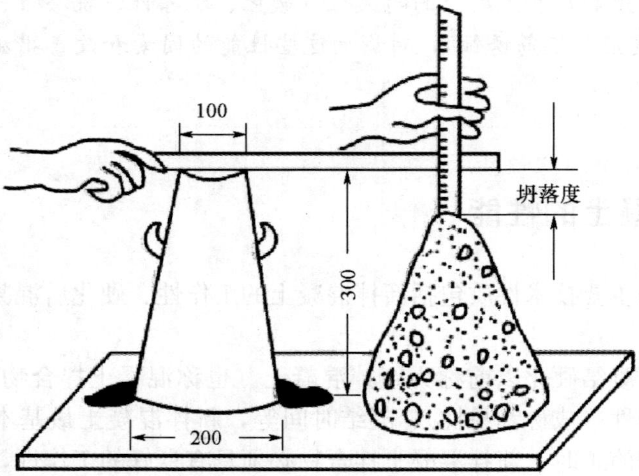

图 3-1　拌合物坍落度测定示意图

坍落度法适用于骨料最大粒径不大于 40mm、坍落度值不小于 10mm 的混凝土拌合物。当坍落度大于 220mm 时，坍落度不能准确反映混凝土的流动性，用混凝土扩展后的平均直径即坍落扩展度作为流动性指标。

根据坍落度的不同，可将混凝土拌合物分为大流动性混凝土（坍落度大于 160mm）、流动性混凝土（坍落度为 100～150mm）、塑性混凝土（坍落度为 50～90mm）、低塑性混凝土（坍落度为 10～40mm）。

在做坍落度试验的同时，通过观察混凝土拌合物坍落后试体的情况，可以初步判定混凝土的黏聚性与保水性：

黏聚性的判定：用捣棒在已坍落的混凝土拌合物试体侧面轻轻敲打，此时若试体逐渐下沉，则表示黏聚性良好；若倒塌、部分崩裂则表示黏聚性不好。

保水性的判定：以混凝土拌合物中水泥浆析出的程度来评定，若有较多水泥浆从底部析出，试体部分的混凝土拌合物也因失浆而集料外露，则表明保水性不好；若无水泥浆或仅有少量水泥浆自底部析出，则表明保水性能良好。

总之，混凝土拌合物的坍落度值越大，试体四周不出现泌水，受敲击后下沉不易散开，说明拌合物的和易性好。

（2）维勃稠度法（VB法）

坍落度值小于10mm的拌合物为干硬性混凝土，对于干硬性的混凝土拌合物，通常采用维勃稠度仪测定其稠度。

维勃稠度

维勃稠度测试方法：在维勃稠度仪上的坍落度筒中按规定方法装满混凝土拌合物，经捣实抹平后，垂直提起坍落度筒，把透明圆盘转到混凝土试体顶面，放松测杆螺钉，使透明圆盘下降至与试体顶面接触，开启振动台，同时用秒表计时，在透明圆盘的底面完全为水泥浆所布满的瞬间，停止秒表，关闭振动台，读出秒表的秒数（以s记）即为维勃稠度，如图3-2所示。

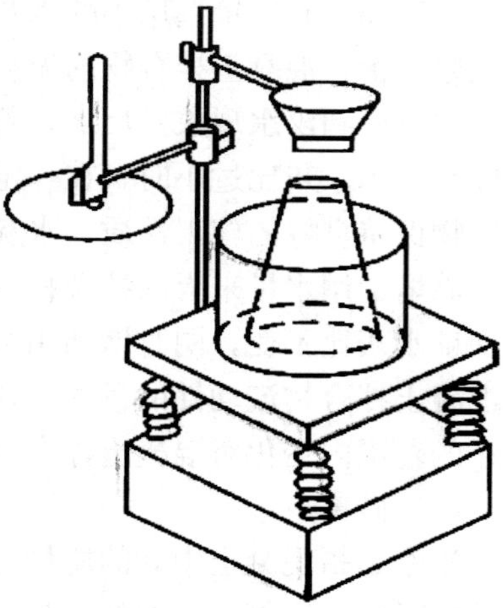

图3-2 维勃稠度仪示意图

按维勃稠度的不同，可将混凝土分为：

半干硬性混凝土：（维勃稠度为10～5s）；

干硬性混凝土：（维勃稠度为20～11s）；

特干硬性混凝土：（维勃稠度为30～21s）；

超干硬性混凝土：（维勃稠度为≥31s）。

3.1.2 新拌混凝土和易性的影响因素

1. 组成材料

（1）水泥特性

水泥的品种、细度、矿物组成以及混合材料的掺量等都会影响需水量，因而影响混凝土拌合物的和易性。由于不同品种的水泥达到标准稠度的需水量不同，因此不同品种水泥配制成的混凝土拌合物具有不同的和易性，如普通硅酸盐水泥配制的混凝土拌合物比矿渣和火山灰质硅酸盐水泥混凝土的和易性好；矿渣硅酸盐水泥混凝土拌合物的流动性虽大，但黏聚性差，易泌水离析；火山灰质硅酸盐水泥混凝土的流动性小，但黏聚性最好。适当提高水泥细度可以改善混凝土拌合物的黏聚性和保水性，减少泌水、离析等现象，但水泥过细，也会增加混凝土开裂的可能性。

（2）骨料特性

骨料特性是指骨料的最大粒径、形状、表面纹理（如卵石或碎石）、级配和吸水性等，都将不同程度地影响混凝土拌合物的和易性。如卵石拌制的混凝土拌合物较碎石混凝土的和易性好；骨料的最大粒径增大，可使骨料的总表面积减小，拌合物的和易性也随之改善；具有优良级配的混凝土拌合物具有较好的和易性。

（3）水泥浆量

水泥浆在混凝土拌合物中，除了填充骨料间的空隙外，还包裹骨料的表面，以减少骨料颗粒间的摩擦阻力，使混凝土拌合物具有一定的流动性。单位体积混凝土拌合物中，若水灰比保持不变，水泥浆量越多，拌合物的流动性越大。但若水泥浆量过多，则骨料的含量相对减少，当达到一定限度时，将会出现流浆现象，加大泌水率，使混凝土拌合物的黏聚性和保水性变差，不仅浪费水泥，还会影响混凝土的施工质量。相反地，若水泥浆量过少，不足以填满骨料的空隙和包裹骨料表面，则混凝土拌合物的黏聚性变差，甚至产生崩坍现象。在满足混凝土工作性要求的前提下，同时考虑强度和耐久性要求，尽量采用较大的骨浆比（或集浆比），以减少水泥浆量，达到节约水泥的目的。

（4）水灰比（或水胶比）

水灰比为水与水泥的质量比，水胶比为水与所有胶凝材料的质量比，通常水灰比在0.40～0.75，并尽量选用小的水灰比。在一般水泥浆量不变的条件下，水灰比较大时，水泥浆较稀，混凝土拌合物的流动性虽然较大，但黏聚性和保水性却随之变差，将产生严重的离析和泌水现象。反之，若水灰比较小，则水泥浆较稠，混凝土拌合物的流动性也较小，当水灰比过小时，在一定施工方法下则不能保证密实成型。因此，为使混凝土拌合物保持良好的施工性质，水灰比不能过小，也不能过大。在实际工程中，决不能单纯依靠增加用水量来提高拌合物的流动性，这种方法会显著降低混凝土的质量。通常采用保证水灰比不变，同时增加用水量和水泥用量（即增加水泥浆量）的措施，来达到改善混凝土拌合物流动性的目的。在通常使用范围内，当混凝土中用水量一定时，水灰比在小的范围内变化对混凝土拌合物的流动性影响不大。

（5）砂率

砂率是指混凝土中砂的质量占砂石总质量的百分率。砂率表征混凝土拌合物中砂与石子相对用量比例。砂率的变化会导致混凝土中骨料的总表面积和空隙率发生变化，因而混凝土拌合物的工作性也随之变化。在水泥浆量一定的条件下，当砂率过大时，骨料的总表面积增大，混凝土拌合物就显得干稠，流动性小；当砂率过小时，虽然骨料的总表面积减小，但由于砂浆量不足，不能在粗骨料的周围形成足够的砂浆层起润滑作用，也会使拌合物的流动性降低，并影响黏聚性与保水性，使拌合物显得粗涩、粗骨料离析、水泥浆流失，甚至出现溃散等不良现象。因此，为保证混凝土拌合物的和易性，砂率不能过大，也不能过小，应选择一个合理的砂率值。图 3-3 所示为混凝土坍落度与砂率的关系。

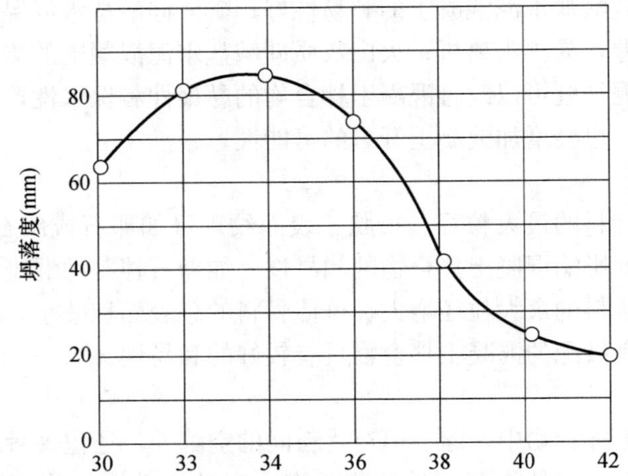

图 3-3　坍落度与砂率的关系

混凝土拌合物的合理砂率是指在水灰比和水泥浆量一定的情况下，能使混凝土拌合物获得最大的流动性，且能保持黏聚性和保水性能良好的最佳砂率，合理砂率值应通过试验确定。

（6）外加剂

在拌制混凝土拌合物时，加入少量外加剂，如减水剂、引气剂等，在混凝土组成材料用量一定的条件下，可以提高拌合物的流动性，改善拌合物的和易性，提高了黏聚性和保水性。同时，也可以不同程度地提高混凝土的强度和耐久性。

（7）掺合料

为提高混凝土的性能，在混凝土组分中常常掺加各种掺合料，如粉煤灰、粒化高炉矿渣粉、硅灰等。混凝土拌合物的流动性与掺合料的种类、颗粒形状、细度、密度等有直接的关系。如粉煤灰通常可以增大拌合物的流动性，提高其保水性，防止泌水；矿渣的保水性能较差，混凝土中加入矿渣容易产生泌水；但使用超细矿渣粉，则可以提高拌合物的保水性，减少泌水现象的发生；硅灰具有良好的保水性，能够避免泌水，但会使拌合物的流动性降低。目前，混凝土中通常采用一种或几种掺合料与外加剂复合使用的方法，以达到提高混凝土综合性能的目的。

2. 环境的温湿度

引起混凝土拌合物和易性降低的环境因素主要有温度、湿度和风速。混凝土自加水拌和，其工作性的变化主要受水泥的水化率和水分的蒸发率所支配。因此，混凝土拌合物从搅拌至捣实的这段时间里，温度升高会加速水泥水化和水的蒸发，水的损失会导致拌合物流动性减小。同样，风速和湿度也会影响拌合物水分的蒸发，从而影响流动性。因此，在不同环境条件下，欲保证混凝土拌合物具有一定的和易性，则必须采取改善和易性的相应措施。

3. 经时变化

混凝土搅拌后，拌合物的坍落度会随时间的增长而逐渐减小，这一现象称为坍落度损失。混凝土拌合物的坍落度损失主要是拌合物中自由水随时间而蒸发、骨料吸水和水泥早期水化等原因所致，是混凝土水化和凝结硬化的必然结果。混凝土拌合物的坍落度损失除受时间影响外，还与组成材料的性质（如水泥的水化速度与水化热、骨料的空隙率、外加剂的特性等）有关。坍落度损失是目前商品混凝土供应条件（如城市规模、运输距离、交通拥挤等）必须面临的一个严峻的问题。

3.1.3 新拌混凝土和易性的调整

新拌混凝土的和易性可以通过以下措施进行改善：

（1）水灰比不变情况下适当增加水泥的用量。

（2）选择合理的砂率。有利于提高混凝土的质量和节约水泥。

（3）改善砂、石级配。优先采用连续级配，优良的级配可使混凝土具有良好的工作性。

（4）合理使用外加剂。适宜的外加剂及掺量，可以使混凝土在不增加水泥用量的前提下显著提高和易性。

（5）合理使用掺合料，如优质粉煤灰、矿渣粉等，能改善混凝土和易性。

(6) 控制混凝土使用的环境温度、湿度，降低坍落度损失。

(7) 缩短运输时间。时间对混凝土的工作性影响显著，缩短运输时间能有效减少工作性损失，还能有效提高工作效率。

(8) 提高振捣机械的效能。振捣效能的提高，可以抵消施工中对混凝土工作性的部分要求。即使混凝土工作性有所降低，也能保证达到应有的密实效果。

3.1.4 新拌混凝土的可泵性

新拌混凝土的可泵性是指混凝土的和易性满足用压力混凝土泵输送的性能。泵送混凝土是随着现代混凝土技术的发展，提出的一种浇筑施工工艺，是指在施工现场通过压力泵及输送管道进行浇筑的混凝土。目前，泵送混凝土已广泛应用于高层建筑、大体积混凝土、桥梁工程等大型工程。

泵送混凝土可用于大多数混凝土工程，尤其适用于施工地域和施工机械受到限制的混凝土浇筑。按混凝土泵的不同型号，泵送效率为30～80m^3/h混凝土，泵送水平运距200～500m，泵送垂直运距50～100m。随着现代混凝土泵送技术的发展，混凝土泵送距离已远远突破了传统运距，采用高压混凝土泵，垂直运距可达300m或更高。

泵送混凝土属流态混凝土的一种，其配合比设计方法同流态混凝土，但应注意为满足可泵性的要求，泵送混凝土的坍落度一般以100～220mm为宜，坍落度过小影响泵送效率甚至会发生堵管现象；坍落度过大，则因离析泌水，同样容易发生堵管，同时混凝土应具有较小的坍落度损失，能够在较长时间内或较长的运输距离中保持足够的流动性能以利于泵送。

3.2 混凝土的变形性能

3.2.1 混凝土的弹性和塑性

1. 材料的弹性和塑性

材料在外力作用下产生变形，当外力取消后，能够完全恢复原来形状的性质称为弹性，这种变形称为弹性变形，其值的大小与外力呈正比；不能自动恢复原来形状的性质称为塑性，这种不能恢复的变形称为塑性变形，塑性变形属永久性变形。

2. 混凝土的弹性模量

混凝土是一种由水泥、砂、石、游离水、气泡等组成的不匀质的多组分复合材料，为弹塑性体。受力时既产生弹性变形，又产生塑性变形，其应力-应变关系呈曲线。卸荷后能恢复的应变是由混凝土的弹性应变引起的，称为弹性应变；剩余的不能恢复的应变则是由混凝土的塑性应变引起的，称为塑性应变。混凝土是一种脆性材料，在承受荷载时，其应力-应变关系是非线性的，如图3-4所示。在混凝土应力-应变曲线上，任一点应力与应变的比值称为混凝土在该应力下的弹性模量。

混凝土弹性模量在很大程度上取决于粗骨料的弹性模量和混凝土的强度。当粗骨料含量较高时，混凝土的弹性模量也较高，混凝土的弹性模量随其强度的提高而增加。普通混凝土的抗压弹性模量范围内在（1.4～4.1）$\times 10^4$ MPa，抗压强度为20～35MPa

的普通混凝土其弹性模量可按抗压强度平方根的5000倍进行估算。一般抗折强度在4.0～5.5MPa的路面混凝土，其抗折弹性模量范围在（2.7～3.5）$\times10^4$MPa。

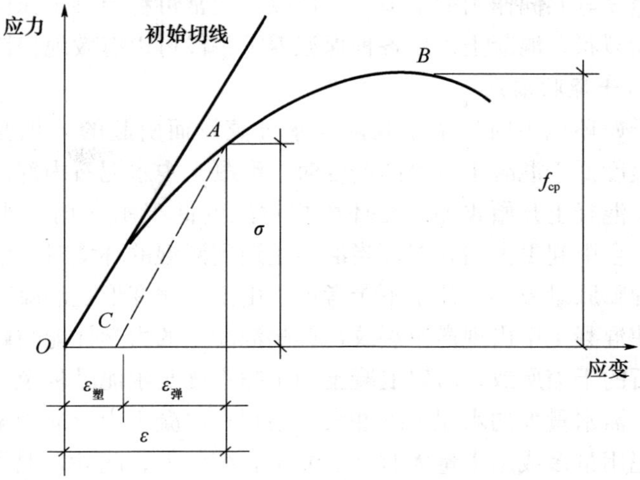

图3-4　混凝土在压力作用下的应力-应变曲线

3.2.2　混凝土的收缩变形

1. 化学收缩

混凝土的化学收缩主要是由水泥的水化硬化所引起的，水泥水化时，熟料矿物成分与水相遇，水分子螯合为结晶水，晶体不断发展，形成强度，放出热量的同时体积收缩，这个过程属于化学变化。水泥水化的化学收缩量，随水化反应进程而增大，也与水泥的矿物组成有关，水泥的铝酸三钙和铁铝酸四钙含量越高，产生的化学收缩越大。水泥的水化温度越高、水泥用量越大以及水泥细度越细时，其收缩值也越大。

2. 自收缩

自收缩是指水泥浆、砂浆、混凝土因水化引起的宏观体积减小。由于水泥水化消耗孔隙水导致浆体自身干燥和体积均匀减小而产生自收缩，因此，化学收缩会促进自收缩，但当有外来水补充时自收缩不会发生。

自收缩于初凝还是混凝土浇筑时就已开始，不同的学者有不同的观点。由于水泥硬化浆体结构的刚度较大，通常自收缩减小的体积远远小于化学收缩减小的绝对体积。但自收缩受水灰比和水泥浆量的影响较大，随水灰比的降低和水泥浆量的增加，自收缩会增大。通常普通混凝土的自收缩可以忽略不计，但当水灰比低于0.42时，自收缩会极为明显。高强、低水灰比的混凝土，其自收缩可达到（200～400）$\times10^{-6}$mm/mm。

3. 沉降收缩

沉降收缩是指混凝土拌合物中胶凝材料初凝前在垂直方向上的收缩，简称沉降，主要由拌合物泌水、气泡上升至浆体表面及化学收缩引起。通常泌水少且密实的混凝土沉降很小，沉降过大则往往是由于混凝土拌合物密实程度不足所致。钢筋混凝土中，如钢筋上方的沉降过大，将导致其上方的混凝土出现开裂。研究认为，采用引气剂、增加细集料用量、降低用水量，可减小沉降裂缝的可能性。

4. 塑性收缩

塑性收缩是指混凝土拌合物尚未硬化之前发生的体积变化，是由化学收缩、自收缩及表面水分快速蒸发等共同作用的结果。塑性收缩通常可在混凝土抹面前或抹面过程中看到，多呈表面撕裂状。混凝土采用各种保湿养护手段可以有效地控制塑性收缩。

5. 干缩变形（干燥收缩）

混凝土处于干燥环境中时，由于其内部水分蒸发而引起的体积变化，称为干燥收缩。当外界环境湿度低于混凝土本身的湿度时，混凝土中水泥石内部的游离水蒸发，毛细管壁受到压缩，混凝土开始收缩。在环境相对湿度低于 40%时，水泥水化物中的凝胶水也开始蒸发，会引起更大的收缩。当混凝土遇到潮湿的环境时，已经干缩的混凝土将会膨胀，但这种膨胀量极小，几乎不予考虑。由于干缩变形是混凝土的固有性质，如果处理不当，会使混凝土中出现微小裂纹，影响混凝土的力学性能与耐久性。混凝土的干缩主要由水泥石的干缩所致，所以混凝土的干缩程度与水泥品种及用量、单位用水量和骨料用量有关。需水量大的水泥干缩性大。集料在混凝土中形成骨架，对收缩有一定的抑制作用，水泥用量多或用水量大时，混凝土收缩较大。此外，混凝土的干缩还与施工、养护条件有关。混凝土浇筑得越密实，收缩量越小。早期在水中养护或在潮湿的环境中养护，可大大减小混凝土的收缩量，蒸压养护对收缩的抑制效果更为显著。

综上所述，降低混凝土干缩程度的主要措施有限制水泥用量并保证一定的骨料用量、减小水灰比、充分捣实混凝土、加强混凝土的早期养护。

3.2.3 混凝土的徐变

混凝土在持续荷载作用下，除产生瞬间的弹性变形和塑性变形外，还会产生随时间增长的变形，这种在长期荷载作用下的变形的过程称为徐变（或称为蠕变）。混凝土的徐变是由于在长期荷载作用下，水泥石中的凝胶体产生黏性流动，向毛细孔内迁移所致。徐变反映混凝土在持续荷载作用下的变形特征，混凝土的徐变可以延续若干年，其徐变应变通常会超过弹性应变。在加荷瞬间产生瞬时变形，随着时间的延长，又产生徐变变形。荷载初期，徐变变形增长较快，以后逐渐变慢并稳定下来。在卸荷后的一段时间内变形还会继续恢复，称为徐变恢复，卸荷后，一部分变形瞬时恢复，其值小于在加荷瞬间产生的瞬时变形。最后残存的不能恢复的变形，称为残余变形，如图 3-5 所示。

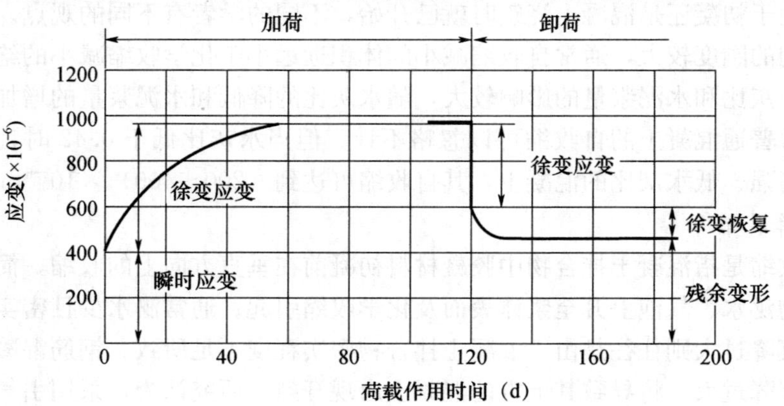

图 3-5 徐变变形与徐变恢复

当混凝土结构所承受的持续荷载较大时，可能会导致混凝土结构破坏。所以在混凝土结构设计中必须考虑徐变的影响；否则，会导致对整个结构变形的估计严重不足。在预应力混凝土中，必须考虑徐变变形导致构件缩短而造成的预应力损失。

1. 徐变的有利影响

混凝土的徐变对混凝土及钢筋混凝土结构的应力和变形状态有很大的影响。徐变变形有时数倍于弹性变形，这对改变混凝土的应力状态是有利的。例如，在静不定结构中，徐变可以消除由于收缩、温度变化或支座移动引起的应力集中，在一些混凝土结构中，徐变能使因不均匀收缩引起的内应力减少，因而也能使裂缝减少。徐变可消除钢筋混凝土内的应力集中，使应力重新分配，从而使混凝土构件中局部应力得到缓和。对大体积混凝土则能消除一部分由于温度变形所产生的破坏应力。

2. 徐变的不利影响

就结构的正常使用而言，徐变的影响也可能是有害的。例如，庞大的涡轮机基础是一种超静定的结构，由于徐变将引起支座的不均匀沉陷，以及收缩引起的大梁倾角变化，就可能导致机器竖轴倾斜。另外，在预应力混凝土结构中，徐变还会导致预应力损失。

因此，在进行结构计算时，如果仅考虑弹性应变是不够的，还必须考虑混凝土的徐变，否则就不能得到正确的设计。

3. 影响徐变的因素

（1）水泥品种与水灰比

水泥品种对混凝土徐变的影响，与它对混凝土强度发展规律的影响有密切的联系。在一定龄期和施加相同应力的情况下，强度发展快的水泥徐变小，反之则徐变大。这是由不同品种的水泥在同一龄期加荷时的水化程度不同引起的。在同一龄期内，水泥的水化程度越高，水泥石结构越密实，徐变就越小。

混凝土的徐变与水灰比呈正比，水灰比越大或水泥用量越多，徐变就越大。

（2）水泥石和骨料体积率

混凝土的徐变主要是水泥石的徐变，水泥石和骨料的相对体积含量对混凝土的徐变影响较大，见式（3-1）

$$C=C_p\ (1-g-U)^{\alpha} \tag{3-1}$$

式中 C——混凝土的徐变；

C_p——水泥石的徐变；

g——骨料的体积率；

U——未水化水泥的体积率；

α——与材料的变形性能有关的指数。

由式（3-1）可知，骨料增加时，水泥石含量（$1-g$）减少，在配制混凝土时骨料的级配粒径、颗粒形状等对混凝土中骨料的体积率有着直接或间接的影响，因此，这些性质对混凝土徐变的影响也主要体现在骨料体积率上。

另外，骨料的品种对混凝土徐变的影响也很大，骨料的弹性模量越大，其对水泥石徐变的约束也越大。

（3）外加剂

在混凝土中加入外加剂（如减水剂等），若在保持加水量不变的情况下可改善混凝土的和易性，但其徐变也往往增大。若掺入非引气型减水剂并减小水灰比，混凝土的徐变将有所减小，同样，掺入缓凝型减水剂的混凝土徐变也会减少。

（4）尺寸效应

混凝土试件尺寸越大，徐变越小。这可能是由于试件尺寸大，增加了部分水分的迁移阻力，从而减少了水分的渗出。也可能是由于干缩的原因，而使其表面的干燥徐变大于其内部，当干燥深入内部时，内部的混凝土已充分水化而达到较高强度，因而徐变较低。

混凝土的徐变除与水泥的用量、水泥细度、骨料性能参数和尺寸效应等因素有关外，混凝土构件的持续荷载大小和持续荷载时间长短也会对混凝土的徐变产生影响。混凝土内毛细孔数量越多，徐变越大；加荷时混凝土的龄期越长，徐变越小；随着混凝土持荷时间延长，混凝土徐变增长率降低并趋于平缓，当持荷时间无限长时，可假定徐变趋向极限。目前，主要采用降低水灰比、较高的骨浆比、选用快硬或早强水泥和优良级配的集料以及加强混凝土早期养护等措施降低混凝土的徐变。

3.3 混凝土的力学性能

混凝土强度

混凝土是通过混合料中的水泥凝结硬化，将骨料黏结为密实坚硬的整体。硬化后的混凝土应具有一定的力学性能和耐久性，以满足工程的使用要求。硬化后混凝土的力学性质主要包括强度和变形。

强度是混凝土硬化后的主要力学性能，按照《普通混凝土力学性能试验方法标准》（GB/T 50081—2019）的规定，混凝土强度有立方体抗压强度、轴心抗压强度、抗拉强度、抗折强度、混凝土与钢筋的握裹强度等。

3.3.1 混凝土的抗压强度

1. 立方体抗压强度（f_{cu}）

混凝土的抗压强度是指其标准试件在压力作用下直到破坏时，单位面积所能承受的最大压力。按照《普通混凝土力学性能试验方法标准》（GB/T 50081—2019）的制作方法制成边长为150mm的正立方体试件，在标准养护条件［温度（20±2)℃，相对湿度95%以上］下，养护至28d龄期，按照标准的测定方法测定其抗压强度值，称为混凝土立方体抗压强度。以 f_{cu} 表示。

测定混凝土立方体试件抗压强度，也可以按粗骨料最大粒径的尺寸而选用不同的试件尺寸。但在计算其抗压强度时，应乘以换算系数，以得到相当于标准试件的试验结果。试件不同尺寸的强度换算系数见表3-1，当混凝土强度等级小于C60时，用非标准试件的尺寸换算系数按表3-1取值，当混凝土强度等级不小于C60时，宜采用标准试件，当使用非标准试件时，混凝土强度等级不大于C100时，尺寸换算系数宜由试验确定。

表3-1 试件不同尺寸的强度换算系数

骨料最大粒径（mm）	试件尺寸（mm×mm×mm）	强度换算系数
31.5	100×100×100	0.95
37.5	150×150×150	1
63	200×200×200	1.05

正常情况下，立方体试件抗压强度试验，以三个试件为一组，取三个试件测值的算术平均值作为该组试件的强度代表值；当三个测值中的最大值或最小值中有一个与中间值的差值超过中间值的15%时，则应把最大值及最小值剔除，取中间值作为该组试件的抗压强度；当最大值和最小值与中间值的差值均超过中间值的15%时，该组试件的试验结果无效。

2. 立方体抗压强度标准值（$f_{cu,k}$）

立方体抗压强度标准值是用标准方法测得的，按数理统计方法确定，具有不低于95%强度保证率的立方抗压强度，以 $f_{cu,k}$ 表示。

在正常的施工条件下，对工艺条件相同的同一批混凝土进行随机取样，测定其强度，以强度为横坐标，某一强度出现的概率为纵坐标，可绘制出强度概率密度分布曲线，如图 3-6 所示。曲线符合正态分布规律，该曲线分布的特点如下：

（1）曲线呈钟形，两边是对称的，对称轴就在强度平均值处，钟形的最高峰就出现在这里，这表明强度的测定值越接近平均强度，出现的概率越大。离对称轴越远，即强度测定值越高或越低，出现的概率越小，并逐渐趋于零。

（2）曲线和横坐标之间的面积为概率的总和等于100%，对称轴两边出现的概率相等。

（3）在对称轴两侧的曲线上各有一拐点，两拐点之间的曲线向下弯曲，拐点以外的曲线向上弯曲，并以横坐标为渐进线。

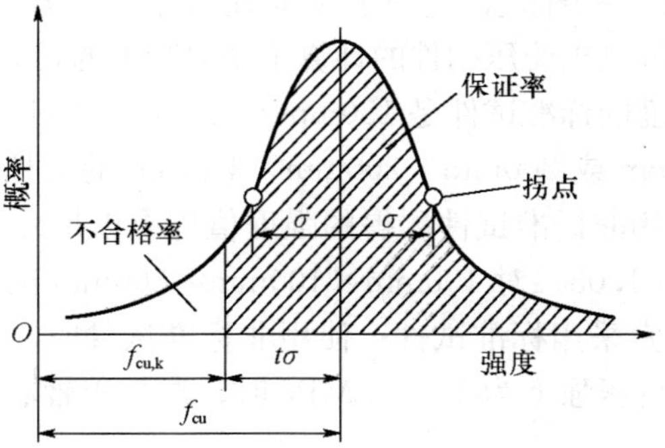

图 3-6 混凝土强度正态分布曲线

正态分布曲线越宽而矮，表示强度数据离散程度大，说明施工控制水平越差；反之，分布曲线越窄而高，表示强度数据分布越集中，说明施工控制水平越高。

混凝土的强度值必须符合结构设计要求，并达到一定合格率，即强度保证率。强度保证率是指在混凝土强度总体中大于设计强度等级的概率 P，正态分布曲线上以阴影面积占概率总和的百分率表示，低于设计强度等级的强度所出现的概率为不合格率。

由图 3-6 可知：

$$\overline{f}_{cu}=f_{cu,k}-t\sigma \tag{3-2}$$

式中 $\overline{f}_{cu}$——同一验收批混凝土立方体抗压强度的平均值（MPa）；

t——概率度，又称保证率系数；

σ——强度标准差。

强度保证率 P 随 t 的改变而变化，见表 3-2，可通过查表求得 P。

表 3-2　不同 t 值的保证率 P

t	0.00	0.80	1.00	1.20	1.40	1.645	1.88	2.05	2.50	3.00
P (%)	50.00	78.81	84.13	88.49	91.92	95.00	97.00	97.98	99.38	99.87

3. 混凝土强度等级

混凝土强度等级是根据混凝土立方抗压强度标准值划分的。强度等级的表示方法是用符号“C”和“立方体抗压强度标准值”两项内容表示。如C30表示立方体抗压强度标准值 $f_{cu,k}$ 为30MPa。

依据我国现行《混凝土结构设计规范》(GB 50010—2010)的规定，普通混凝土按立方体抗压强度标准值划分为C15、C20、C25、C30、C35、C40、C45、C50、C55、C60、C65、C70、C75、C80等14个强度等级。

4. 轴心抗压强度

混凝土立方体试件在进行抗压强度试验时，试件在压力机上受压，由于钢制承板的横向膨胀较混凝土小，因此在承压板与混凝土承压面之间形成摩擦力，对混凝土的横向膨胀产生约束作用，这种现象称为环箍效应。试件受压时产生环箍效应，使其强度有较大的提高。环箍效应会造成混凝土的实测强度增大，这与混凝土构件的实际受力情况不相符。随着混凝土试件高度的不断增加，这种环箍效应会逐渐消失，因此，采用标准棱柱体试件测定混凝土的轴心抗压强度要比立方体抗压强度更实际。混凝土的立方体抗压强度只是评定强度等级的一个标志，它不能直接用来作为结构设计的依据。为了符合工程实际，在结构设计中混凝土受压构件的计算采用混凝土的轴心抗压强度。

混凝土轴心抗压强度的标准试件是150mm×150mm×300mm的棱柱体，也可采用100mm×100mm×300mm或200mm×200mm×400mm的棱柱体非标准试件。混凝土强度等级小于C60时，用非标准试件测得的强度值均乘以尺寸换算系数，对200mm×200mm×400mm试件为1.05，对100mm×100mm×300mm试件为0.95。当混凝土强度等级不小于C60时，宜采用标准试件；使用非标准试件时，尺寸换算系数由试验确定。试验证明，立方体抗压强度为10～55MPa时，混凝土轴心抗压强度是立方体抗压强度的0.70～0.80倍。

3.3.2　混凝土的抗拉强度

混凝土的抗拉强度比较低，一般在普通钢筋混凝土结构设计中只考虑混凝土的抗压强度，但抗拉强度对混凝土的抗裂性起着重要作用，因此，对某些混凝土结构工程，如路面板、水槽、挡水坝等，除要求抗压强度外，混凝土的抗拉强度也是设计中要考虑的重要参数。混凝土的抗拉强度很小，只有抗压强度的1/10～1/20，并且随着混凝土强度等级的提高，比值降低。混凝土是脆性材料，在工作时一般不依靠其抗拉强度。但抗拉强度对于抗开裂性有重要意义，在结构设计中抗拉强度是确定混凝土抗裂能力的重要指标，有时也用来间接衡量混凝土与钢筋的握裹强度等。

混凝土抗拉强度的测定方法，常采用轴向拉伸法和劈裂法两种。轴向拉伸试验使混凝土单纯受拉力，受力条件简单，但需要体积较大的试件和相应的拉力试验机。劈裂法试验方法简单，所需的试件较小，与抗压强度试验条件相似，除了简单的夹具和垫条外，无须增加其他设备，如图 3-7 所示。我国国家标准《混凝土物理力学性能试验方法标准》（GB/T 50081—2019）中规定，采用混凝土劈裂抗拉强度试验的标准试件为 150mm×150mm×150mm 的立方体试件。

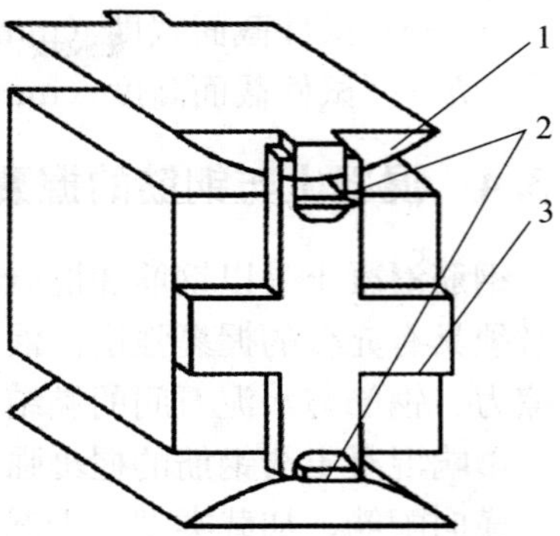

图 3-7 混凝土劈裂试验装置

1—垫块；2—垫条；3—支架

混凝土劈裂抗拉强度按下式计算：

$$f_{ts}=\frac{2F}{\pi A}=0.637\frac{F}{A} \tag{3-3}$$

式中 f_{ts}——混凝土劈裂抗拉强度（MPa）；

F——试件破坏荷载（N）；

A——试件劈裂面面积（mm^2）。

采用 100mm×100mm×100mm 非标准试件测得的劈裂抗拉强度值，应乘以尺寸换算系数 0.85；当混凝土强度等级不小于 C60 时，应采用标准试件。

3.3.3 混凝土的抗折强度

混凝土的抗折强度是指混凝土构件所能承受的最大弯曲应力。混凝土的抗折强度是道路、机场路面等混凝土工程设计中的重要参数。按照《混凝土物理力学性能试验方法标准》（GB/T 50081—2019）的规定，混凝土抗折强度标准试件为 150mm×150mm×600mm 或 150mm×150mm×550mm 的棱柱体试件，在标准条件下，经养护 28d 后，按三分点加荷方式，测定其抗折强度。必要时也允许使用 100mm×100mm×400mm 的棱柱体试件，但应乘以尺寸换算系数 0.85，如图 3-8 所示。

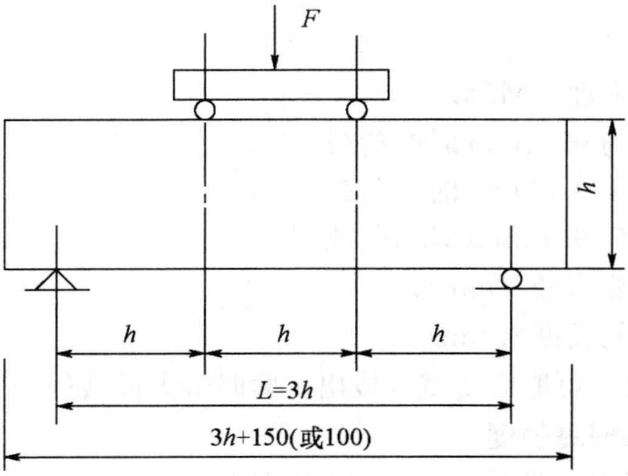

图 3-8 混凝土抗折强度试验装置

混凝土的抗折强度按下式计算：

$$f=\frac{FL}{bh^2} \tag{3-4}$$

式中 f——混凝土抗折强度（MPa）；

F——试件破坏荷载（N）；

L——支座间跨度（mm）；

b——试件截面宽度（mm）；

h——试件截面高度（mm）。

3.3.4 混凝土与钢筋的握裹强度

钢筋混凝土是以钢筋和混凝土作为一个整体承受荷载的结构，因此钢筋与混凝土之间必须具有充分的握裹强度。混凝土与钢筋握裹强度的主要来源包括混凝土与钢筋间的摩擦力、钢筋与水泥石间的黏结力、变形钢筋的表面机械咬合力。

影响混凝土与钢筋的握裹强度的因素包括混凝土强度、钢筋尺寸及种类、保护层厚度、横向配筋、加载类型、干湿变化和温度变化等。

混凝土抗压强度较低（20MPa 左右）时，握裹强度与抗压强度近似呈线性关系，随着混凝土抗压强度的提高，握裹强度的提高逐渐减小，当混凝土抗压强度达到40MPa 以上时，握裹强度几乎不再提高。钢筋在混凝土中的位置对握裹强度也有影响，水平位置的钢筋由于混凝土内分层的原因，其握裹强度低于垂直位置的钢筋。

混凝土握裹强度通常采用拔出试验的方法测定。混凝土试件为边长 150mm 的立方体，其中埋入 ϕ20mm 的热轧带肋钢筋 HRB400 或热轧光圆钢筋 HPB300，钢筋长度宜取500mm，试验时以不超过 400N/s 的加荷速度对钢筋施加拉力，直到钢筋发生屈服，或混凝土开裂，或加荷端钢筋滑移超过 0.1mm，记录出现上述三种中任一种情况时的荷载。

当采用带肋钢筋时，以 6 个试件在各级荷载下滑动变形的算术平均值为横坐标，以荷载为纵坐标，绘出荷载-滑动变形关系曲线。取滑动变形 0.01mm、0.05mm、0.10mm，在曲线上查出相应的荷载。

混凝土与钢筋的握裹强度应按下列公式计算：

$$\tau=\frac{F_1+F_2+F_3}{3A} \tag{3-5}$$

$$A=\pi DL$$

式中 τ——钢筋握裹强度（MPa）；

F_1——滑动变形为 0.01mm 时的荷载（N）；

F_2——滑动变形为 0.05mm 时的荷载（N）；

F_3——滑动变形为 0.10mm 时的荷载（N）；

D——钢筋的公称直径（mm）；

L——钢筋埋入的长度（mm）。

当采用光面钢筋时，可取 6 个试件拔出试验时最大荷载的平均值除以埋入混凝土中的钢筋表面积即得钢筋握裹强度。

温度升高会使握裹强度降低，200～300℃的握裹强度比室温条件下降低 1/2 左右。由于混凝土的收缩作用对钢筋的影响，干燥的混凝土与钢筋间的握裹强度比潮湿的混凝土高。经干湿交替、冻融循环和重复交变荷载的作用，混凝土与钢筋的握裹强度会降低。

3.3.5 影响混凝土强度的主要因素

1. 材料组成对混凝土强度的影响

材料组成是混凝土强度形成的内因，主要取决于组成材料的质量及其在混凝土中的用量比例。

（1）水泥的强度和水灰比

水泥混凝土的强度主要取决于其内部起胶结作用的水泥石的质量，水泥石的质量则取决于水泥的特性和水灰比。在水灰比一定的条件下，选择较高强度的水泥可使混凝土获得较高的抗压强度，而在水泥强度确定的条件下，水灰比越大，则混凝土的抗压强度越低，如图 3-9（a）所示。灰水比和水灰比互为倒数关系，灰水比与混凝土的强度关系如图 3-9（b）所示。在混凝土研究中，水灰比对抗压强度的影响虽然很大却不是唯一的影响因素。

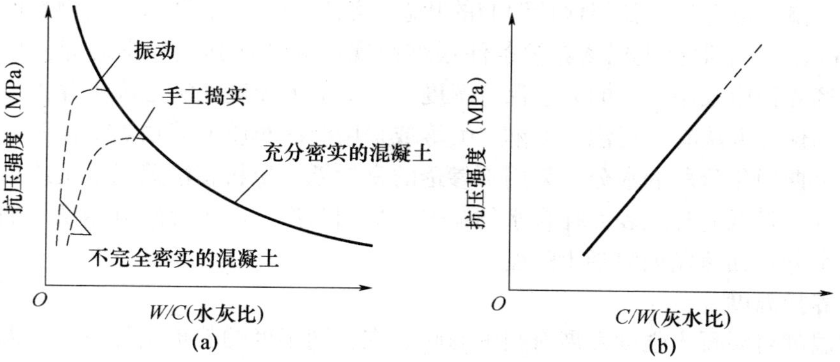

图 3-9 混凝土强度与水灰比和灰水比的关系

（a）混凝土强度与水灰比的关系；（b）混凝土强度与灰水比的关系

（2）骨料特性与骨浆比

骨料对混凝土的强度有明显的影响，特别是粗骨料的最大粒径、形状、表面特性与强度有着直接的关系。混凝土强度理论计算公式中，对表面粗糙有棱角的碎石以及表面光滑浑圆的卵石，有不同的回归系数。粗骨料的最大粒径对混凝土抗压强度也有一定的影响，有研究表明，在相同的水灰比下，通用混凝土的抗压强度随着粗骨料最大粒径的增大呈下降趋势，而对贫混凝土的影响则相反。对通用混凝土，水泥浆量足以填充骨料空隙，使混凝土达到密实，因此，在水灰比一定的条件下，混凝土的强度随着骨浆比的增大而增大，直至达到最优骨浆比。

通常高强度等级混凝土使用的胶凝材料较多，一般选用最大粒径较小的粗骨料，并保证获得最优的骨浆比。而贫混凝土，增大粗骨料最大粒径，有利于提高混凝土的抗压强度。

（3）外加剂

使用外加剂，对硬化后混凝土的强度、干缩性和耐久性都将产生一定的影响。如使用减水剂，可通过降低水灰比及减水剂对水泥的分散作用，使混凝土 28d 的抗压强度显著提高。如使用引气剂，则会降低混凝土 28d 的抗压强度；缓凝剂会降低混凝土早期强度，但后期强度会有不同程度的提高。

（4）掺合料

掺合料的种类、活性成分含量、细度及掺量比例等都对混凝土的强度有较大的影响。如掺加粉煤灰，混凝土的早期抗压强度较低，但后期会赶上甚至超过不掺粉煤灰的混凝土的抗压强度；大掺量粉煤灰后期抗压强度则相反。硅灰的比表面积很大，活性成分水化充分，因此，掺加硅灰的混凝土均比普通混凝土的强度高，且在一定范围内，随硅灰掺量的增加，混凝土的强度进一步提高。但是，在利用硅灰优点的同时，也应注意其水化体积收缩率较大而导致混凝土出现裂缝的现象。

2. 养护条件对混凝土强度的影响

对于相同配合比和相同施工方法的混凝土，其力学强度取决于养护条件，包括养护湿度、养护温度和龄期。

（1）养护湿度

混凝土浇筑成型后，如能保持湿润的状态，混凝土的强度将随龄期增长而增大，如图 3-10 所示。由于混凝土现场养护条件很难使现场湿度达到实验室的养护要求，因此混凝土现场养护应采用一定的方法保持湿度，保证最大限度地满足施工养护要求。目前主要采用的保湿方法有：浸泡、喷淋、喷雾或采用湿的布质覆盖物等，保证在热天时维持混凝土早期硬化阶段的水分；采用不渗透的密封纸、塑料膜覆盖混凝土或采用成型薄膜养护剂等，降低混凝土表面拌合水的损失；采用蒸汽、电热丝或电热模板加热养护方法并补充水分，加速发展混凝土强度。

（2）养护温度

养护温度对混凝土强度发展有很大影响。在相同湿度的养护条件下，低温养护强度发展较慢，需要更长的龄期才能达到一定的强度，如图 3-11 所示。当现场混凝土施工温度降至 0℃以下时，应采取相应的保温措施，防止混凝土受冻。目前，常采用的防冻保温的措施有干草类覆盖、保温模板、保温毯、便携式循环加热器、蒸汽养护等，用于预制混凝土的养护方法有电、油、微波和红外线养护等。

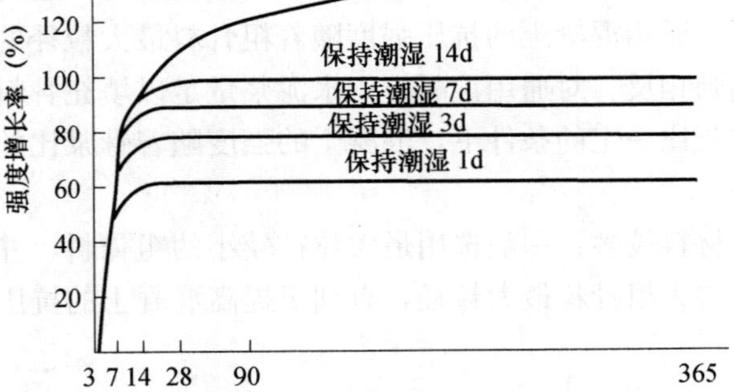

图 3-10　养护湿度对强度发展的影响

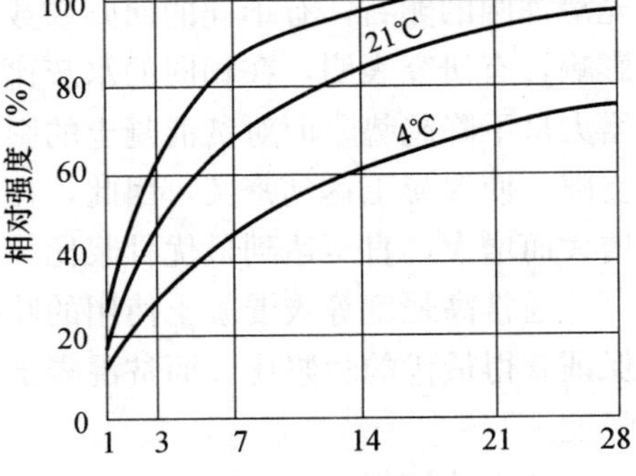

图 3-11　养护温度对强度发展的影响

（3）龄期

混凝土的强度随着龄期的增长而提高。一般早期强度增长比例较为显著，后期较为缓慢。现场混凝土的养护周期通常为 3 周，但养护龄期主要取决于水泥的品种、混凝土的设计强度、混凝土的形状与尺寸、混凝土所处的条件、环境气候条件及采用的养护方式等因素。

因此，对富混凝土或采用早强水泥、早强剂的混凝土，养护时间可以为几天；对采用蒸汽养护的混凝土，往往只需要养护几小时到 3d，而大体积混凝土则需要更长的养护时间。通常对于 5℃以上的养护环境，应加长混凝土的养护龄期，养护龄期至少为 7d；对 5℃及以下的养护环境，应采用特殊的防冻养护方法维持最低温度不低于 10℃，避免混凝土受冻。

混凝土浇筑成型后，必须在适宜的环境中进行养护才能获得良好的质量。若混凝土现场养护不当或不重视现场养护，不仅水泥得不到充分的水化而使混凝土的强度大打折扣，混凝土还会出现各种缺陷，引发各种裂纹，导致混凝土强度下降。

3. 试验条件对混凝土强度的影响

相同材料组成、相同制备条件和养护条件制成的混凝土试件，其力学强度还取决于试验条件。影响混凝土力学强度的试验条件主要有试件形状与尺寸、试件湿度、试件温度、支承条件和加载方式等。如采用标准立方体试件测定混凝土的立方体抗压强度时，由于环箍效应，会造成混凝土的实测强度较强度实际值偏高；试件尺寸过大，随着试件内部孔隙、裂缝、局部材质较差等缺陷的增多，会使混凝土的实测强度降低；混凝土试件的含水率越高，或受压表面越光滑，测得的强度越低。此外，试验时的加载速度太快，而混凝土的裂纹变形速度较慢，不能及时获得变形反应，会导致混凝土的强度测定值偏大。

3.3.6 提高混凝土强度的措施

1. 选用高强度水泥和早强型水泥

为提高混凝土的强度，应选用高强度等级的水泥。如目前要求承载能力高的交通混凝土路面，要求设计抗折强度大于 5.0MPa，一般采用水灰比不大于 0.46，水泥用量不大于 360kg/m^{3}的设计原则，必须采用高强水泥或道路水泥，才能满足混凝土强度高且水泥用量少的要求。此外，选用早强型水泥，可以缩短混凝土养护时间，加快工程建设速度。

2. 采用低水胶比和高骨浆比

采用低的水胶比，可以减少混凝土中的游离水，从而减小混凝土中的空隙，达到提高混凝土的密实度和强度的目的。增加骨浆比，减少了水泥浆层的厚度，可以充分发挥骨料的骨架作用，也可以提高混凝土的强度。采用适宜的骨料最大粒径，可调节抗压和抗折强度之间的关系，达到提高抗折强度的效果。

3. 掺加混凝土外加剂和掺合料

目前，混凝土工程普遍使用预应力混凝土，通常要求设计强度为 C50 以上并保持较高的坍落度（一般要求混凝土拌合物的坍落度在 50mm 以上），除了采用 42.5MPa 或 52.5MPa 强度等级的硅酸盐水泥外，还应掺入外加剂和掺合料，使水胶比保持在 0.40 左右甚至更低，才能实现强度设计要求。

4. 湿热养护

为了加快混凝土强度的发展，通常采用湿热养护方式，常用的有蒸汽养护和蒸压养护。

(1) 蒸汽养护

蒸汽养护是使浇筑完的混凝土构件经 1～3h 预养后，在 90%以上的相对湿度、60℃以上温度的饱和水蒸气中养护，以加速混凝土强度的发展。

普通水泥混凝土经过蒸汽养护后，早期强度提高快，一般经过一昼夜蒸汽养护，混凝土强度能达到标准强度的 70%，但对后期强度增长有影响，所以用普通水泥配制的混凝土养护温度不宜太高，时间不宜太长，一般养护温度为 60～80℃，恒温养护时间以 5～8h 为宜。火山灰质水泥和矿渣水泥配制的混凝土，蒸汽养护效果比普通水泥混凝土好，不但早期强度增加快，而且后期强度比自然养护还稍有提高。这两种混凝土可以采用较高的温度养护，一般可达 90℃，养护时间不超过 12h。

(2) 蒸压养护

蒸压养护是将浇筑完的混凝土构件静停 8～10h 后，放入蒸压釜内，在高温、高压(如温度为 175℃以上，大于或等于 8 个大气压) 饱和蒸汽中进行养护。

在高温、高压蒸汽下，水泥水化时析出的 $Ca(OH)_2$不仅能充分与活性的氧化硅结合，也能与结晶状态的氧化硅结合，生成含水硅酸盐结晶，从而加速水泥的水化和硬化，提高混凝土的强度。蒸压养护比蒸汽养护的混凝土质量好，特别对采用掺活性混合材的水泥、掺入磨细含二氧化硅较高的混合材的复合硅酸盐水泥配制的混凝土，以及使用掺合料的混凝土更为有效。

5. 采用机械搅拌和振捣

混凝土拌合物在强力搅拌和振捣作用下，水泥浆的凝聚结构暂时受到破坏，因而降低了水泥浆的黏度和骨料间的摩擦阻力，提高了拌合物的流动性，能够更好地充满模具并均匀密实，提高硬化后混凝土的强度。

6. 控制好混凝土强度检测的参数

如控制好试体的受压面积、加荷速度、试验环境的温湿度等。

3.4 混凝土的耐久性

混凝土耐久性

混凝土腐蚀老化已成世界性难题，混凝土在环境中会受到各种破坏因素的影响而老化甚至损坏，缩短了服务年限。每年要花费巨资用于混凝土工程的维修或重建。

混凝土的耐久性是指混凝土在实际使用条件下，抵抗各种破坏因素的作用，长期保持强度和外观完整性的能力。耐久性好的混凝土结构在规定的使用年限内，在各种环境条件作用下，不需要额外的费用加固处理而保持其安全性、正常使用和可接受的外观。耐久性差的混凝土极易遭受损害而导致破坏。提高混凝土耐久性，对于延长结构寿命，减少修复工作量，提高经济效益具有重要的意义。耐久性包括抗冻性、抗渗性、抗腐蚀性、抗碳化及碱-骨料反应等。

3.4.1 混凝土的碳化

在潮湿条件下，暴露在大气中的混凝土，其内部的水化产物 $Ca(OH)_2$与空气中的 CO_2 作用，生成碳酸盐，使混凝土的碱度降低。这种现象称为混凝土的碳酸盐化，简称碳化。

混凝土碳化引起混凝土的体积缩小，主要发生于混凝土表面。实际上，混凝土的碳化是没有破坏性的；相反，经碳化的混凝土，其表面强度、硬度、密度还会有所提高，因此对于素混凝土，碳化还具有提高混凝土耐久性的效果。但是，碳化降低了混凝土的pH值，如果钢筋处于碳化区，则减弱了碱性环境对钢筋氧化膜的保护作用，引起钢筋锈蚀。钢筋锈蚀产生膨胀，从而导致混凝土开裂或剥落。

在密实、高质量的混凝土中碳化程度很浅，但多孔、质量不好的混凝土碳化很深。混凝土的碳化是由表及里进行的，且比较缓慢，但随着CO_2浓度的增加而加快，尤其是水灰比高的混凝土更是如此。碳化作用的速度与混凝土含水量及周围介质的相对湿度有关。相对湿度50%左右时碳化作用最大，湿度过高（100%）或过低（25%），碳化作用都最小。这是因为过高的湿度使混凝土空隙中充满水，CO_2不易扩散到水泥石中；也可能是从浆体中扩散出来的钙离子导致$CaCO_3$沉淀，而堵塞了表面空隙。相反，过低的湿度，则水泥石空隙中的水不足以使CO_2形成碳酸，故碳化不易进行。

影响混凝土抗碳化能力的主要因素是孔结构和碱度。混凝土越致密，水泥石和骨料的孔隙率越低，CO_2和水就越难渗入混凝土中，抗碳化能力就越强；碱度越高，混凝土的抗碳化能力越强。

3.4.2 混凝土的抗冻性

混凝土的抗冻性是指混凝土在水饱和状态下，能经受多次冻融循环作用而不破坏，强度也不显著降低的性能，抗冻性是评定混凝土耐久性的重要指标。在寒冷地区，特别是在严寒地区处于潮湿环境或干湿交替环境的混凝土，很容易遭受冻融的循环作用而导致强度降低甚至结构破坏。

1. 混凝土抗冻性的评定方法

评价混凝土的抗冻性，可采用慢冻法和快冻法两种试验方法，通过试验后相应的技术指标进行混凝土抗冻性评价。《普通混凝土长期性能和耐久性能试验方法标准》（GB/T 50082—2009）中规定，慢冻法适用于测定混凝土试件在气冻水融条件下，以经受的冻融循环次数来表示的混凝土抗冻性能。该方法所采用的试件为100mm×100mm×100mm的立方体混凝土试件，养护到28d龄期时放入冻融试验箱内进行冻融试验。冷冻期间冻融试验箱内空气的温度保持在－20～－18℃范围内，融化期间冻融试验箱内浸泡混凝土试件的水温保持在18～20℃范围内，反复进行冻融循环。当出现下列三种情况之一时，可停止试验：

（1）已达到规定的冻融循环次数；

（2）抗压强度损失率已达到25%；

（3）质量损失率已达到5%。

采用慢冻法测试得的混凝土试件能够经受的最大冻融循环次数，作为混凝土的抗冻标号，用符号D表示。

快冻法适用于测定混凝土试件在水冻水融条件下，以经受的快速冻融循环次数来表示的混凝土抗冻性能。《公路工程水泥及水泥混凝土试验规程》（JTG E30—2005）中规定采用快冻法。该方法是以100mm×100mm×400mm棱柱体混凝土试件，经28d龄期，将试件放入试件盒内，试件盒中注入清水，放入冻融箱内的试件架中。测温试件盒

（中心埋有热电偶的冻融试件）放在冻融箱的中心位置。在冷冻和融化完成时，试件中心温度应分别控制在（−18±2）℃和（5±2）℃。当冻融循环达到以下三种情况之一时，可停止试验：

（1）已达到规定的冻融循环次数；

（2）试件的相对动弹性模量下降到60%以下；

（3）试件的质量损失率达到5%。

采用快冻法测试得的混凝土试件能够经受的最大冻融循环次数，作为混凝土的抗冻等级，用符号F表示。

按照《混凝土质量控制标准》（GB 50164—2011）的规定，混凝土的抗冻性能应满足表3-3的规定。

表3-3　混凝土抗冻性能的等级划分

抗冻等级（快冻法）		抗冻标号（慢冻法）
F50	F250	D50
F100	F300	D100
F150	F350	D150
F200	F400	D200
＞F400		＞D200

2. 影响混凝土抗冻性的因素

影响混凝土抗冻性的因素很多，除混凝土本身的强度、饱和水程度、原材料性能外，还与混凝土所处的环境、施工方法、养护条件等有关。

（1）混凝土的饱水状态

混凝土的冻害与其饱水程度有关，一般认为含水量小于孔隙总体积91.7%就不会产生冻结膨胀压力，干燥的混凝土则不受冻融循环的影响，在混凝土完全饱水状态下，其冻结膨胀压力最大。混凝土的饱水状态主要与混凝土结构的部位及其所处的自然环境有关。在大气中使用的混凝土结构，其含水量均达不到该值的极限，而处于潮湿环境的混凝土，其含水量要明显增大。最不利的部位是水位变化区，此处的混凝土经常处于干湿交替变化的条件下，受冻时极易破坏。此外，由于混凝土表层的含水率通常大于其内部的含水率，且受冻时表层的温度均低于其内部的温度，因此冻害往往是由表层开始逐步深入发展的。

（2）水灰比与含气量

水灰比、单位用水量及含气量等对混凝土的抗冻性影响很大。

混凝土中水的结冰，主要是在毛细孔或较大的空隙中进行的。毛细孔的大小和分布状态随水灰比、水泥的水化程度而异。水灰比越小，水泥水化程度越高，毛细孔径越小，越不易结冰，吸水性也越小，水泥石强度也越高，抵御冻害的能力越强，混凝土的抗冻性越高。随水灰比的增大，混凝土的耐久性能下降。

混凝土单位用水量大，混凝土的空隙率将会增大，吸水率加大，导致混凝土中可冻结的水量增多，其抗冻性降低。

使用引气剂可在混凝土中形成无数直径几微米至几毫米封闭的小气泡。在正常状态下，水不易渗入气泡中，若这些气泡在水泥浆体中以适当的间隔分布，当邻近孔隙中的水结冰时，能够缓解其膨胀压力，从而使混凝土的抗冻性提高。

(3) 原材料的影响

水泥品种及其矿物组成、细度等对混凝土抗冻性的影响不是很大。但水泥质量差、早期水化程度低的水泥则可能使混凝土的抗冻性降低。骨料在混凝土中所占的比例较大，其对混凝土抗冻性的影响也较大。

骨料的抗冻性与其本身的吸水率有关。骨料的孔隙率低，或是其毛细孔被中断，吸水率低，骨料一般不会受到冻融循环破坏。如果骨料的孔隙率高，吸水率大，由于骨料周围被渗透性较低的硬化水泥浆体所包围，则可被认为是一种密闭的容器。当骨料颗粒的水饱和度超过 91.7%时，在冻结时就会因骨料的膨胀对周围水泥石或砂浆产生破坏，骨料颗粒粒径越大，这种破坏越严重，这可能是粒径大的骨料在冻结时，多余的水分向外排除的通道长，产生的压力也大。

骨料由于冻结而破坏的最小尺寸称为临界尺寸，每一骨料颗粒存在一个与其指定冻结速度及岩石渗透性、强度和孔隙结构特征相对应的临界尺寸，可通过试验测定。凡属中等吸水、细孔结构、渗透性较低的岩石，受冻害的可能性较大，其临界尺寸较小。孔隙多而渗透性强的骨料，则因水在结冰时有足够的渗透空间，不易产生膨胀破坏，其临界尺寸可以很大，吸水率极低的骨料（如石英石等，其质量吸水率低于 0.5%），可冻结的水极少，冻结时无应力出现，骨料不受冻害影响，则无临界尺寸。

若骨料的粒度、形状不良导致混凝土单位用水量增大，则会对混凝土的抗冻性产生不利的影响。此外，骨料与水泥石的黏结性也对混凝土的抗冻性有很大影响，黏结性差，混凝土受冻害的程度也会增大。

(4) 环境因素的影响

混凝土处于低温、潮湿、多风、干湿交替等地区时较易受到冻害。特别是存在下列情况时，更是如此；日温差大、晴天多、涨潮落潮使混凝土循环没于水中和暴露于空气中等。这些无疑增加了混凝土的冻融循环次数，减弱了混凝土的抗冻能力。而处于气干状态的硬化混凝土则不易发生冻害。

(5) 施工方法的影响

混凝土在搅拌、运输、浇筑、成型、养护等过程中，若控制不当，就有可能在混凝土中产生空隙、裂缝等结构缺陷，使混凝土吸水性增加，从而加大了混凝土受冻融破坏的可能性，而对于过分干燥的混凝土，再次润湿时的吸水性也增大，若其后经历冻融作用，混凝土的破坏会更严重。

加强养护措施有助于提高混凝土的抗冻性。这是因为，随着混凝土龄期的增加，水泥不断水化，可被冻结的水不断减少。同时，溶解于水中的盐的浓度增加，使混凝土中水的冰点也随龄期增长而降低。

3. 提高混凝土抗冻性的措施

从提高混凝土材料抗冻性而言，主要有两个技术手段：一是提供冻胀破坏的缓冲空腔，加引气剂就是最重要的基本手段；二是增强材料本身的冻胀抵抗力，控制较小水灰比和较高的抗压强度。另外，加强早期养护或掺入防冻剂防止混凝土早期受冻，使用质量好的骨料和水泥，控制施工质量，都可以提高混凝土的抗冻性。

在混凝土使用过程中，为尽量减少冰冻对混凝土的影响，还应注意以下几方面的情况：

（1）在进行建筑物设计时，应考虑一定的防水措施，以减少水分渗入混凝土内部。

（2）为减少冻融循环次数，要防止已冻结部位的温度上升，不使冻结水融化。例如，对于受到日照的混凝土部位，可用覆盖的办法遮挡阳光，或在混凝土表面刷白，以减少其对热的吸收；试验表明，在日照时，当大气温度为1℃时，未涂刷的混凝土表面温度可高达20℃，而刷白的表面温度增加不大。

（3）对于温度不太低的温和地区的混凝土工程，也要注意抗冻性问题。这些地区由于季节变化和昼夜交替而引起混凝土热胀冷缩，以及由于晴雨和水位变动而引起的湿胀干缩等，都会使混凝土遭受破坏，尤其是大体积混凝土这种作用更加明显。因此，为使混凝土具有抵抗这些环境因素影响的能力，在设计和使用过程中，也应对其提出抗冻性要求，以保证结构物的耐久性。

3.4.3 混凝土的抗渗性

混凝土的抗渗性是指混凝土抵抗有压介质渗透作用的能力。混凝土渗水的原因，是由于内部孔隙形成连通的渗水孔道。这些孔道主要来源于水泥浆中多余水分蒸发而留下的气孔、水泥浆泌水所产生的毛细管孔道、内部的微裂缝以及施工振捣不密实产生的蜂窝、孔洞，这些都会导致混凝土渗水。因此，提高混凝土的密实度，可以提高抗渗性。

1. 混凝土抗渗性的评定方法

混凝土的抗渗性用抗渗等级P或渗透系数K表示。养护到28d龄期的标准试件，按规定方法进行抗渗试验，以混凝土所能承受的最大静水压力（MPa）划分抗渗等级。按照国家标准《混凝土质量控制标准》（GB 50164—2011）的规定，混凝土抗渗等级可分为P4、P6、P8、P10和P12五个等级，分别表示混凝土能抵抗0.4MPa、0.6MPa、0.8MPa、1.0MPa和1.2MPa的静水压力而不发生渗透。

用混凝土的抗渗等级评价混凝土的抗渗能力是比较直观、简单的，但对于长龄期、抗渗性高的混凝土则不适用。同时该指标没有考虑混凝土长期在持续压力的抗渗能力。如抗渗等级为P8的混凝土，并不意味着混凝土能抵抗0.8MPa的水压力而永不渗透。如果混凝土结构物的厚度不够大，则在较长时间的水压作用下，混凝土还是有透水的可能。因此，对于此类混凝土还可采用渗透系数K来评价其抗渗性能。

$$K=\frac{\omega D_m^2}{2TH} \tag{3-6}$$

式中 K——渗透系数（m/h）；

D_m——平均渗透高度（m）；

H——水压力，以水柱高度表示（m）；

T——恒压持续时间（h）；

ω——混凝土吸水率，一般小于10％。

混凝土的渗透系数可通过测定恒压下水在混凝土内的渗水高度，通过式（3-6）计算而得。渗透系数K反映了材料渗透能力的大小，K值越大，表示抗渗性越差；K值越小，则材料的抗渗性越强。渗水高度增大，混凝土的渗透系数将随之急剧增大，抗渗性变差。此法特别适用于抗渗性高的混凝土。

2. 影响混凝土抗渗性的因素

(1) 水灰比

混凝土拌合物的水灰比对硬化混凝土的孔隙率的大小和数量起决定性作用，直接影响混凝土的密实性。在水泥水化过程中，随着混凝土中的游离水蒸发，混凝土内部会留下大量空隙，这些孔隙相互贯通形成开放型毛细管泌水通道，使混凝土抗渗性降低，透水性增高。

(2) 骨料

骨料最大粒径越大，混凝土的抗渗性越差，这是因为骨料颗粒越大，其下部形成的空隙也越大。碎石混凝土的抗渗性较卵石混凝土低，这是因为在相同和易性下，使用碎石比用卵石的单位用水量多。使用天然轻骨料的混凝土抗渗性差，这是由于天然轻骨料孔隙多且相互连通容易透水。人工轻骨料有致密的表面，且泌水小，所以抗渗性高。

砂率过大时，总表面积大，孔隙率增大。当砂率过小时，不能在粗骨料周围形成足够的具有润滑作用的砂浆层，水泥用量和用水量相对增多，混凝土抗渗性能变差。为了使混凝土具有良好的抗渗性，一般采用较高的砂率，使砂浆填充粗骨料周围的空隙并将其包裹，形成具有一定厚度的砂浆层。

(3) 外加剂和矿物掺合料

在混凝土中掺入引气剂或减水剂，可降低混凝土拌和用水量或掺入适量的微小气泡，可以降低混凝土的泌水通道，从而使混凝土内部的毛细孔数量大大减少，提高混凝土的抗渗性。

在混凝土中掺入磨细的粉煤灰，粉煤灰中的活性成分 SiO_2 与水泥水化时析出的 $Ca(OH)_2$ 结合生产比较稳定的硅酸钙水化物，这种水化物不仅有助于混凝土后期强度的增长，而且由于水化产物在反应过程中的体积膨胀，使混凝土的结构更加密实，提高混凝土的抗渗性。

(4) 养护方法

若不间断地进行潮湿养护，由于水泥水化使砂浆中孔隙减少，将提高混凝土的抗渗性。若早期养护不良，则易在混凝土中产生裂缝而使抗渗性降低。若使混凝土处于干燥状态下硬化，则其抗渗性将会显著降低。

3. 提高混凝土抗渗性的措施

提高混凝土的抗渗性，一是提高混凝土的密实度，具体措施有降低水灰比，采用合理的砂率，充分振捣、养护，选择级配良好的骨料，掺加磨细的粉煤灰，使用减水剂等；二是改善混凝土的孔结构，减少连通孔隙，如加入引气剂或引气型减水剂，形成大量封闭独立的小微孔，以阻断水的通道。

3.4.4 混凝土的化学腐蚀

硅酸盐水泥可配制成各种混凝土用于不同的工程结构。在正常的环境条件下，水泥石将继续硬化，强度不断增长。但在外界侵蚀性环境中，会使水泥石发生一系列的化学、物理或物理化学变化，引起混凝土强度降低，严重的甚至可以导致混凝土破坏，这种现象称为混凝土的化学腐蚀。常见的化学腐蚀分为淡水腐蚀、一般酸性水与碳酸腐蚀、海水的腐蚀、硫酸盐腐蚀和镁盐腐蚀等。

1. 淡水腐蚀

硅酸盐水泥属于水硬性胶凝材料，应有足够的抗水能力。但是硬化后，如果不断受到淡水的侵蚀，水泥的水化产物就会逐渐被水溶解，产生溶出性侵蚀，最终导致混凝土破坏。

在各种水化产物中 $Ca(OH)_2$ 的溶解度最大，首先被溶解。如果水量不多，水中的 $Ca(OH)_2$ 浓度很快就达到饱和而停止溶出。但是在流动水中，特别是在有水压作用且混凝土的渗透性又较大的情况下，$Ca(OH)_2$ 就会不断地被溶出带走，不仅造成混凝土孔隙率增大，使水更易渗透，而且降低了液相中 $Ca(OH)_2$ 的浓度，还会使其他水化产物发生分解，从而导致混凝土强度下降。

淡水腐蚀在一般的混凝土工程中极其微弱，但对于长期处于淡水环境（雨水、雪水、冰川水、河水等）中的水工建筑物，混凝土表面会产生一定的破坏。但对抗渗性良好的混凝土，淡水的溶出过程一般发展很慢，几乎可以忽略不计。

2. 一般酸性水与碳酸腐蚀

当水中溶有一些无机酸或有机酸时，硬化混凝土就要受到溶析和化学溶解双重作用。酸类离解出来的 H^+ 和酸根 R^-，分别与水泥石中 $Ca(OH)_2$ 的 OH^- 和 Ca^{2+} 结合成水和钙盐，使得混凝土中 $Ca(OH)_2$ 逐渐减少而引起混凝土破坏。酸性水对混凝土的腐蚀强弱取决于 H^+ 的浓度，液相中 pH 值越小，遭受腐蚀越严重。

自然界中对混凝土有腐蚀作用的酸类并不多见，通常在化工厂会遇到一般酸性水的腐蚀。在大多数天然水及工业污水中，由于大气中 CO_2 的融入，常会产生碳酸侵蚀。首先，碳酸与水泥石中的 $Ca(OH)_2$ 作用，生成不溶于水的 $CaCO_3$，然后水中的碳酸与碳酸钙进一步作用，生成易溶性的碳酸氢钙：

$$CaCO_3 + CO_2 + H_2O \longrightarrow Ca(HCO_3)_2$$

3. 海水的腐蚀

海水是一种成分复杂的液体，海水中存在着多种离子，阴离子有 Cl^-、SO_4^{2-}、HCO_3^-、Br^- 等，阳离子有 Na^+、Mg^{2+}、Ca^{2+}、K^+ 等，因此，海水对混凝土的侵蚀是由多种腐蚀形式共同作用的复杂组合。

对于结构物的不同部位，海水对混凝土的侵蚀是不同的，处于高潮线以上的混凝土不直接与海水接触，只是暴露于含海盐的大气中，这一部分的破坏主要是由于钢筋锈蚀及冻融破坏引起的；位于潮汐涨落区内的混凝土，其破坏是由于干湿交替、冻融循环、钢筋锈蚀、水化产物的分解及波浪、砂、冰及悬浮物的冲击磨损所致；在低潮线以下的混凝土主要发生化学分解，而冻结和钢筋锈蚀的作用则较小。海水对混凝土的侵蚀包括了化学侵蚀、物理侵蚀、机械磨损和钢筋的锈蚀等。

海水的化学侵蚀作用主要是氯盐和硫酸盐的侵蚀，这些盐与水泥石中的 $Ca(OH)_2$ 反应生成易溶性的 $CaCl_2$ 及石膏，海水中高浓度的 NaCl 能增加石膏的溶解度，并阻碍了它的快速结晶，同样，NaCl 溶液也提高了 $Ca(OH)_2$ 及 $Mg(OH)_2$ 的溶解度，使其不断析出。

对于钢筋混凝土，海水中的氯离子渗透到混凝土内后，将使处于低潮位以上反复干湿的混凝土中的钢筋产生严重的锈蚀，造成混凝土体积膨胀开裂。因此，海水对钢筋混凝土的侵蚀比对素混凝土更严重。

4. 硫酸盐腐蚀

绝大部分硫酸盐对混凝土都有明显的侵蚀作用，SO_4^{2-} 主要存在于海水、地下水与某些工业污水中。当溶液中 SO_4^{2-} 大于一定浓度时，碱性硫酸盐（如 Na_2SO_4、K_2SO_4）就能与水泥石中的 $Ca(OH)_2$ 发生反应，生成 $CaSO_4 \cdot 2H_2O$，并结晶析出。$CaSO_4 \cdot 2H_2O$ 进一步再与水化硫酸钙反应生成钙矾石，体积膨胀，致使混凝土产生膨胀开裂以致毁坏。

5. 镁盐腐蚀

镁盐是另外一种盐类腐蚀形式，主要存在于海水及地下水中。镁盐主要是 $MgSO_4$ 和 $MgCl_2$，与水泥石中的 $Ca(OH)_2$ 发生置换反应：

$$MgSO_4 + Ca(OH)_2 + 2H_2O \longrightarrow CaSO_4 \cdot 2H_2O + Mg(OH)_2$$

$$MgCl_2 + Ca(OH)_2 \longrightarrow CaCl_2 + Mg(OH)_2$$

反应产物 $Mg(OH)_2$ 的溶解度极小，极易从溶液中析出而使反应不断进行，反应产物 $CaSO_4 \cdot 2H_2O$ 和 $CaCl_2$ 溶于水，尤其是 $CaSO_4 \cdot 2H_2O$ 会继续产生硫酸盐的腐蚀。因此，$MgSO_4$ 对混凝土的破坏极大，起着双重腐蚀作用。

3.4.5 碱-骨料反应

混凝土中水泥的碱与某些碱活性骨料发生化学反应，可引起混凝土膨胀、开裂，甚至破坏，这种化学反应称为碱-骨料反应（亦称碱-集料反应）。碱-骨料反应会导致水利工程构筑物、混凝土路面、桥梁墩台等的开裂和破坏。由于这种破坏会继续发展，难以补救，因此引起世界各国的普遍关注。发生碱-骨料反应，混凝土一般呈网状开裂，无法修补。近年来，我国水泥含碱量的增加、水泥用量的提高以及含碱外加剂的普遍应用，增加了碱-骨料反应破坏的潜在危险，因此，对混凝土用砂石料的碱活性问题，必须引起足够的重视。

碱-骨料反应主要分为碱-硅酸反应和碱-碳酸盐反应两种类型。碱-硅酸反应是指碱与骨料（常见有蛋白石、玉髓、鳞石英、方石英及隐晶、微晶或玻璃质石英等）中的活性 SiO_2 反应，生成碱硅酸盐凝胶，吸水后体积膨胀，引起混凝土膨胀和开裂。碱-碳酸盐反应是指碱与泥质白云岩反应，由于泥质白云岩含黏土较多，碱离子能通过包裹在白云石颗粒表面的黏土渗入，与其发生反应，但反应产物不能通过黏土向外扩散，从而使骨料膨胀，造成混凝土膨胀开裂。也有学者认为，还有另一类碱-硅酸盐反应，是碱与某些层状硅酸盐集料（如千枚岩、泥板岩、硬砂岩和泥砂岩等）反应，使层状硅酸盐集料层间距增加而发生膨胀，造成混凝土膨胀和开裂。

碱-骨料反应机理甚为复杂，而且影响因素较多，但是发生碱-骨料反应必须具备三个条件：

（1）混凝土中的骨料具有活性；

（2）混凝土中含有一定量可溶性碱；

（3）有一定的湿度。

对重要工程混凝土使用的碎石（卵石）应进行碱活性检验。进行碱活性检验时，首先应采用岩相法检验活性集料的品种、类型和数量。若岩石中含有活性 SiO_2 时，应采用化学法和砂浆长度法进行检验；含有活性碳酸盐骨料时，应采用岩石柱法进行检验。

为抑制碱-骨料反应的危害，应围绕上述三个方面采取相应的措施，如选择和开采没有碱活性或碱活性较低的骨料，采用低碱水泥（含碱量小于 0.6%），掺入粉煤灰、矿渣、硅灰等矿物掺合料，采用碱-骨料反应抑制剂，为混凝土创造相对干燥的外部环境等。当使用含钾、钠离子的混凝土外加剂时，必须专门进行试验。

3.4.6 钢筋锈蚀

使用硅酸盐水泥的混凝土其液相具有较高的碱性，pH＞12，钢筋在这种碱性环境中表面会生成一层难溶的Fe_2O_3和Fe_3O_4钝化膜，阻止了钢筋的锈蚀。钢筋生锈是一种电化学过程，当CO_2、氯离子等腐蚀介质侵入时，混凝土的 pH 值降低；当碳化或氯离子侵入深度超过混凝土保护层到达钢筋表面时，在氧气与水存在的条件下，钝化膜被破坏，使钢筋生锈。随着钢筋锈蚀的加剧，导致混凝土保护层开裂，结构强度降低，从而导致混凝土结构耐久性降低。近年来，国内外许多工程由于耐久性不良引起的损坏事例不断发生，由此带来的维修费用迅速增加，钢筋锈蚀造成的直接、间接损失之大远远超出人们的预料，混凝土的耐久性问题也因此受到普遍的重视。钢筋锈蚀被认为是造成钢筋混凝土结构损伤的最主要和最直接的因素，也是钢筋混凝土结构耐久性破坏的主要形式之一。

1. 混凝土碳化引起的钢筋锈蚀

混凝土中的钢筋一旦具备了腐蚀条件，锈蚀就会发生和不断发展。混凝土碳化导致 pH 值降低引起的钢筋锈蚀过程可表示为：

阳极反应：

$$Fe \longrightarrow Fe^{2+} + 2e^-$$

阴极反应：

$$\frac{1}{2}O_2 + H_2O + 2e^- \longrightarrow 2OH^-$$

在阳极表面，二次化学过程生成氢氧化亚铁：

$$Fe^{2+} + 2OH^- \longrightarrow Fe(OH)_2$$

氢氧化亚铁会迅速反应生成铁锈：

$$Fe(OH)_2 + \frac{1}{2}H_2O + \frac{1}{4}O_2 \longrightarrow Fe(OH)_3$$

钢筋锈蚀与混凝土液相中的 pH 值有很大关系，当 pH 值大于 11.8 时，钢筋处于钝化膜的保护状态；当 pH 值小于 11.8 时，钢筋的钝化膜不稳定，并逐渐被破坏，钢筋开始生锈。当 pH 值大于 10 时，钢筋锈蚀速度很小，而 pH 值小于 4 时，锈蚀速度急剧增加。

2. 氯离子引起的钢筋锈蚀

较之碳化对钢筋锈蚀的影响，氯离子所造成的危害可能更加严重。氯离子对钢筋的腐蚀机理有以下几方面：

(1) 破坏钝化膜

即使在高碱度下，氯离子对钢筋钝化膜的破坏也有特殊的能力，氯离子进入混凝土到达钢筋表面，吸附于局部钝化膜处时，可使该处的pH值迅速降低至4以下，破坏了钢筋表面的钝化膜。

（2）形成腐蚀电流

无论是混凝土碳化还是氯离子侵蚀，都可以引起钢筋部分腐蚀。由于钝化膜破坏常发生在局部，与尚完好的钝化膜区域形成电位差，有电流产生。大面积钝化膜区域作为阴极，铁基体作为阳极而受腐蚀。腐蚀电流作用的结果使得钢筋表面产生蚀坑；同时，由于大阴极对应于小阳极，蚀坑的发展速度十分迅速，这种现象称为局部腐蚀钢筋的“边缘效应”。

（3）氯离子导电作用

混凝土中氯离子的存在强化了离子通道，大大降低了阴、阳极之间的电阻，提高了腐蚀电流的效率，从而加速了钢筋的电化学腐蚀过程。

（4）去极化作用

氯离子不仅促成了钢筋表面的腐蚀电流，而且加速了电流的作用过程，其阳极反应为：

$$Fe \longrightarrow Fe^{2+} + 2e^-$$

如果生成的Fe^{2+}不能及时搬运而积累于阳极表面，则阳极反应就会受阻。相反，如果生成的Fe^{2+}能及时搬走，则阳极反应就会顺利甚至加速进行，Cl^-与Fe^{2+}相遇发生反应生成了可溶性的$FeCl_2$。

$$Fe^{2+} + 2Cl^- \longrightarrow FeCl_2$$

因此，Cl^-能使Fe^{2+}消失而加速阳极过程，通常把阳极过程受阻称作阳极极化过程，而把加速阳极过程称为阳极去极化过程。

当氯离子向混凝土内部扩散遇到氢氧根离子时，会立即生成$Fe(OH)_2$而沉淀，并进而氧化成$Fe(OH)_3$，即铁锈。

$$FeCl_2 + 2OH^- \longrightarrow Fe(OH)_2 + 2Cl^-$$

由上式可知，在锈蚀过程中氯离子只起到了搬运作用，而不被消耗，即进入混凝土中的氯离子会周而复始地起到破坏作用，这也是氯盐危害的特点之一。

氯离子对钢筋的侵蚀是上述几种作用的综合结果，为防止氯离子的侵蚀，应严格控制混凝土原材料中氯离子的含量，特别是预应力钢筋混凝土对氯离子的限制更为严格。

3. 钢筋锈蚀的危害

（1）破坏混凝土保护层

钢筋一旦生锈，体积发生膨胀，当构件表面混凝土缺乏足够的厚度时，膨胀足以使钢筋表面的混凝土发生顺筋开裂，会使混凝土保护层破裂甚至脱落，从而使结构受力性能和耐久性降低。大量试验和工程实际表明，钢筋表面锈层厚度很薄时便可导致混凝土顺筋开裂。混凝土一旦顺筋开裂，腐蚀介质更容易进入混凝土内部到达钢筋表面，钢筋锈蚀速度将会加快。这时钢筋锈蚀速度有可能快于裸露于大气中的钢筋，这是由于裂缝处更容易促成电化学腐蚀的发生和发展。

（2）钢筋与混凝土的握裹力下降与丧失

混凝土刚发生顺筋开裂时，结构物理力学性能、承载力降低并不明显，但随着裂缝的不断加宽，混凝土与钢筋之间的握裹力也随之下降，滑移增大，构件变形增大。当握裹力丧失到一定程度时，局部或整体失效便会发生。

（3）钢筋截面面积损失

钢筋混凝土结构中钢筋的锈蚀可分为局部腐蚀（如坑蚀）和全面腐蚀（均匀腐蚀），常常是以局部腐蚀为主而造成钢筋的截面面积损失，使构件承载能力下降。当损失率达到极限时，构件就会发生破坏。

（4）钢筋应力腐蚀断裂

处于应力状态下的钢筋（包括预应力），在遭受腐蚀时可能发生突然断裂。应力腐蚀断裂可在钢筋未见明显锈蚀的情况下发生，这是腐蚀与应力相互促进的结果。应力可使钢筋表面产生微裂纹，腐蚀沿裂纹深入，应力再促进裂纹发展。如此周而复始直到突然断裂。

总之，钢筋锈蚀后会导致混凝土本身发生破坏，出现顺筋胀裂，混凝土剥落，钢筋的有效截面面积不断减小，钢筋混凝土结构承载力不断下降，降低结构的强度和安全，直至构件丧失基本承载能力。

4. 钢筋锈蚀预防措施

钢筋的锈蚀是混凝土结构耐久性降低的最主要因素之一，要提高混凝土耐久性，减轻钢筋的腐蚀，首先要提高混凝土的密实度，降低孔隙率，减少环境中的 CO_2、氯离子、水、氧向混凝土渗透。其次，增加混凝土保护层厚度。通常钢筋的保护层厚度在 3cm 以上，而在一些海港工程中，钢筋保护层厚度可达 5～7cm。加入阻锈剂如铬酸盐、磷酸盐、亚硝酸盐，或在钢筋表面用环氧树脂等进行涂层处理，均能有效地防止钢筋的锈蚀，另外，严格的施工管理，防止因施工不当而造成的裂缝，也是防止钢筋过早出现锈蚀的措施。

3.4.7 提高混凝土耐久性的措施

影响混凝土耐久性的主要因素有混凝土的密实度、原材料的质量和混凝土的施工质量等，因此，对于不同环境使用条件下的混凝土，可采取以下措施提高其耐久性。

（1）根据混凝土的工程特点和所处环境条件，合理选择水泥品种。

（2）严格控制砂石材料的质量，级配设计应遵照小比表面积和小空隙率的原则，有助于提高混凝土的耐久性。

（3）掺加减水剂、引气剂等外加剂和掺合料，改善混凝土的孔结构，提高混凝土的抗渗、抗冻等性质。

（4）严格控制混凝土的水胶比和胶凝材料用量，保证达到耐久性的要求。在普通混凝土配合比设计中，通过限制最大水胶比和最小胶凝材料用量来保证混凝土的耐久性。

（5）采用机械搅拌和振捣方法，加强混凝土养护，保证混凝土的施工质量。

本章小结

普通混凝土的主要技术性质包括新拌混凝土的工作性、硬化后混凝土的力学性质和耐久性。

新拌混凝土的和易性是指混凝土拌合物易于施工操作（拌和、运输、浇筑、捣实）

并能获得质量均匀、成型密实的性能。测定混凝土和易性的方法通常分为坍落度法和维勃稠度法。坍落度法适用于骨料最大粒径不大于40mm，坍落度值不小于10mm的混凝土拌合物。坍落度值小于10mm的拌合物通常采用维勃稠度仪测定其稠度。影响和易性的因素有组成材料、环境的温湿度和经时变化，新拌混凝土和易性不良时会产生离析和泌水。通过调整混凝土的水泥用量、砂率、骨料级配、外加剂和掺合料，控制环境温湿度，采用合理的施工方法等可以改善混凝土的和易性。

新拌混凝土的可泵性是指混凝土的和易性满足用压力混凝土泵输送的性能。可泵性是现代混凝土具有良好和易性的具体体现，是混凝土实现超长超高泵送的必要条件。

材料在外力作用下产生变形，当外力取消后，能够完全恢复原来形状的性质称为弹性，这种变形称为弹性变形，不能自动恢复原来形状的性质称为塑性，这种不能恢复的变形称为塑性变形。混凝土为弹塑性体，受力时既产生弹性变形，又产生塑性变形。

混凝土的收缩变形包括化学收缩、自收缩、沉降收缩、塑性收缩和干燥收缩等。混凝土在施工和养护过程中如不控制好混凝土的收缩变形，将影响硬化后的力学性能，从而导致混凝土的耐久性降低。混凝土的徐变是指混凝土在持续荷载作用下，产生随时间增长的变形，混凝土的徐变与水泥的用量、水泥细度、骨料性能参数和尺寸效应等因素有关。

混凝土强度有立方体抗压强度、轴心抗压强度、抗拉强度、抗折强度、混凝土与钢筋的握裹强度等。普通混凝土按立方体抗压强度标准值划分为C15、C20、C25、C30、C35、C40、C45、C50、C55、C60、C65、C70、C75、C80等14个强度等级。

混凝土的抗拉强度比较低，对混凝土的抗裂性起着重要作用，混凝土抗拉强度的测定方法，常采用轴向拉伸法和劈裂法两种。混凝土的抗折强度是指混凝土构件所能承受的最大弯曲应力。混凝土抗折强度检测采用三分点加荷法。钢筋与混凝土之间具有充分的握裹强度，混凝土握裹强度通常采用拔出试验的方法测定。

影响混凝土强度的因素包括材料组成、养护条件、试验条件等，提高混凝土强度的措施包括选用高强度等级的水泥和满足要求的粗细骨料，采用低水胶比和高骨浆比，掺入适宜的外加剂和掺合料，选择合适的养护方式等。

混凝土的耐久性包括混凝土的碳化、混凝土的抗冻性、混凝土的抗渗性、混凝土的化学腐蚀、碱-骨料反应和钢筋锈蚀等。提高混凝土耐久性，对于延长建筑物寿命，减少修复工作量，提高经济效益具有重要的意义。

习　题

一、填空题

1. 普通混凝土的主要技术性质包括新拌混凝土的__________、硬化后混凝土的__________和__________。

2. 混凝土拌合物的和易性，是一项综合的技术性质，包括__________、__________和__________等三方面的含义。

3. 评价混凝土的抗冻性，可采用__________和__________两种试验方法。

4. 提高混凝土的抗渗性，一是提高混凝土的__________，二是改善混凝土的__________。

5. 海水的化学侵蚀作用主要是__________和__________的侵蚀。

二、单项选择题

1. (　　)是指混凝土拌合物具有一定的保持内部水分的能力，在施工过程中不致产生严重的泌水现象。

A. 和易性　　B. 保水性　　C. 流动性　　D. 黏聚性

2. 砂率是指混凝土中砂的质量占(　　)的百分率。

A. 砂、石、水、水泥总质量　　B. 砂石总质量

C. 砂、石、水泥总质量　　D. 石子质量

3. 下列关于徐变不正确的说法是(　　)。

A. 混凝土内毛细孔数量越多，徐变越大

B. 加荷时龄期越短，徐变越小

C. 水泥用量和水灰比越小，徐变越小

D. 混凝土试件尺寸越大，徐变越小

4. 立方体抗压强度标准值是具有不低于(　　)强度保证率的立方抗压强度。

A. 90％　　B. 92％　　C. 95％　　D. 97％

5. 轴心抗压强度的标准试件为(　　)棱柱体。

A. 150mm×150mm×300mm　　B. 100mm×100mm×200mm

C. 150mm×150mm×400mm　　D. 200mm×200mm×400mm

6. 碳化作用的速度与周围介质的相对湿度有关，相对湿度(　　)左右时碳化作用最大。

A. 25％　　B. 50％　　C. 75％　　D. 90％

三、多项选择题

1. 根据坍落度的不同，可将混凝土拌合物分为(　　)。

A. 大流动性混凝土（坍落度大于160mm）

B. 流动性混凝土（坍落度为100～150mm）

C. 塑性混凝土（坍落度为50～90mm）

D. 低塑性混凝土（坍落度为10～40mm）

E. 干硬性混凝土（坍落度小于10mm）

2. 当冻融循环达到(　　)情况时，可停止试验。

A. 抗压强度损失率已达到25％　　B. 质量损失率已达到5％

C. 抗压强度损失率已达到5％　　D. 质量损失率已达到25％

3. 位于潮汐涨落区内的混凝土，海水对混凝土的侵蚀方式有(　　)。

A. 冻融循环　　B. 钢筋锈蚀　　C. 化学侵蚀　　D. 物理破坏

4. 发生碱-骨料反应必须同时具备的条件为(　　)。

A. 混凝土中的骨料具有活性

B. 混凝土中含有一定量可溶性碱

C. 混凝土中含有一定的氯离子

D. 有一定的湿度

5. 氯离子对钢筋的腐蚀机理有以下几方面(　　)。

A. 破坏钝化膜　　B. 形成腐蚀电流

C. 氯离子导电作用　　D. 氯离子去极化作用

四、判断题

1. 坍落度越大，则混凝土拌合物的流动性越大。(　　)

2. 适当提高水泥细度可以改善混凝土拌合物的黏聚性和保水性，所以水泥越细越好。(　　)

3. 水灰比保持不变，水泥浆量越多，拌合物的流动性越大。(　　)

4. 混凝土强度正态分布曲线越宽而矮，说明施工控制水平越好。(　　)

5. 混凝土强度与水灰比的大小呈反比，水灰比越大，则混凝土的强度越低。(　　)

6. 渗透系数 K 反映了材料渗透能力的大小，K 值越大，抗渗性越好。(　　)

五、简答题

1. 什么是混凝土离析？离析对混凝土有什么影响？

2. 简述提高混凝土强度的措施。

3. 混凝土化学腐蚀主要有哪几种？各有什么特点？

4. 简述钢筋锈蚀对混凝土结构的危害。

5. 混凝土收缩变形主要有哪些类型？各有什么特点？

六、案例分析题

1. 硬化后的混凝土表面往往会形成一些细裂纹，简述这些裂纹形成的原因。

2. 北方海边的混凝土坝堤，经过数年后会出现不同程度的蜂窝麻面，甚至剥落垮塌，分析其形成的主要原因。

4　通用混凝土生产与质量控制

本章导读

混凝土生产与质量控制是决定混凝土结构质量的重要环节，混凝土生产前要进行配合比设计，并通过试验确定配合比，按配合比对原材料进行计量，然后进行搅拌、运输到施工地点。要保证混凝土结构的质量，需要对混凝土制备的整个过程进行控制。本章重点介绍普通混凝土的配合比设计计算步骤，提出了抗渗混凝土、抗冻混凝土、高强混凝土、泵送混凝土、大体积混凝土的配合比要求，详细介绍了通用混凝土拌合物的生产工艺、原材料的管理及计量、拌合物的搅拌及运输过程及其设备，简单介绍了通用混凝土原材料、搅拌和输送过程中的质量控制。

4.1　混凝土的配合比设计

混凝土配合比设计

配合比设计是实现混凝土性能的一个重要过程，也是保证商品混凝土质量的重要环节。设计所提出的性能指标是混凝土配合比设计的重要依据，所配制的混凝土必须满足设计要求，它也可以反过来作用于设计，为设计的复核提供一些性能参数。混凝土配合比设计可以指导生产，通过设计配制出的商品混凝土用于施工，必须满足施工要求。同时，也可以根据施工的需要，通过配合比的调整来改变混凝土的性能，以解决施工中的困难。因此，混凝土配合比设计时与建筑工程的各个环节有着必然的、内在的联系。

根据混凝土配合比设计的这一特征，在进行混凝土配合比设计时必须坚持以下基本原则：

（1）满足混凝土配制强度和结构设计的力学性能要求。

（2）满足混凝土施工所要求的拌合物性能。

（3）满足工程所处环境对混凝土长期性能和耐久性的要求。

（4）便于生产控制。

按照《普通混凝土配合比设计规程》（JGJ 55—2011）的规定，混凝土配合比设计应采用工程实际使用的原材料，并应满足国家现行标准的有关要求；配合比设计应以干燥状态骨料为基准，细骨料含水率应小于0.5%，粗骨料含水率应小于0.2%。

我国长期以来一直在建设工程中采用以干燥状态骨料为基准的混凝土配合比设计，具有可操作性，应用情况良好。

4.1.1 普通混凝土配合比设计

水胶比、单位用水量和砂率是混凝土配合比设计的三个基本参数。混凝土配合比设计中确定三个参数的原则：在满足混凝土强度和耐久性的基础上，确定混凝土的水胶比；在满足混凝土施工要求的和易性基础上，根据粗骨料的种类和规格确定单位用水量；砂率应以砂在骨料中的数量填充石子空隙后略有富余的原则来确定。混凝土配合比设计以计算 $1m^3$ 混凝土中各材料用量为基准。

1. 确定混凝土配制强度

根据《普通混凝土配合比设计规程》（JGJ 55—2011）的规定，当混凝土的设计强度等级小于 C60 时，配制强度应按下式确定：

$$f_{cu,0} \geqslant f_{cu,k} + 1.645\sigma \tag{4-1}$$

式中 $f_{cu,0}$——混凝土的施工配制强度（MPa）；

$f_{cu,k}$——设计的混凝土立方体抗压强度标准值（MPa）；

σ——施工单位的混凝土强度标准差（Pa）。

当混凝土的设计强度等级不小于 C60 时，配制强度应按下式确定：

$$f_{cu,0} \geqslant 1.15 f_{cu,k} \tag{4-2}$$

在正常情况下式（4-2）可采用等号。

遇有下列情况时应提高混凝土配制强度：

（1）现场条件与试验条件有显著差异时；

（2）C30 级及其以上强度等级的混凝土，采用非统计方法评定时。

当具有近 1～3 个月的同一品种、同一强度等级混凝土的强度资料，且试件组数不小于 30 时，其混凝土强度标准差 σ 应按下式计算：

$$\sigma = \sqrt{\frac{\sum_{i=1}^{n} f_{cu,i}^2 - n\bar{f}_{cu}^2}{n-1}} \tag{4-3}$$

式中 $f_{cu,i}$——统计周期内第 i 组混凝土试件的立方体抗压强度（MPa）；

n——统计周期内相同强度等级的混凝土试件组数，该值不得小于 30 组；

f_{cu}——统计周期内混凝土试件立方体抗压强度的平均值。

对于强度等级不大于 C30 的混凝土，当混凝土强度标准差计算值不小于 3.0MPa 时，应按式（4-3）计算结果取值；当混凝土强度标准差计算值小于 3.0MPa 时，应取 3.0MPa。

对于强度等级大于 C30 且小于 C60 的混凝土，当混凝土强度标准差计算值不小于 4.0MPa 时，应按式（4-3）计算结果取值；当混凝土强度标准差计算值小于 4.0MPa 时，应取 4.0MPa。

当没有近期的同一品种、同一强度等级混凝土强度资料时，其强度标准差 σ 可按表 4-1取值。

表 4-1 混凝土强度标准差

混凝土强度等级	≤C20	C25～C45	C50～C55
标准差 σ（MPa）	4.0	5.0	6.0

2. 确定混凝土水胶比 W/B

按混凝土强度要求计算水胶比 W/B，当混凝土强度等级小于 C60 时，混凝土水胶比宜按式（4-4）计算：

$$W/B=\frac{\alpha_a \cdot f_b}{f_{cu,0}+\alpha_a \cdot \alpha_b \cdot f_b} \tag{4-4}$$

式中　α_a，α_b——回归系数，宜按下列规定确定：

（1）回归系数 α_a 和 α_b 应根据工程所使用的原材料，通过试验建立的水胶比与混凝土强度的关系式来确定。

（2）当不具备上述试验统计资料时，可按表 4-2 选用。

表 4-2　混凝土强度标准差

系数 \ 粗骨料品种	碎石	卵石
α_a	0.53	0.49
α_b	0.20	0.13

f_b——胶凝材料 28d 胶砂抗压强度（MPa），可实测，当胶凝材料 28d 胶砂抗压强度值（f_b）无实测值时，可按下式计算：

$$f_b=\gamma_f \gamma_s f_{ce} \tag{4-5}$$

式中　γ_f，γ_s——粉煤灰影响系数和粒化高炉矿渣粉影响系数，可按表 4-3 选用。

f_{ce}——水泥 28d 胶砂抗压强度（MPa），可实测，当无实测值时，可按下式计算：

$$f_{ce}=\gamma_c f_{ce,g} \tag{4-6}$$

式中　γ_c——水泥强度等级值的富余系数，可按实际统计资料确定；当缺乏实际统计资料时，可按表 4-4 选用；

$f_{ce,g}$——水泥强度等级值（MPa）。

表 4-3　粉煤灰影响系数（γ_f）和粒化高炉矿渣粉影响系数（γ_s）

掺量（%） \ 种类	粉煤灰影响系数（γ_f）	粒化高炉矿渣粉影响系数（γ_s）
0	1.00	1.00
10	0.85～0.95	1.00
20	0.75～0.85	0.95～1.00
30	0.65～0.75	0.90～1.00
40	0.55～0.65	0.80～0.90
50	—	0.70～0.85

注：1. 采用Ⅰ级、Ⅱ级粉煤灰宜取上限值；

2. 采用 S75 级粒化高炉矿渣粉宜取下限值，采用 S95 级粒化高炉矿渣粉宜取上限值，采用 S105 级粒化高炉矿渣粉可取上限值加 0.05；

3. 当超出表中的掺量时，粉煤灰和粒化高炉矿渣粉影响系数应经试验确定。

表 4-4 水泥强度等级值的富余系数（γ_c）

水泥强度等级值	32.5	42.5	52.5
富余系数	1.12	1.16	1.10

3. 确定单位用水量

（1）$1m^3$ 干硬性或塑性混凝土的用水量（m_{w0}）

单位用水量影响混凝土水胶比，进而影响胶凝材料用量。在水胶比和胶凝材料用量一定的条件下，用水量过大，会降低混凝土的耐久性。用水量少，则影响润滑性能；用水量多，则影响黏聚性，易泌水。大量的试验表明，当粗骨料和细骨料的种类和比例确定后，在一定的水胶比范围内（$W/B=0.4\sim0.8$），水泥混凝土的坍落度主要取决于单位体积用水量，而受其他因素的影响较小，这一规律称为固定加水量定则，它为水泥混凝土的配合比设计提供了极大的方便。混凝土的水胶比在 0.4～0.8 范围时，单位体积用水量选择可依据表 4-5 或表 4-6 选取。

表 4-5 干硬性混凝土的用水量（kg/m^3）

拌合物稠度		卵石最大粒径（mm）			碎石最大粒径（mm）		
项目	指标	10.0	20.0	40.0	16.0	20.0	40.0
维勃稠度（s）	16～20	175	160	145	180	170	155
	11～15	180	165	150	185	175	160
	5～10	185	170	155	190	180	165

表 4-6 塑性混凝土的用水量（kg/m^3）

拌合物稠度		卵石最大粒径（mm）			碎石最大粒径（mm）		
项目	指标	10	20	31.5	16	20	31.5
坍落度（mm）	10～30	190	170	160	200	185	175
	35～50	200	180	170	210	195	185
	55～70	210	190	180	220	205	195
	75～90	215	195	185	230	215	205
	90～110	220	200	190	235	220	210
	110～130	225	205	195	240	225	215
	130～150	230	210	200	245	230	220
	150～180	235	215	205	250	235	225

注：1. 本表用水量是采用中砂时的平均值。采用细砂时，$1m^3$ 混凝土用水量可增加 5～10kg；采用粗砂时，则可减少 5～10kg；

2. 掺用矿物掺合料和外加剂时，用水量相应调整；

3. 混凝土坍落度每增大 20mm，用水量增加 5kg。

（2）掺外加剂的流动性和大流动性混凝土单位体积用水量（m_{w0}）

掺外加剂时，$1m^3$ 流动性或大流动性混凝土的用水量（m_{w0}）可按下式计算：

$$m_{w0}=m'_{w0}\ (1-\beta) \tag{4-7}$$

式中 m_{w0}——计算配合比 $1m^3$ 混凝土的用水量（kg/m^3）；

m'_{w0}——未掺外加剂时推定的满足实际坍落度要求的 $1m^3$ 混凝土用水量(kg/m^3)。

以表 4-6 中 90mm 坍落度的用水量为基础，按每增大 20mm 坍落度相应增加 5kg/m^{3}用水量来计算，当坍落度增大到 180mm 以上时，随坍落度相应增加的用水量可减少。

β——外加剂的减水率（%），应经混凝土试验确定。

（3）1m^3 混凝土中外加剂用量

1m^3 混凝土中外加剂用量（m_{a0}）应按式（4-8）计算：

$$m_{a0}=m_{b0}\beta_a \tag{4-8}$$

式中 m_{a0}——1m^3 混凝土中外加剂用量（kg/m^3）；

m_{b0}——计算配合比 1m^3 混凝土中胶凝材料用量（kg/m^3）；

β_a——外加剂掺量（%），应经混凝土试验确定。

4. 确定 1m^3 混凝土胶凝材料用量

（1）1m^3 混凝土胶凝材料总量

1m^3 混凝土的用水量选定以后，即可根据计算出的水胶比用以下公式算出 1m^3 混凝土的胶凝材料用量。并进行试拌调整，在拌合物性能满足的情况下，取经济合理的胶凝材料用量。

$$m_{b0}=\frac{m_{w0}}{W/B} \tag{4-9}$$

式中 m_{b0}——计算配合比 1m^3 混凝土中胶凝材料用量（kg/m^3）；

m_{w0}——计算配合比 1m^3 混凝土的用水量（kg/m^3）；

W/B——混凝土水胶比。

除配制 C15 及其以下强度等级的混凝土外，混凝土的最小胶凝材料用量应符合表 4-7的规定。

表 4-7 混凝土的最小胶凝材料用量

最大水胶比	最小胶凝材料用量（kg/m^3）		
	素混凝土	钢筋混凝土	预应力混凝土
0.60	250	280	300
0.55	280	300	300
0.50	320		
≤0.45	330		

（2）1m^3 混凝土矿物掺合料用量

1m^3 混凝土的矿物掺合料用量（m_{f0}）应按下式计算：

$$m_{f0}=m_{b0}\beta_f \tag{4-10}$$

式中 m_{f0}——计算配合比 1m^3 混凝土中矿物掺合料用量（kg/m^3）；

β_f——矿物掺合料掺量（%）。

矿物掺合料在混凝土中的掺量应通过试验确定，采用硅酸盐水泥或普通硅酸盐水泥时，钢筋混凝土中矿物掺合料最大掺量应符合表 4-8 的规定，预应力混凝土中矿物掺合料最大掺量宜符合表 4-9 的规定。对基础大体积混凝土，粉煤灰、粒化高炉矿渣粉和复合掺合料的最大掺量可增加 5%。采用掺量大于 30%的 C 类粉煤灰的混凝土应以实际使用的水泥和粉煤灰掺量进行安定性检验。

表 4-8 钢筋混凝土中矿物掺合料最大掺量

矿物掺合料种类	水胶比	最大掺量（%）	
		采用硅酸盐水泥时	采用普通硅酸盐水泥时
粉煤灰	≤0.40	45	35
	>0.40	40	30
粒化高炉矿渣粉	≤0.40	65	55
	>0.40	55	45
钢渣粉	—	30	20
磷渣粉	—	30	20
硅灰	—	10	10
复合掺合料	≤0.40	65	55
	>0.40	55	45

注：1. 采用其他通用硅酸盐水泥时，宜将水泥混合材掺量 20%以上的混合材量计入矿物掺合料；
2. 复合掺合料各组分的掺量不宜超过单掺时的最大掺量；
3. 在混合使用两种或两种以上矿物掺合料时，矿物掺合料总掺量应符合表中复合掺合料的规定。

表 4-9 预应力混凝土中矿物掺合料最大掺量

矿物掺合料种类	水胶比	最大掺量（%）	
		采用硅酸盐水泥时	采用普通硅酸盐水泥时
粉煤灰	≤0.40	35	30
	>0.40	25	20
粒化高炉矿渣粉	≤0.40	55	45
	>0.40	45	35
钢渣粉	—	20	10
磷渣粉	—	20	10
硅灰	—	10	10
复合掺合料	≤0.40	55	45
	>0.40	45	35

注：1. 采用其他通用硅酸盐水泥时，宜将水泥混合材掺量 20%以上的混合材量计入矿物掺合料；
2. 复合掺合料各组分的掺量不宜超过单掺时的最大掺量；
3. 在混合使用两种或两种以上矿物掺合料时，矿物掺合料总掺量应符合表中复合掺合料的规定。

（3）$1m^3$ 混凝土的水泥用量（m_{c0}）应按下式计算：

$$m_{c0}=m_{b0}-m_{f0} \quad (4\text{-}11)$$

式中 m_{c0}——计算配合比 $1m^3$ 混凝土中水泥用量（kg/m^3）。

5. *确定砂率*

混凝土中砂率大小的变动会使骨料的空隙率和总表面积产生显著变化，从而对混凝土拌合料的和易性有显著影响。砂率过大时，骨料的空隙率和总表面积都会增大，在水泥浆含量不变的情况下，水泥浆相对显得少了，减弱水泥浆的润滑作用，而使混凝土拌合物的流动性减少。如砂率过小，又不能保证在粗骨料之间有足够的砂浆层，也会降低混凝土拌合物的流动性，并会影响混凝土的黏聚性和保水性，容易产生离析、流浆现象。因此，砂率应当选择一个合理的数值，使其在用水量和水泥用量一定的情况下，能使混凝土拌合物获得最大的流动性，并且能够保持良好的黏聚性和保水性。

砂率（β_s）应根据骨料的技术指标、混凝土拌合物性能和施工要求，参考既有历史资料确定。当缺乏砂率的历史资料时，混凝土砂率的确定应符合下列规定：

（1）坍落度小于 10mm 的混凝土，其砂率应经试验确定。

（2）坍落度为 10～60mm 的混凝土砂率，可根据粗骨料品种、最大公称粒径及水胶比按表 4-10 选取。

（3）坍落度大于 60mm 的混凝土砂率，可经试验确定，也可在表 4-10 的基础上，按坍落度每增大 20mm，砂率增大 1%的幅度予以调整。

表 4-10　混凝土的砂率（%）

水胶比	卵石最大粒径（mm）			碎石最大粒径（mm）		
	10.0	20.0	40.0	16.0	20.0	40.0
0.40	26～32	25～31	24～30	30～35	29～34	27～32
0.50	30～35	29～34	28～33	33～38	32～37	30～35
0.60	33～38	32～37	31～36	36～41	35～40	33～38
0.70	36～41	35～40	34～39	39～44	38～43	36～41

注：1. 本表数值是中砂的选用砂率，对细砂或粗砂，可相应地减少或增大砂率；

2. 采用人工砂配制混凝土时，砂率可适当增大；

3. 只用一个单粒级粗骨料配制混凝土时，砂率应适当增大。

6. 计算粗、细集料用量

在已知砂率的情况下，粗、细骨料的用量计算有两种方法：质量法和体积法。

（1）质量法（假定表观密度法）

质量法计算配合比的依据是假定混凝土的总质量等于所投放材料的总质量，其表达式为：

$$m_{f0}+m_{c0}+m_{g0}+m_{s0}+m_{w0}=m_{cp} \tag{4-12}$$

$$\beta_s=\frac{m_{s0}}{m_{g0}+m_{s0}}\times 100\% \tag{4-13}$$

解联立方程即可求出 m_{g0}、m_{s0}。

式中　m_{f0}、m_{c0}、m_{g0}、m_{s0}、m_{w0}——1m^3 混凝土的矿物掺合料、水泥、粗骨料、细骨料、水用量（kg/m^3）；

β_s——砂率（%）；

m_{cp}——1m^3 混凝土拌合物的假定质量，其值可取 2350～2450kg/m^3。

（2）体积法（绝对体积法）

体积法是假定混凝土拌合物的体积等于可组成材料绝对体积和混凝土拌合物中所含空气体积的总和，采用体积法计算混凝土配合比时，砂率应按式（4-13）计算，粗、细骨料用量应按式（4-14）计算：

$$\frac{m_{f0}}{\rho_f}+\frac{m_{c0}}{\rho_c}+\frac{m_{g0}}{\rho_g}+\frac{m_{s0}}{\rho_s}+\frac{m_{w0}}{\rho_w}+0.01\alpha=1 \tag{4-14}$$

式中 ρ_f、ρ_c、ρ_g、ρ_s、ρ_w——矿物掺合料、水泥、粗骨料、细骨料、水的表观密度（kg/m^3）；

α——混凝土的含气量百分数，在不使用引气型外加剂时，α 可取 1。

通过上述步骤可将水、水泥、矿物掺合料、砂和石子用量全部求出，得到初步配合比。

7. 混凝土配合比的试配、调整与确定

（1）试配

混凝土配合比设计计算完成后，应进行试配，通过试配，检验计算的配合比是否与设计的要求相符。如试配结果不符合设计要求时，应予以调整，定出满足设计和施工要求并比较经济合理的混凝土配合比。

试配的要求是使用的材料应与工程中实际使用的材料相同。由于进行配合比设计的计算公式都是以干燥状态的砂、石为基准的。因此，试配时所用的砂、石都要取干燥状态称量。如不用干料配制，称料时应在用水量中扣除砂、石中的含水量值，砂、石称量也应相应增加。使用的混凝土搅拌设备与搅拌工艺，应尽量与生产时的条件相同。试配时，每盘混凝土的最小搅拌量应符合表 4-11 的规定。

表 4-11 混凝土试配的最小搅拌量

骨料最大粒径（mm）	拌合物数量（L）
31.5 及以下	20
40	25

采用机械搅拌时，拌合量不小于搅拌机额定搅拌量的 1/4。如需进行抗冻、抗渗或其他项目的试验，则应根据试验项目的实际需要计算用量。

（2）调整

按计算的配合比进行试配时，首先应进行试拌，以检查拌合物的性能。试配的结果如与设计要求有差别时，应对计算的混凝土配合比进行调整。

1）和易性不符的调整

如试拌得出的混凝土拌合物坍落度或维勃稠度不能满足要求，或黏聚性和保水性能不好时，应在保证水灰比不变的前提下进行调整。

① 若混凝土较稀引起坍落度过大，则保持水胶比不变，减少水和胶凝材料。

② 若混凝土较稠引起坍落度过小，则保持水胶比不变，增加水和胶凝材料。

③ 若砂浆过多引起坍落度过大，则降低砂率。

④ 若砂浆不足以包裹石子，引起离析，则加大砂率。

⑤ 若泌水性大，有可能降低混凝土强度，则减少水量，但不减少胶凝材料。

调整时，增减材料用量或砂率，每次幅度以 1%～2%为宜，直至符合要求为止。然后提供混凝土强度试验用的基准配合比。

2）强度不符的调整

混凝土强度试验时，至少应采用三个不同的配合比。一个按基准配合比，另两个配合比的水胶比值分别比基准配合比增加或减少 0.05，其用水量与基准配合比相同，砂率可分别增加和减少 1%。

进行混凝土强度试验时，每种配合比至少应制作一组（三块）试块，分别检测其坍落度或维勃稠度、黏聚性、保水性后，标准养护 28d 试压。有条件时，可以每种配合比多制作几组试块，供快速检验或较早龄期试压，以便提前定出混凝土配合比供施工使用。但应以标准养护 28d 的检验强度为准，调整配合比。

混凝土强度通过试验校核，如三组试件中有符合设计要求，则选用符合设计要求的一组配合比。如强度不能满足设计要求，则降低水胶比再进行试配，对于坍落度已符合要求的，则用水量不变，增加水泥用量。如强度超过设计要求过高，则提高水胶比后再进行试配，对于坍落度已符合要求的，则用水量不变，减少水泥用量。调整水胶比的幅度应在 0.01～0.03，砂率也可以降低或提高 1%～2%。通过试配调整，即可得到能满足强度要求的混凝土配合比。

（3）设计配合比的确定

1）配合比调整的原则

① 根据混凝土强度试验结果，宜绘制强度和胶水比的线性关系图或插值法确定略大于配制强度对应的胶水比；

② 在试拌配合比的基础上，用水量（m_w）和外加剂用量（m_a）应根据确定的水胶比做调整；

③ 胶凝材料用量（m_b）应以用水量乘以确定的胶水比计算得出；

④ 粗骨料和细骨料用量（m_g 和 m_s）应根据用水量和胶凝材料用量进行调整。

2）混凝土拌合物表观密度和配合比校正系数的确定

混凝土拌合物表观密度和配合比校正系数的计算应符合下列规定：

① 配合比调整后的混凝土拌合物的表观密度应按下式计算：

$$\rho_{cc}=m_c+m_f+m_g+m_s+m_w \tag{4-15}$$

式中 ρ_{cc}——混凝土拌合物的表观密度计算值（kg/m^3）；

m_c——$1m^3$ 混凝土的水泥用量（kg/m^3）；

m_f——$1m^3$ 混凝土的矿物掺合料用量（kg/m^3）；

m_g——$1m^3$ 混凝土的粗骨料用量（kg/m^3）；

m_s——$1m^3$ 混凝土的细骨料用量（kg/m^3）；

m_w——$1m^3$ 混凝土的用水量（kg/m^3）。

② 混凝土配合比校正系数应按下式计算：

$$\delta=\frac{\rho_{ct}}{\rho_{cc}} \tag{4-16}$$

式中 δ——混凝土配合比校正系数；

ρ_{ct}——混凝土拌合物的表观密度实测值（kg/m^3）；

ρ_{cc}——混凝土拌合物的表观密度计算值（kg/m^3）。

3）混凝土拌合物设计配合比的确定

当混凝土拌合物表观密度实测值与计算值之差的绝对值不超过计算值的 2%时，按以上定出的配合比可维持不变，即为确定的设计配合比；当两者之差超过 2%时，应将配合比中每项材料用量均乘以校正系数 δ，即为混凝土的设计配合比。

4）混凝土拌合物水溶性氯离子的测定

配合比调整后，应测定拌合物水溶性氯离子含量，试验结果应符合表 4-12 的要求。混凝土拌合物中水溶性氯离子含量应按照行业标准《水运工程混凝土试验检测技术规范》(JTS/T 236—2019) 中混凝土拌合物中氯离子含量的快速测定方法进行测定。《预拌混凝土》(GB/T 14902—2012) 中提出，混凝土拌合物中水溶性氯离子最大含量实测值应符合表 4-12 的规定。

表 4-12 混凝土拌合物中水溶性氯离子最大含量

环境条件	水溶性氯离子最大含量（水泥用量的质量百分比，%）		
	钢筋混凝土	预应力混凝土	素混凝土
干燥环境	0.30	0.06	1.00
潮湿但不含氯离子的环境	0.20		
潮湿而含有氯离子的环境、盐渍土环境	0.10		
除冰盐等侵蚀性物质的腐蚀环境	0.06		

5）混凝土配合比的重新设计

生产单位可根据常用材料设计出常用的混凝土配合比备用，并应在启用过程中予以验证或调整。遇有下列情况之一时，应重新进行配合比设计。

① 对混凝土性能有特殊要求时。

② 水泥、外加剂或矿物掺合料等原材料品种、质量有显著变化时。

（4）施工配合比的确定

通过混凝土配合比设计计算和试配调整后所得的基准配合比，一般还不能直接用于实际施工。因为配合比设计是以采用干燥状态的砂、石为基准进行计算的，实际用砂、石材料都含有一定水分。因此，混凝土搅拌前，就必须根据砂、石的含水率将基准配合比换算为符合现场实际情况的施工配合比，供搅拌配料时应用。

设砂的含水率为 $a\%$，石子的含水率为 $b\%$，施工配合比为：

水泥：$m'_c=m_c$（kg）

掺合料：$m'_f=m_f$（kg）

砂子：$m'_s=m_s(1+a\%)$（kg） (4-17)

石子：$m'_g=m_g(1+b\%)$（kg） (4-18)

水：$m'_w=m_w-(m_s\cdot a\%+m_g\cdot b\%)$（kg） (4-19)

【例 4-1】 某现浇钢筋混凝土梁，混凝土设计强度等级为 C30。施工要求坍落度为 35～50mm，使用环境为无冻害的室外。施工单位无该种混凝土的历史统计资料，该混凝土采用统计法评定。所用的原材料情况如下：

水泥：42.5 级普通硅酸盐水泥，实测 28d 抗压强度为 46.0MPa，密度 $\rho_c=3100\text{kg/m}^3$；

粉煤灰：Ⅰ级 C 类，密度 $\rho_f=2500\text{kg/m}^3$，掺量为 20%；

砂：级配合格，细度模数为 2.7 的中砂，表观密度 $\rho_s = 2650\text{kg/m}^3$；

石子：5～20mm 的碎石，表观密度 $\rho_g = 2720\text{kg/m}^3$。

试求：（1）该混凝土的设计配合比；（2）施工现场砂的含水率为 3%，碎石的含水率 1%时的施工配合比。

解：（1）混凝土初步配合比的确定

1）配制强度（$f_{cu,0}$）的确定

$$f_{cu,0} = f_{cu,k} + 1.645\sigma$$

查表 4-1，当混凝土强度等级为 C30 时，取 $\sigma = 5.0\text{MPa}$，得：

$$f_{cu,0} = f_{cu,k} + 1.645\sigma = 30 + 1.645 \times 5.0 = 38.2\text{MPa}$$

2）计算水胶比（W/B）。

胶凝材料无 28d 胶砂强度实测值，故应用公式 $f_b = \gamma_f \gamma_s f_{ce}$ 计算 f_b，查表 4-3，$\gamma_f = 0.80$，取 $\gamma_s = 1.00$，查表 4-2，$\alpha_a = 0.53$，$\alpha_b = 0.20$，$f_{ce} = 46.0\text{MPa}$，则

$$f_b = \gamma_f \gamma_s f_{ce} = 0.80 \times 1.00 \times 46.00 = 36.8\text{MPa}$$

$$\frac{W}{B} = \frac{\alpha_a \cdot f_b}{f_{cu,0} + \alpha_a \cdot \alpha_b \cdot f_b} = \frac{0.53 \times 36.8}{38.2 + 0.53 \times 0.20 \times 36.8} = 0.46$$

3）确定单位用水量（m_{w0}）。

根据混凝土坍落度为 35～50mm，砂为中砂，石子为 5～20mm 的碎石，查表 4-6 可选取单位用水量 $m_{w0} = 195\text{kg}$。

4）计算胶凝材料用量（m_{b0}）

$$m_{b0} = \frac{m_{w0}}{W/B} = \frac{195}{0.46} = 424\text{kg}$$

矿物掺合料粉煤灰用量（m_{f0}）

$$m_{f0} = m_{b0}\beta_f = 424 \times 20\% = 85\text{kg}$$

水泥用量（m_{c0}）

$$m_{c0} = m_{b0} - m_{f0} = 424 - 85 = 339\text{kg}$$

查表 4-7，得最小胶凝材料用量为 320～330kg，取胶凝材料用量为 424kg，符合要求。

5）选取确定砂率（β_s）

查表 4-10，$W/B = 0.46$ 和碎石最大粒径为 20mm 时，可取 $\beta_s = 33\%$。

6）计算粗、细骨料用量（m_{g0}，m_{s0}）

① 质量法

假定：1m^3 新拌混凝土的质量为 2400kg。则有：

$$\begin{cases} 85 + 339 + m_{g0} + m_{s0} + 195 = 2400 \\ \dfrac{m_{s0}}{m_{g0} + m_{s0}} \times 100\% = 33\% \end{cases}$$

解联立方程组得：$m_{s0} = 588\text{kg}$，$m_{g0} = 1193\text{kg}$

因此，该混凝土的初步配合比为：

1m^3 混凝土的各材料用量：水泥 339kg、粉煤灰 85kg、水 195kg、砂 588kg、碎石 1193kg。

各材料之间的比例：$m_{b0} : m_{w0} : m_{s0} : m_{g0} = 1 : 0.46 : 1.39 : 2.81$

② 体积法

取新拌混凝土的含气量 $\alpha=1$ 有：

$$\begin{cases}\dfrac{85}{2500}+\dfrac{339}{3100}+\dfrac{m_{g0}}{2720}+\dfrac{m_{s0}}{2650}+\dfrac{195}{1000}+0.01\times1=1\\ \dfrac{m_{s0}}{m_{g0}+m_{s0}}\times100\%=33\%\end{cases}$$

解联立方程组得：$m_{s0}=580\text{kg}$，$m_{g0}=1178\text{kg}$

因此，该混凝土的初步配合比为：

1m³混凝土的各材料用量：胶凝材料 424kg（水泥 339kg，粉煤灰 85kg）、水 195kg、砂 580kg、碎石 1178kg。

各材料之间的比例：$m_{b0}:m_{w0}:m_{s0}:m_{g0}=1:0.46:1.37:2.78$

（2）配合比的试配、调整与确定（以体积法计算配合比为例）

1）配合比的试配

查表 4-11，计算配合比试拌 20L 混凝土，各材料用量为

水泥：0.020（m³）×339（kg/m³）=6.78（kg）

粉煤灰：0.020（m³）×85（kg/m³）=1.7（kg）

水：0.020（m³）×195（kg/m³）=3.9（kg）

砂：0.020（m³）×580（kg/m³）=11.60（kg）

碎石：0.020（m³）×1186（kg/m³）=23.56（kg）

拌和均匀后，测得坍落度低于施工要求的坍落度（35～50mm），胶凝材料和水增加 5%，测得坍落度符合要求，新拌混凝土的黏聚性和保水性良好。经调整后各项材料用量为胶凝材料 8.91kg（水泥 7.12kg，粉煤灰 1.79kg）、水 4.10kg、砂 11.29kg、碎石 22.92kg，其总量为 48.21kg。因此，试拌配合比为 $m_{b1}:m_{w1}:m_{s1}:m_{g1}=8.91:4.10:11.29:22.92=1:0.46:1.27:2.57$。

以试拌配合比为基础，采用水胶比为 0.41、0.46 和 0.51 三个不同的配合比，用水量应与试拌配合比相同，砂率可分别增加和减少 1%。经检验，三组配合比均满足和易性需求，按照上述三组配合比分别将混凝土制成标准试件，养护 28d 测其抗压强度。

2）设计配合比的调整与确定

通过对三种不同水胶比混凝土的配合比、实测坍落度、表观密度和 28d 强度的检测，绘制强度和胶水比的线性关系图确定略大于配制强度对应的水胶比，推算混凝土水胶比为 0.48，砂率保持不变，用水量为 205kg，胶凝材料用量为 427kg（水泥 342kg，粉煤灰 85kg）、砂为 570kg、碎石为 1157kg。由以上定出的配合比，还需根据混凝土的实测表观密度 ρ_{ct} 和计算表观密度 ρ_{cc} 进行校正。按式（4-16）计算校正系数 δ，当 δ 小于 2%时，混凝土的配合比不需要再做调整。

1m³混凝土的各材料用量按以上的配合比，各材料之间的比例为：$m_{b1}:m_{w1}:m_{s1}:m_{g1}=427:205:570:1157=1:0.48:1.33:2.71$。

（3）现场施工配合比

$$m'_b=m_b=427\text{kg}$$

$$m'_s=m_s\cdot(1+a\%)=570\times(1+3\%)=587\text{kg}$$

$$m'_g=m_g\cdot(1+b\%)=1157\times(1+1\%)=1169\text{kg}$$

$$m'_w=m_w-(m_s\cdot a\%+m_g\cdot b\%)=205-(570\times3\%+1157\times1\%)=176\text{kg}$$

【例 4-2】掺外加剂普通水泥混凝土的配合比设计。

按【例 4-1】资料，掺加高效减水剂 UNF-5，掺加量 0.5%。减水率 $\beta=10\%$。设计该混凝土配合比。

解：

1）确定试配强度和水灰比

由前述计算得：试配强度 $f_{cu,0}=38.2$MPa，水胶比 $W/B=0.46$。

2）计算掺减水剂混凝土的单位用水量

$$m_{w掺}=m_w(1-\beta)=195\times(1-10\%)=175.5\text{kg}$$

3）计算掺减水剂混凝土的胶凝材料用量

$$m_{b掺}=\frac{175.5}{0.46}=381.5\text{kg}$$

查表 4-7，得最小胶凝材料用量为 250～330kg，故取胶凝材料用量 382kg。

粉煤灰用量：$m_{f掺}=m_{b掺}\times20\%=381.5\times20\%=76.3$kg

水泥用量：$m_{c掺}=m_{b掺}-m_{f掺}=381.5-76.3=305.2$kg

4）计算单位粗、细集料用量

砂率同前，$\beta_s=33\%$

按质量法计算得 $m_{s掺}=608.2$kg，$m_{g掺}=1234.8$kg

5）减水剂用量

$$m_a=381.5\times0.5\%=1.9\text{kg}$$

6）掺减水剂混凝土配合比

$m_{b掺}:m_{w掺}:m_{s掺}:m_{g掺}=381.5:175.5:608.2:1234.8=1:0.46:1.59:3.24$

7）试拌调整

4.1.2 抗渗混凝土配合比设计

抗渗混凝土是指抗渗等级等于或大于 P6 级的混凝土。抗渗混凝土通过提高混凝土的密实度，改善孔隙结构，从而减少渗透通道，提高抗渗性。抗渗混凝土以其所用的材料分类，分为普通抗渗混凝土、外加剂抗渗混凝土、膨胀水泥抗渗混凝土等。这里主要介绍普通抗渗混凝土。

抗渗混凝土配合比设计与普通混凝土配合比设计有两个较大的不同：

（1）普通混凝土合比设计的主要指标是稠度和强度，抗渗混凝土还要考虑抗渗指标；

（2）抗渗混凝土要考虑砂浆体积应稍有富余，即其体积应稍大于石子的孔隙率。

1. 抗渗混凝土的原材料

抗渗混凝土的原材料应符合下列规定：

（1）水泥宜采用普通硅酸盐水泥；

（2）粗骨料宜采用连续级配，其最大公称粒径不宜大于 40mm，含泥量不得大于 1.0%，泥块含量不得大于 0.5%；

(3) 细骨料宜采用中砂，含泥量不得大于3.0%，泥块含量不得大于1.0%；

(4) 抗渗混凝土宜掺用外加剂和矿物掺合料，粉煤灰等级应为Ⅰ级或Ⅱ级。

2. 抗渗混凝土的配合比

抗渗混凝土的配合比应符合下列规定：

(1) 最大水胶比应符合表4-13的规定；

表4-13 抗渗混凝土最大水胶比

设计抗渗等级	最大水胶比	
	C20～C30	30以上
P6	0.60	0.55
P8～P12	0.55	0.50
>P12	0.50	0.45

(2) $1m^3$ 混凝土中的胶凝材料用量不宜小于320kg；

(3) 砂率宜为35%～45%。

3. 抗渗混凝土配合比设计中混凝土抗渗技术的要求

抗渗混凝土配合比设计中混凝土抗渗技术的要求应符合下列规定：

(1) 配制抗渗混凝土要求的抗渗水压值应比设计值提高0.2MPa；

(2) 抗渗试验结果应满足下式要求：

$$P_t \geqslant \frac{P}{10} + 0.2 \tag{4-20}$$

式中 P_t——6个试件中不少于4个未出现渗水时的最大水压值；

P——设计要求的抗渗等级值。

(3) 抗渗等级试验试件尺寸按试验设备而定，通常为两种，圆柱形试件，直径与高度均为150mm；圆台形试件，台面直径175mm，底面直径185mm，高度150mm。

(4) 掺用引气剂或引气型外加剂的抗渗混凝土，应进行含气量试验，含气量宜控制在3.0%～5.0%。

4.1.3 抗冻混凝土配合比设计

抗冻混凝土是指抗冻等级不低于F50的混凝土。抗冻混凝土不同于冬期施工混凝土，抗冻混凝土是指投入使用后能抵抗一定的冻害，冬期施工混凝土是指在施工时能抵抗一定的低温而继续发展其强度。抗冻混凝土有在冬期施工的，也有不在冬期施工的。

1. 抗冻混凝土的原材料

抗冻混凝土的原材料应符合下列规定：

(1) 水泥应采用硅酸盐水泥或普通硅酸盐水泥；

(2) 粗骨料宜选用连续级配，其含泥量不得大于1.0%，泥块含量不得大于0.5%；

(3) 细骨料含泥量不得大于3.0%，泥块含量不得大于1.0%；

(4) 粗、细骨料均应进行坚固性试验，并应符合行业标准《普通混凝土用砂、石质量及检验方法标准（附条文说明）》(JGJ 52—2006) 的规定；

(5) 抗冻等级不小于F100的抗冻混凝土宜掺用引气剂；

（6）在钢筋混凝土和预应力混凝土中不得掺用含有氯盐的防冻剂，在预应力混凝土中不得掺用含有亚硝酸盐或碳酸盐的防冻剂。

2. 抗冻混凝土的配合比

抗冻混凝土配合比应符合下列规定：

（1）最大水胶比和最小胶凝材料用量应符合表 4-14 的规定；

（2）复合矿物掺合料掺量宜符合表 4-15 的规定；其他矿物掺合料掺量宜符合表 4-8 的规定；

（3）长期处于潮湿或水位变动的寒冷和严寒环境以及盐冻环境的混凝土应掺用引气剂。引气剂掺量应根据混凝土含气量要求经试验确定，掺用引气剂的混凝土最小含气量应符合表 4-16 的规定，最大不宜超过 7.0%。

表 4-14　抗冻混凝土的最大水胶比和最小胶凝材料用量

设计抗冻等级	最大水胶比		最小胶凝材料用量（kg/m³）
	无引气剂时	掺引气剂时	
F50	0.55	0.60	300
F100	0.50	0.55	320
不低于 F150	—	0.50	350

表 4-15　抗冻混凝土的复合矿物掺合料最大量

水胶比	最大掺量（%）	
	采用硅酸盐水泥时	采用普通硅酸盐水泥时
≤0.40	60	50
>0.40	50	40

注：1. 采用其他通用硅酸盐水泥时，可将水泥混合材掺量 20%以上的混合材量计入矿物掺合料；
2. 复合矿物掺合料中各矿物掺合料组分的掺量不宜超过表 4-8 中单掺时的限量。

表 4-16　抗冻混凝土最小含气量

粗骨料最大公称粒径（mm）	混凝土最小含气量（%）	
	潮湿或水位变动的寒冷和严寒环境	盐冻环境
40.0	4.5	5.0
25.0	5.0	5.5
20.0	5.5	6.0

注：含气量为气体占混凝土体积的百分比。

（4）除按混凝土配合比设计进行稠度、强度、表观密度检测试配外，还应进行抗冻性能试验。抗冻性能试验主要是冻融循环次数和含气量的检测。抗冻性能试验方法分慢冻法和快冻法，我国建筑工程采用慢冻法，水工、港工大多采用快冻法。

4.1.4　高强混凝土配合比设计

高强混凝土是指强度等级不低于 C60 的混凝土。高强混凝土以其抗压强度高、抗变形能力强、密度大、孔隙率低的优越性，在高层建筑结构、大跨度桥梁结构以及某些特种结构中得到广泛的应用。高强混凝土最大的特点是抗压强度高，一般为普通强度混凝土的4～6倍，故可减小构件的截面，因此最适宜用于高层建筑。试验表明，在一定的轴压比和合适的配箍率情况下，高强混凝土框架柱具有较好的抗震性能。而且柱截面尺寸减小，减轻自重，避免短柱，对结构抗震也有利，而且提高了经济效益。高强混凝土材料为预应力技术提供了有利条件，可采用高强度钢材和人为控制应力，从而大大地提高了受弯构件的抗弯刚度和抗裂度。因此，世界范围内越来越多地采用施加预应力的高强混凝土结构，应用于大跨度房屋和桥梁中。此外，利用高强混凝土密度大的特点，可用作建造承受冲击和爆炸荷载的建（构）筑物，如原子能反应堆基础等。利用高强混凝土抗渗性能强和抗腐蚀性能强的特点，建造具有高抗渗和高抗腐要求的工业用水池等。

1. 高强混凝土的原材料

高强混凝土的原材料应符合下列规定：

(1) 水泥应选用硅酸盐水泥或普通硅酸盐水泥；

(2) 粗骨料宜采用连续级配，其最大公称粒径不宜大于25.0mm，针片状颗粒含量不宜大于5.0%，含泥量不应大于0.5%，泥块含量不应大于0.2%；

(3) 细骨料的细度模数宜为2.6～3.0，含泥量不应大于2.0%，泥块含量不应大于0.5%；

(4) 宜采用减水率不小于25%的高性能减水剂；

(5) 宜复合掺用粒化高炉矿渣粉、粉煤灰和硅灰等矿物掺合料；粉煤灰等级不应低于Ⅱ级；对强度等级不低于C80的高强混凝土宜掺用硅灰。

2. 高强混凝土的配合比

高强混凝土的配合比应经试验确定，在缺乏试验依据的情况下，配合比设计宜符合下列规定：

(1) 高强混凝土的水胶比、胶凝材料用量和砂率可按表4-17选取，并应经试配确定；

表4-17 高强混凝土的水胶比、胶凝材料用量和砂率

强度等级	水胶比	胶凝材料用量（kg/m³）	砂率（%）
≥C60，<C80	0.28～0.34	480～560	35～42
≥C80，<C100	0.26～0.28	C520～580	
C100	0.24～0.26	550～600	

(2) 外加剂和矿物掺合料的品种、掺量，应通过试配确定；矿物掺合料掺量宜为25%～40%；硅灰掺量不宜大于10%；

(3) 水泥用量不宜大于500kg/m³；

(4) 高强混凝土在试配过程中，应采用三个不同的配合比进行混凝土强度试验，其中一个可为依据表4-17计算后调整拌合物的试拌配合比，另外两个配合比的水胶比，宜较试拌配合比的水胶比分别增加和减少0.02；

(5) 高强混凝土设计配合比确定后，尚应采用该配合比进行不少于三盘混凝土的重复试验，每盘混凝土应至少成型一组试件，每组混凝土的抗压强度不应低于配制强度；

(6) 高强混凝土抗压强度测定宜采用标准尺寸试件，使用非标准尺寸试件时，尺寸折算系数应经试验确定。

4.1.5 泵送混凝土配合比设计

泵送混凝土是指可在施工现场通过压力泵及输送管道进行浇筑的混凝土。要求其流动性要好，骨料粒径一般不大于管径的1/4，需加入防止混凝土拌合物在泵送管道中离析和堵塞的泵送剂，以及使混凝土拌合物能在泵压下顺利通行的外加剂，减水剂、塑化剂、加气剂以及增稠剂等均可用作泵送剂。加入适量的混合材料（如粉煤灰等），可避免混凝土施工中拌合料分层离析、泌水和堵塞输送管道。

1. 泵送混凝土的原材料

泵送混凝土所采用的原材料应符合下列规定：

(1) 水泥宜选用硅酸盐水泥、普通硅酸盐水泥、矿渣硅酸盐水泥和粉煤灰硅酸盐水泥；

(2) 粗骨料宜采用连续级配，其针片状颗粒含量不宜大于10%；粗骨料的最大公称粒径与输送管径之比宜符合4-18的规定；

表4-18 粗骨料的最大公称粒径与输送管径之比

粗骨料品种	泵送高度（m）	粗骨料最大公称粒径与输送管径之比
碎石	<50	≤1∶3.0
	50～100	≤1∶4.0
	>100	≤1∶5.0
卵石	<50	≤1∶2.5
	50～100	≤1∶3.0
	>100	≤1∶4.0

(3) 细骨料宜采用中砂，其通过直径为0.315mm筛孔的颗粒含量不宜少于15%；

(4) 泵送混凝土应掺用泵送剂或减水剂，并宜掺用矿物掺合料。

2. 泵送混凝土的配合比

泵送混凝土的配合比应符合下列规定：

(1) 胶凝材料用量不宜小于300kg/m^3；

(2) 砂率宜为35%～45%；

(3) 泵送混凝土试配时应考虑坍落度经时损失。

4.1.6 大体积混凝土配合比设计

我国《大体积混凝土施工标准》(GB 50496—2018) 中规定：混凝土结构物实体最小几何尺寸不小于1m的大体量混凝土，或预计会因混凝土中胶凝材料水化引起的温度变化和收缩而导致有害裂缝产生的混凝土，称为大体积混凝土。

现代建筑中时常涉及大体积混凝土施工，如高层楼房基础、大型设备基础、水利大坝等。它主要的特点就是体积大，水泥水化热释放比较集中，内部升温比较快。混凝土内外温差较大时，会使混凝土产生温度裂缝，影响结构安全和正常使用。

1. 大体积混凝土的原材料

大体积混凝土所用的原材料应符合下列规定：

（1）水泥宜采用中、低热硅酸盐水泥或低热矿渣硅酸盐水泥，水泥的3d和7d水化热应符合国家标准《中热硅酸盐水泥、低热硅酸盐水泥》（GB 200—2017）的规定。当采用硅酸盐水泥或普通硅酸盐水泥时，应掺加矿物掺合料，胶凝材料的3d和7d水化热分别不宜大于240kJ/kg和270kJ/kg。

（2）粗骨料宜为连续级配，最大公称粒径不宜小于31.5mm，含泥量不应大于1.0%。

（3）细骨料宜采用中砂，含泥量不应大于3.0%。

（4）宜掺用矿物掺合料和缓凝型减水剂。

2. 大体积混凝土的配合比

《大体积混凝土施工标准》（GB 50496—2018）中规定，大体积混凝土配合比设计，除应符合行业标准《普通混凝土配合比设计规程》（JGJ 55—2011）的有关规定外，尚应符合下列规定：

（1）当采用混凝土60d或90d强度验收指标时，应将其作为混凝土配合比的设计依据；

（2）水胶比不宜大于0.45，拌合水用量不宜大于170kg/m^3，混凝土拌合物的坍落度不宜大于180mm；

（3）在保证混凝土性能要求的前提下，宜提高1m^{3}混凝土中的粗骨料用量；砂率宜为38%～45%；

（4）粉煤灰掺量不宜大于胶凝材料用量的50%，矿渣粉掺量不宜大于胶凝材料用量的40%，粉煤灰和矿渣粉掺量总和不宜大于胶凝材料用量的50%；

（5）混凝土制备前，宜进行绝热温升、泌水率、可泵性等对大体积混凝土裂缝控制有影响的技术参数的试验，在配合比试配和调整时，控制混凝土绝热温升不宜大于50℃，必要时配合比设计应通过试泵送验证；

（6）在确定混凝土配合比时，应根据混凝土绝热温升、温控施工方案的要求，提出混凝土制备时的粗细骨料的拌和用水及入模温度控制的技术措施；

（7）大体积混凝土配合比应满足施工对混凝土凝结时间的要求。

4.2 通用混凝土生产

商品混凝土搅拌站生产工艺

通用混凝土生产是混凝土配合比设计的实现，主要由原料的输送、原料的储存、称量配料、混凝土搅拌、混凝土拌合物的运输几部分组成。混凝土搅拌站按混凝土配合比计量各种原材料，并将各种原材料投入搅拌机内，通过搅拌机搅拌，制备出新拌混凝土，由混凝土运输车输送到施工地点，并经过不同的输送设备输送到浇筑点。

4.2.1 通用混凝土拌合物生产工艺

混凝土搅拌站工艺布置形式按混凝土原材料提升的次数不同分为单阶式和双阶式。所谓单阶式混凝土搅拌站，即将砂、石、水泥等骨料一次就提升到最高层的储料斗，进行精确的配料称量直到搅拌成混凝土，然后均借物料的自重下落，因此形成了垂直生产工艺体系，如图 4-1（a）所示。双阶式水泥混凝土搅拌站工艺流程是砂、石、水泥等材料分两次提升，第一次将材料提升至储料斗，配料称量；第二次将材料提升至搅拌机，如图 4-1（b）所示。单阶式和双阶式搅拌站，除提升工艺有明显差别外，所采用的工艺方法基本相同。双阶式混凝土搅拌楼设备简单、投资少、建成快，但其机械化和自动化程度较低，生产效率低，而且占地面积大，动力消耗多，适用于中小型搅拌站。单阶式混凝土搅拌楼比双阶式搅拌楼建筑结构高，投资费用大，但设备布置紧凑，占地面积小，省去二次提升工序，动力消耗少，原材料流经各工序的时间短，工艺流程合理，生产效率较高，便于实现机械化和自动化生产大。因此，适用于大中型永久性搅拌站，下面以单阶式搅拌站为例讨论混凝土搅拌站的工艺流程。

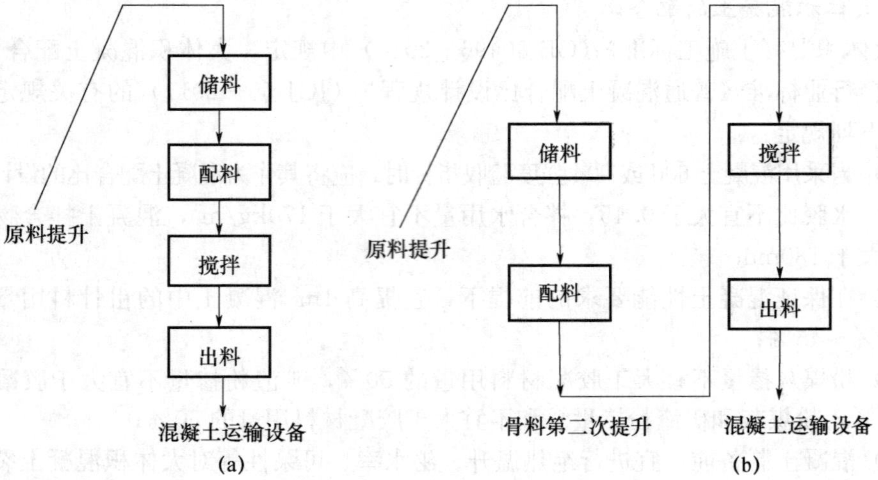

图 4-1　混凝土搅拌站骨料流程

（a）单阶式骨料流程；（b）双阶式骨料流程

单阶式搅拌站的工艺流程如图 4-2 所示，一般采用配料机对骨料-砂石进行配比，运送到搅拌机，同时添加计量好的水泥及外加剂等粉料及水，输送到搅拌机，由搅拌机对这些物料进行均匀搅拌，达到搅拌均匀度生产出成品混凝土。现在，大型混凝土搅拌站的整个操作过程都是在计算机控制下进行，采用自动化配比，自动化输送和自动化搅拌工艺，能便捷地生产出建筑专用混凝土，具体混凝土生产过程如下：

（1）骨料称量

骨料包括砂石料，由汽车运至厂区，再由皮带运输机输送到搅拌楼顶，卸入指定的砂石储料仓，经储料仓下方的计量秤按配比对砂石料进行称量，称好的骨料由皮带机输送到骨料过渡仓，由过渡仓落入混凝土搅拌机。

（2）粉料（水泥、粉煤灰等）称量

粉料由密封罐车运至厂区，再由罐车或其他输送装置通过压缩空气泵打入粉料仓，开启蝶阀，粉料落入螺旋输送机，再由螺旋输送机输送到称量斗称量，称好的粉料由称量斗下的蝶阀滑入混凝土搅拌机。

（3）水和外加剂的称量

所需的水由水泵把水池的水抽入称量箱称量，称好的水由增压泵抽出经喷水器喷入搅拌机。所需的外加剂由自吸泵从添加剂箱内抽至称量箱称量，称好的外加剂投入水箱经喷水器喷入混凝土搅拌机。

（4）混凝土搅拌

骨料、粉料、水及外加剂等按照设定的时间投入混凝土搅拌机，搅拌时间到时，由搅拌机开门装置的汽缸将门打开，已搅拌好的混凝土被卸到等待在混凝土搅拌机下的混凝土运输车内（在进入运输车之前先取一部分搅拌好的混凝土进行抽测试验，检验是否满足要求），混凝土拌合物全部卸出后关门，进入下一个搅拌循环，成品料由混凝土罐车运往施工现场。

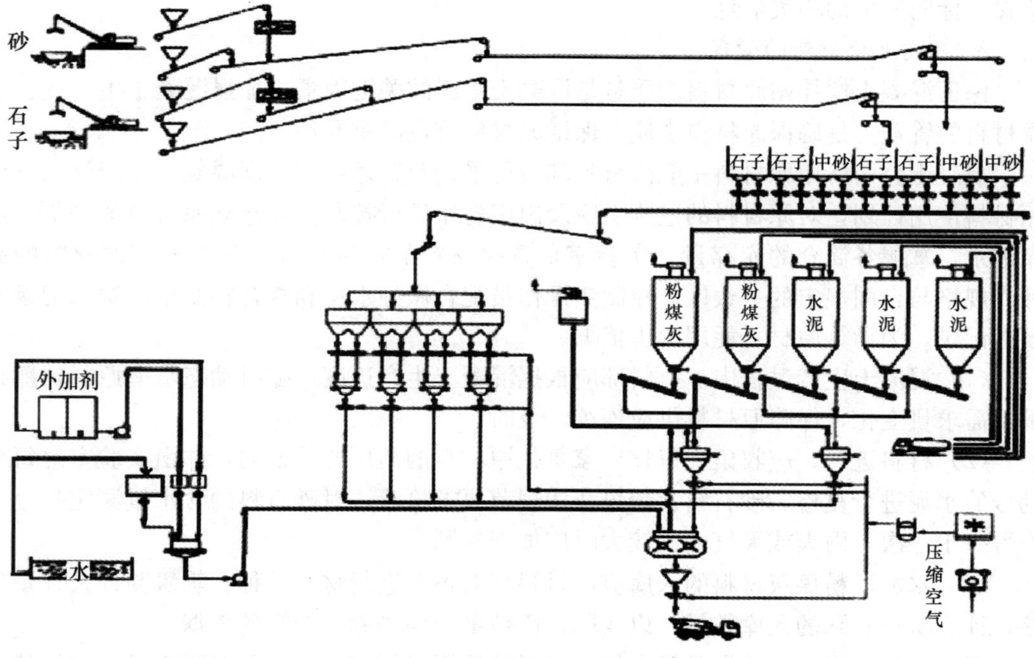

图 4-2　单阶式混凝土搅拌站工艺流程

4.2.2　通用混凝土原材料的储存管理及物料计量

1. 混凝土原材料的储存

通用混凝土搅拌站原材料的储存方式基本相同，由于所用骨料量大，所以进厂的骨料一般先放在露天堆场，随着环保要求越来越高，一些大型混凝土搅拌站开始使用封闭式骨料堆棚。骨料在运输计量之前，要用铲车将骨料送入小型储存仓内。骨料按颗粒大小分级存放，粗、细骨料存放应分为合格区和待检区，用隔墙隔开，各种材料不得混仓，并采用水泥砂浆抹面，仓内地面设坡度，防止有积水。砂石骨料应按规定进行材料的质量检验标识，标识包括材料名称、产地、规格、进料时间、检验状态、试验报告号、检验批次等。

混凝土搅拌站用到的粉状物料主要有水泥、粉煤灰、矿渣粉及硅粉等，粉状物料一般用全封闭钢结构筒仓分别储存，根据工程的具体需要，搅拌站可以同时设置几个水泥、掺合料筒仓。每个筒仓应标明生产企业、粉料品种、等级、生产日期等，不同企业、不同品种的水泥、掺合料应分开存放，预防混仓。袋装粉状物料在运输和存放期间应用专用库房存放，不得露天堆放，且应特别注意防潮，存放时应下垫上盖。使用前，质检人员要对存放期超过三个月的水泥重新检验，并按检验结果使用。站内的设备维护保养人员应定期检查粉料储存是否保持密封、干燥、受潮。

混凝土搅拌站中外加剂的存放一般采用堆放储存的方式，进料人员应将外加剂按照种类分类堆放整齐、美观，同时加标示牌，写明物料的名称、规格、品种和进货日期等信息。液体类外加剂，需要专用的外加剂罐分类另外储存，在显著地方设有醒目的指示铭牌，标明外加剂相关信息。

2. 混凝土原材料的管理

保证混凝土搅拌站原材料的质量是混凝土生产的关键因素，加强混凝土生产过程中原材料的管理，是确保原材料供应及保证原材料质量的重要环节。

混凝土公司所用原材料一般由材料部进行采购及管理，并根据混凝土生产计划制订原材料使用计划，对原材料的进货供应及出库耗用进行控制，并建立原材料的进货、出库记录，掌握各筒仓的库存量。实验室负责原材料的进货检验，负责校核原材料的品种、规格与合同规定的一致性。控制室操作员配合做好水泥和掺合料的出库跟踪记录及损耗记录，为计算原材料耗用提供依据。

（1）混凝土生产过程中，材料部应根据混凝土生产进度，随时动态掌握原材料库存量及需求量变化，保障原材料供应连续、及时。

（2）材料进厂，应收集、审核厂家每批原材料的出厂质量证明，并由实验室对每个批号的水泥进行复检，砂石料及粉煤灰按规范要求检验，对砂石料的含水量测定每个班不得少于一次，雨天或天气变化较大时应加强检测。

（3）水泥、粉煤灰材料的入库应由材料部对每车进行材料品种、等级验证及计量复核，计算每车实际的入库数量，以实际入库数量作为进库、结算的依据。

（4）材料部应合理调配各筒仓储存材料的使用时间与频率，要对筒仓进行定期清罐并确认。一般各筒仓库存材料时间不应超过 45d，如超过该期限应对筒仓库存材料进行检验合格后再使用。

（5）材料员应对每批砂石料进行进货前验证，当验证合格后才能运输进入公司储料场。同一进货批次应基本保证为同一产地（或同船）的材料。当不同批次的材料进货时不能混堆，应分开堆放，分开使用。

（6）原材料进场后应做好标识，对砂石堆料场应进行规范；对不同的外加剂进行分别标识堆放，粉状外加剂应做防雨防潮处理。对复检不合格的原材料应立即封存作废品处理，并贴上禁用标签，严禁将不合格的原材料用于混凝土生产。

（7）质检员应对水泥、掺合料、外加剂等材料做好材料跟踪记录，对各个批号水泥、掺合料、外加剂的使用时间、使用部位进行详细记录。

3. 物料计量

计量系统是影响混凝土质量和混凝土生产成本的关键部件，计量宜采用电子计量设备，计量设备的精度应满足国家标准《建筑施工机械与设备 混凝土搅拌站（楼）》（GB/T 10171—2016）的有关规定，应具有法定计量部门签发的有效检定证书，并应定期检验。混凝土生产单位每月应自检1次；每一工作班开始工作前，应对计量设备进行零点校准。

混凝土原材料计量主要分为骨料称量、粉料称量和液体称量三部分。一般情况下，$20m^3/h$以下的混凝土搅拌站采用叠加称量方式，即骨料（砂、石）用一台秤，水泥和粉煤灰用一台秤，水和液体外加剂分别称量，然后将液体外加剂投入水斗内预先混合。而在$50m^3/h$以上的混凝土搅拌站中，多采用各物料独立称量的方式，所有称量采用电子秤及微机控制。《混凝土质量控制标准》（GB 50164—2011）中规定，每盘混凝土原材料计量的允许偏差应符合表4-19的规定，原材料计量偏差应每班检查1次。对于原材料计量，应根据粗、细骨料含水率的变化，及时调整粗、细骨料和拌和用水的称量。骨料和水泥在称量时，为了提高称量的准确度和控制称量的速度，一般采用粗称和精称两个步骤，在粗称阶段大量给料，缩短给料时间，当给料达到要求量的90%时，开始精称，在精称阶段小量给料以提高称量精度。

表4-19 混凝土原材料计量允许偏差（按质量分数计，%）

原材料种类	胶凝材料	粗、细骨料	拌和用水	外加剂
计量允许偏差	±2	±3	±1	±1

原料的自动称量是由供料设备、称量设备、卸料设备三部分组成的。为使原料称量自动化，必须使供料、称量、卸料装置的连锁系统符合以下要求：

（1）给料器必须在卸料门关闭后才能开启；

（2）称量时，在所称质量尚未达到之前，给料器不能自行关闭；

（3）卸料门必须在各种物料称量完毕并停止给料后才能开启；

（4）卸料门必须在物料卸完后才能闭合；

（5）卸料门未关闭，上部料仓上料系统不能启动。上料系统的启动，必须在给出预警铃后，按顺序启动。

目前称量设备较多，较先进的计量系统均采用光电信号传递，将操作台指令提供给计量控制阀，控制阀通过气压或液压控制方式，进行粗计量和微计量，以达到指定的质量值或体积值。

4.2.3 通用混凝土拌合物的搅拌与运输

混凝土拌合物的搅拌：一是涉及混凝土拌合物中有固、液、气三相物质参与搅拌；二是物料相互间的化学和物理化学的变化，所以搅拌工艺是一个非常复杂的问题。评价搅拌工艺的优劣除了混凝土搅拌均匀性质量指标外，还要考虑混凝土的结构形成。因而混凝土搅拌除了考虑均匀性外，还必须考虑搅拌强化的问题。

1. 混凝土的搅拌

影响混凝土拌合物搅拌质量的原因有原材料性质、配合比、搅拌设备及操作过程。但在某一地区，原材料供应比较稳定、材料性质变化不太大、混凝土配合比也比较固定，在这种情况下，搅拌机的类型及工艺参数就成为影响搅拌质量的主要因素。

（1）搅拌机类型

混凝土搅拌机按其工作原理不同分为自落式搅拌机和强制式搅拌机。

1）自落式搅拌机

自落式搅拌机搅拌筒内壁装有叶片，搅拌筒旋转，叶片将物料提升一定的高度后自由下落，各物料颗粒分散拌和，拌和成均匀的混合物。这种搅拌机体现的是重力拌和原理。自落式混凝土搅拌机按其搅拌筒的形状不同分为鼓筒式、锥形反转式出料和双锥形倾翻式出料三种类型。鼓筒式搅拌机是一种最早使用的传统形式的自落式搅拌机。这种搅拌机具有结构紧凑、运转平稳、机动性好、使用方便、耐用可靠等优点，在相当长一段时间内广泛使用于施工现场，它适于搅拌塑性混凝土，但由于该机种存在着拌和出料困难、卸料时间长、搅拌筒利用率低、水泥耗量大等缺点，现属淘汰机型。锥形反转式出料搅拌机的搅拌筒呈双锥形，筒内装有搅拌叶片和出料叶片，正转搅拌，反转出料。因此，它具有搅拌质量好、生产效率高、运转平稳、操作简单、出料干净迅速和不易发生粘筒等优点，正逐步取代鼓筒形搅拌机。

锥形反转式出料搅拌机适于施工现场搅拌塑性，半干硬性混凝土。常用型号有JZ150、JZ250、JZ350等。自落式锥形搅拌机，见图4-3。

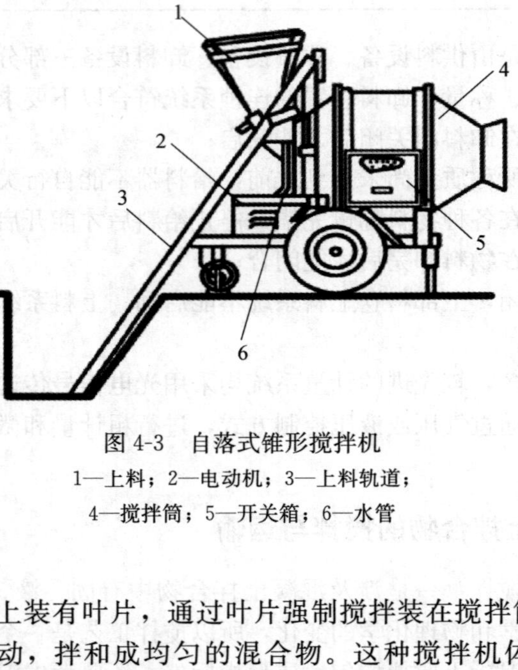

图4-3　自落式锥形搅拌机

1—上料；2—电动机；3—上料轨道；

4—搅拌筒；5—开关箱；6—水管

2）强制式搅拌机

强制式搅拌机的轴上装有叶片，通过叶片强制搅拌装在搅拌筒中的物料，使物料沿环向、径向和竖向运动，拌和成均匀的混合物。这种搅拌机体现的是剪切拌和原理。强制式搅拌机和自落式搅拌机相比，搅拌作用强烈、均匀，搅拌时间短，生产效率高，质量好而且出料干净。它适于搅拌低流动性混凝土、干硬性混凝土和轻骨料混凝土。

强制式搅拌机按其构造特征分为立轴式和卧轴式两类。常用机型有JD250、JW250、JW500、JD500，如图4-4和图4-5所示。

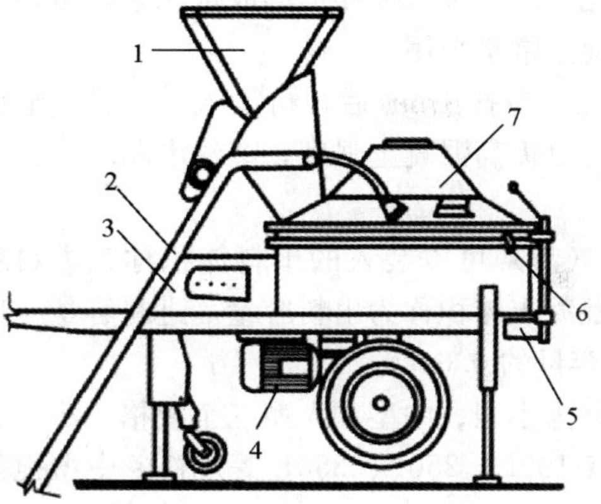

图 4-4 立轴强制式搅拌机

1—上料；2—上料轨道；3—开关箱；4—电动机；
5—出浆口；6—进水管；7—搅拌筒

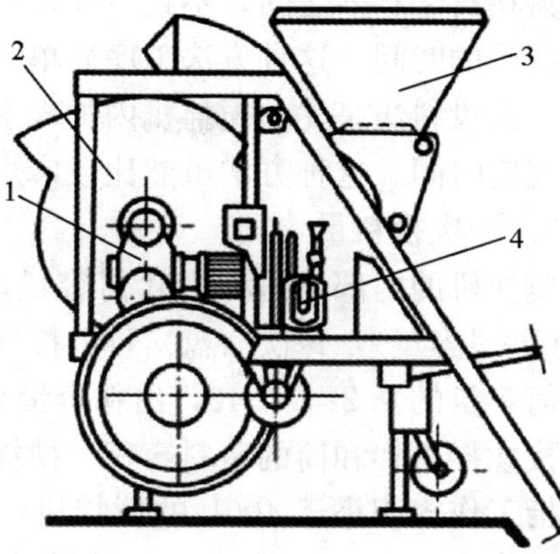

图 4-5 卧轴强制式搅拌机

1—变速装置；2—搅拌筒；
3—上料斗；4—水泵

（2）混凝土的搅拌制度

为了搅拌出均匀的混凝土，除了合理选择搅拌机外，还应正确地确定搅拌制度。所谓搅拌制度指的是搅拌时间、投料顺序和一次投料量。

1）搅拌时间

搅拌时间指的是从全部材料装入搅拌桶内起，到卸料止的这段时间。搅拌时间是影响混凝土质量和搅拌机生产效率的一个重要因素。搅拌时间过短，拌和不均匀，会降低混凝土的强度及和易性。搅拌时间过长，不仅会影响搅拌机的生产效率，而且会使混凝土的和易性降低，并产生分层离析现象。

搅拌时间长短与搅拌机类型有关，当用鼓筒式搅拌机时，混凝土抗压强度随搅拌时间的延长而增加，并在 2～3min 内增长较快；用双锥形倾翻式出料搅拌机时，拌合物的匀质性随搅拌时间的延长而趋于稳定，一般在 50s 以前就能达到规定值的要求；而用强制式搅拌机时其匀质性很快达到规定值。混凝土搅拌的最短时间应满足表 4-20 的规定。

表 4-20 混凝土搅拌的最短时间 s

混凝土坍落度（mm）	搅拌机类型	搅拌机出料容量（L）		
		＜250	250～500	＞500
≤30	强制式	60	90	120
	自落式	90	120	150
＞30	强制式	60	60	90
	自落式	90	90	120

2）投料顺序

投料顺序是指各种材料投入搅拌机的先后顺序。投料顺序应从提高搅拌质量、减少机器磨损、减少混凝土与机器的黏结及减少水泥飞扬、改善工作条件等方面综合考虑。常用的有一次投料法和二次投料法。

一次投料法是在上料斗中先加入石子，再加水泥和砂，然后一次投入搅拌机。由于水泥夹在石子和砂之间，不致飞扬，并且水泥和砂先进入搅拌桶形成水泥浆，可以缩短包裹石子的时间。这种方法工序简单，在工地上常常采用。

二次投料法是先向搅拌机内加入水和水泥，搅拌 1min 后，再投入砂、石，继续搅拌到规定时间。这种方法虽然比较麻烦，但可以提高混凝土强度，节约水泥。

3）一次投料量

搅拌机的内部体积称为几何容量，每次（盘）可以装入的干料体积称为进料容量（又称干料容量），每次（盘）可以搅拌出的混凝土体积称为出料容量。进料容量一般仅为几何容量的 0.22～0.40，出料容量为进料容量的 0.6～0.7。

按搅拌机拌和筒的装料容积，搅拌机可分为小型、中型和大型三个规格。小型搅拌机是指工作容积小于 400L 的搅拌机，主要有 100L、250L、350L 等规格。中型搅拌机是指工作容积在 400～1000L 的搅拌机，主要有 400L、500L、750L、800L、1000L 等规格。大型搅拌机是指工作容积超过 1000L 的搅拌机，主要有 1000L、1200L、1600L、2000L、2400L、3000L、3200L 等规格，随着混凝土搅拌站规模扩大，也出现了 4500～6000L 的更大型搅拌机。

4）加水方法

混凝土拌合物在搅拌时的加水方法也是影响混凝土强度的因素，特别是强制式搅拌机，其加水方法影响更为明显。如向搅拌筒整个空间均匀供水时，只需 30s 即可搅拌均匀，若其中一处供水，不但搅拌时间长，而且强度变异系数大。所以，当强制搅拌机中环形水管损坏改为人工供水时，必须延长搅拌时间。

2. 混凝土拌合物的运输

混凝土拌合物的运输是混凝土生产环节中的一个重要组成部分。由于混凝土的搅拌地点往往不是混凝土的浇筑地点，因此要通过各种运输方式将搅拌好的混凝土运输到浇筑地点。

（1）混凝土运输的基本要求

1）运输过程中要保证混凝土的均匀性，避免产生分层离析现象，否则要在浇筑前进行二次搅拌；

2）运送混凝土的器具应严密，内壁应平整光洁，不吸水、不漏浆，减少水分蒸发，黏附的混凝土残渣应经常清理干净；

3）尽量缩短运输时间，保证混凝土在浇筑前符合所规定的坍落度；

4）混凝土的运输数量，应保证混凝土的浇筑连续进行。

（2）混凝土运输设备

混凝土运输主要分地面水平运输、垂直运输、楼面运输三种情况，应根据施工方法、工程特点、运输距离远近以及现有的运输设备，选择可满足施工要求的运输工具。常用的混凝土运输设备有手推车、机动翻斗车、自卸汽车、井架运输机、塔式起重机、混凝土搅拌运输车、混凝土泵、井架运输机、塔式起重机等。

1）手推车

手推车是施工工地上普遍使用的水平运输工具，有单轮和双轮两种，斗容量一般为 0.1～0.16m^3，具有小巧、轻便、操作灵活、装卸方便等特点，不但适用于一般的底面水平运输，还能在脚手架、施工栈道上使用，也可与塔吊、井、架等配合使用，解决垂直输送。图 4-6 是双轮手推车示意图。

图 4-6 双轮手推车

2）机动翻斗车

机动翻斗车是采用柴油机装配而成的，其料斗容积一般为 $0.4m^3$。机动翻斗车具有轻便灵活、转弯半径小、速度快、能自动卸料、操作维护简便的特点。适用于混凝土地面短距离水平运输，还可以用来运输砂、石等材料，如图 4-7 所示。

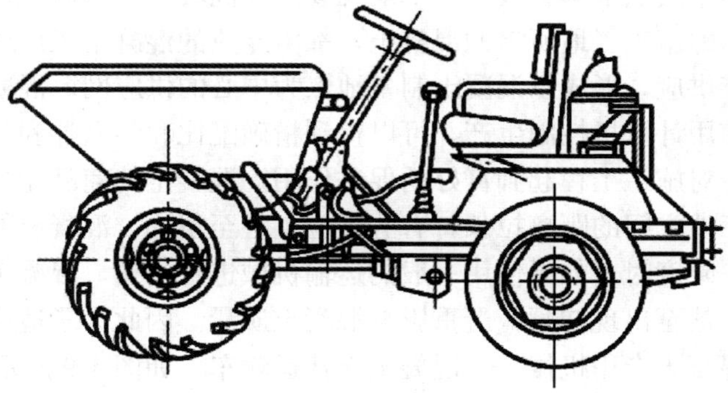

图 4-7 机动翻斗车

3）自卸汽车

自卸汽车是在载重汽车的底盘上装置一套液压举升机构，使车厢举升和降落，以便自卸物料（图 4-8）。自卸汽车不是混凝土专用车，原是各种散装材料通用的自卸车，如用作装运混凝土时，应注意下列事项：

① 应采用对活动门与箱体之间的门缝做无缝隙的处理，保证不漏水，不漏浆的处理；

② 注意箱体底板及四壁无孔洞，不漏水，不漏浆；

③ 使用前应将车厢冲洗干净，无杂物，无积水，无残留旧浆；

④ 在任何气象情况下，混凝土表面应有帆布遮盖，避免日晒、雨淋、粉尘污染；

⑤ 注意运送时间，必须在混凝土初凝前 15min 以前运到浇筑点进行浇筑。

轻型自卸汽车的载重量一般不超过 2.0t，适用于每拌出料容量不超过 800L 的搅拌机，适用于具有集中搅拌站（楼）的建筑工地。中型自卸汽车的载重量最大不超过 4.5t，适用于每拌出料容量不超过 $1.8m^3$ 的搅拌机，其车厢容积一般小于 $4.0m^3$。重型自卸汽车均为柴油车，适用于每拌出料容量为 $3.0m^3$ 的大型混凝土搅拌机，只在大型公路和大型堤、坝等水利工程上使用。

图 4-8　自卸汽车

4）混凝土搅拌运输车

混凝土搅拌运输车简称运输车，是一种混凝土长距离水平输送的主要工具，在运输途中，装载混凝土拌合料的搅拌筒能缓慢旋转，使拌合料随之搅动，可以有效地防止混凝土离析或较长时间的运输中产生初凝，因此它是具有运输与搅拌双重功能的专用车辆。

商品混凝土的发展从根本上改变了工地现场搅拌混凝土的落后生产方式，建立了一种新的生产方式，即施工工地所需的混凝土，都由专业的混凝土工厂或大型混凝土搅拌站（楼）集中生产供应，形成以混凝土制备地点为中心的供应网。混凝土工厂便于应用现代电子技术，使用计算机控制生产，可以得到精确配比和匀质拌和的混凝土，使混凝土质量大大提高，对施工工程起到良好的促进作用。混凝土的商品化生产，使混凝土从厂站到各个需求工地之间的距离拉长，有些供应点甚至很远，混凝土的输送距离（或输送时间）超过某一限度时，如果使用一般的运输机械进行输送，混凝土就可能在运输途中发生分层离析，甚至出现初凝，严重影响混凝土质量。因此为了适应商品混凝土的输送，发展了一种混凝土专用机械——混凝土搅拌运输车，如图 4-9 所示。

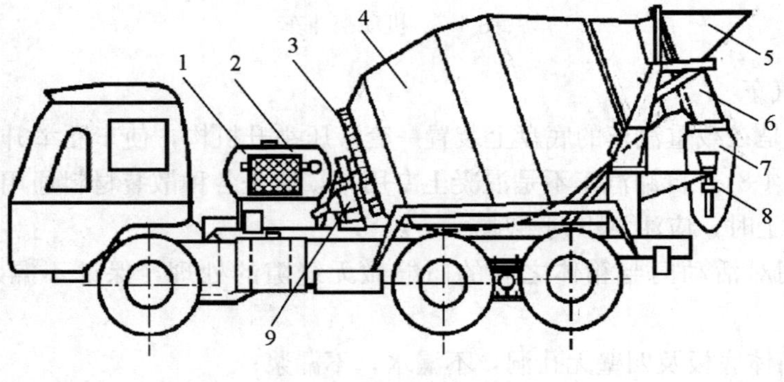

图 4-9　混凝土搅拌运输车

1—水箱；2—外加剂箱；3—大链条齿轮；4—搅拌筒；5—进料斗；
6—固定卸料溜槽；7—活动卸料溜槽；8—活动卸料调节机构；9—传动系统

混凝土搅拌输送车主要由总体结构、搅拌筒、装料与卸料机构、气压供水系统等部分构成，各部分构造组成和工作原理如下：

① 总体结构

搅拌输送车的结构由载重汽车底盘与搅拌装置两部分组成，保证搅拌输送车能按汽车行驶条件运行，并用搅拌装置来满足混凝土输送过程中的要求。搅拌装置由搅拌筒、搅拌筒的驱动装置组成，搅拌筒是一个单口的梨形筒体，搅拌筒通过支承装置斜卧在机架上，可以绕其轴线转动，搅拌筒的后上方只有一个筒口分别通过进出料装置进行装料或卸料。

② 搅拌筒内部结构

搅拌筒的形式为固定倾角斜置的反转出料梨形结构，搅拌筒内焊有相隔180°的螺旋形叶片两条，卸料口设有使卸料连续均匀的辅助叶片，筒口焊有进料圆筒，使进料顺利和防止撒落。筒体前端的枢轴安装在机架上的轴承座内，当搅拌筒正转时，物料落入筒的下部进行搅拌，当搅拌筒反转时，已搅拌好的混凝土则沿着螺旋叶片向外卸出。

③ 装料与卸料机构

装料与卸料机构装在搅拌筒尾部开口的一端，如图4-9所示。搅拌筒4与进料斗5相连，进料斗的进料口与搅拌筒内的进料导管口紧贴，以防物料漏出，清洗搅拌筒时，只要将进料斗向上翻起，露出搅拌筒的料口即可。两块固定卸料溜槽分别装在支架两侧，其下方的活动卸料溜槽可以通过调节转盘使其回转180°，也可通过调节杆改变其倾斜角。因此，活动卸料槽能使用多种不同卸料位置的要求。

④ 传动系统

混凝土搅拌输送车的传动系统普遍采用液压和机械传动形式。

机械传动：发动机动力通过分动器输送到汽车底盘下的圆锥齿轮箱，再通过离合器、搅拌变速器，最后通过单排滚子链驱动搅拌筒。

液压传动：发动机驱动液压泵，输出液压油驱动液压电机，通过行星减速器，最后由链轮驱动搅拌筒。

⑤ 气压供水系统

混凝土搅拌输送车的供水系统，主要用于清洗搅拌筒，由水泵将水压入水箱，经水管通入搅拌筒和连接冲洗喷头，由三通阀控制，从水位标尺上显示加水量。当用于干料输送途中注水搅拌作业时，由随车水箱经水表向干料提供定量搅拌用水。

⑥ 操作系统

混凝土搅拌车设有两套调速和控制搅拌变速器的联动手柄，可在车辆前方、后方和中部三个位置进行操纵。搅拌筒的正转、反转、停止、加速等动作均由操纵手柄来控制。此外还有控制分动器和水泵的手柄。

5）混凝土泵和混凝土泵车

混凝土泵是在压力推动下沿管道输送混凝土的一种专用设备（图4-10），能一次连续完成水平和垂直输送并浇灌混凝土，具有速度快、效率高等优点，尤其对浇灌超高层建筑和大型钢筋混凝土建筑物效率更高，是目前现场使用最为广泛的混凝土运输机具。

我国现在采用的混凝土泵，按其驱动方式可分为挤压式混凝土泵和柱塞式混凝土泵。按是否能够移动分为汽车式、牵引式和固定式。目前一般采用的是液压柱塞式混凝土泵。图4-10所示为牵引式混凝土泵（柱塞式）。

汽车式混凝土泵又称为混凝土泵车（图4-11），为提高混凝土泵的机动性和灵活性，在混凝土泵的基础上，将液压活塞式混凝土泵固定安装在汽车底盘上，使用时开至需要施工的地点，进行混凝土泵送作业。这种混凝土泵车还设有三节液压折叠式臂架操纵布料杆，所以又称布料杆泵车。这种泵车使用方便，适用范围广，它既可以利用工地配置装接的管道将混凝土输送到较远、较高的浇筑部位，也可以发挥随车附带的布料杆的作用，把混凝土直接输送到需要浇筑的地点。施工时，现场规划要合理布置混凝土泵车的安放位置，一般混凝土泵应尽量靠近浇筑地点，并要满足两台混凝土搅拌输送车能同时就位，使混凝土泵能不间断地得到混凝土供应，进行连续压送，以充分发挥混凝土泵的有效能力。

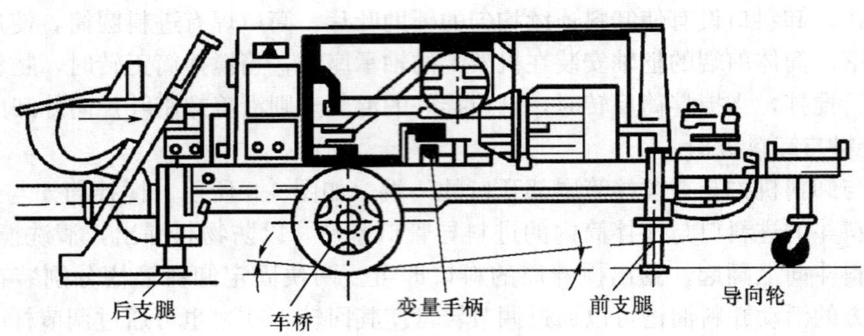

图 4-10　牵引式混凝土泵示意图

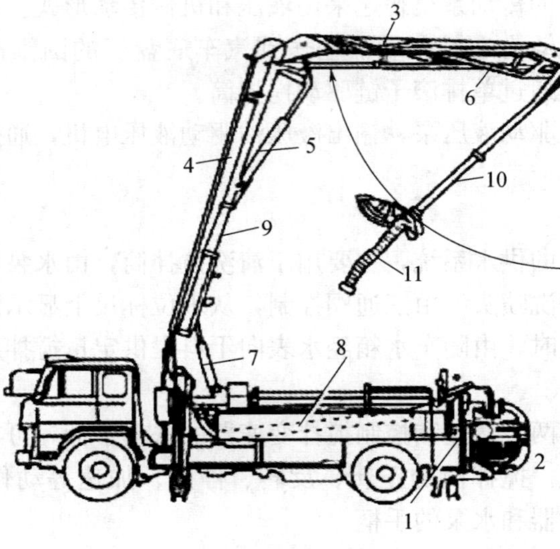

图 4-11　混凝土泵车结构图

1—混凝土泵；2—混凝土输送管；3—布料杆支撑装置；
4—布料杆臂架；5～7—液压油缸；8～10—输送管；11—软管

混凝土泵车可在作业范围内向高、低、远处自由地进行混凝土的压送和浇筑，适用于混凝土量大、质量高的工业设施基础、桥梁、高层建筑等。

6）井架运输机

井架、龙门架适用于多层、高层建筑施工中混凝土运输。

井架运输机（图 4-12）由井架、台灵拔杆、卷扬机、吊盘、自动倾卸吊斗及钢丝缆风绳等组成，井架装有自动卸料斗或升降平台，采用自动倾卸料斗时，混凝土装在料斗内提升到施工楼层。拔杆可设在井架一角或对称角上，吊盘可设在井架外侧，吊斗则设于井架内。井架运输机具有一机多用、构造简单、装拆方便等优点。其高度一般超出建筑物 8～10m，起重高度为 25～40m。

龙门架装有升降平台，装有混凝土的双轮手推车直接推到升降平台上，然后提升到施工楼层，再将手推车沿铺在楼面上的跳板推到建筑地点。

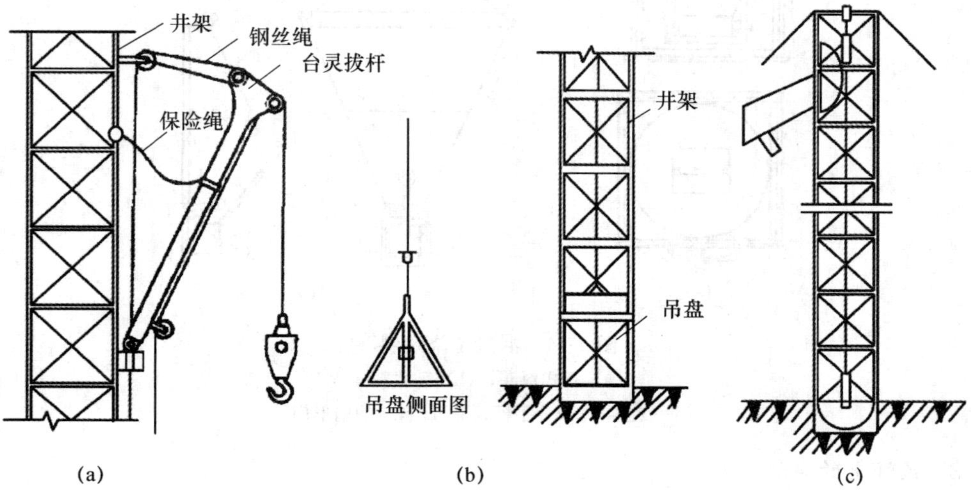

图 4-12　井架运输机

(a) 井架台灵拔杆；(b) 井架吊盘；(c) 井架吊斗

7）塔式起重机

塔式起重机（图 4-13）俗称塔吊，是建筑工程结构主体施工最常用的一种起重设备，是用来吊装施工原材料、构配件等的垂直运输设备。在混凝土运输中，塔吊主要用作高层建筑物的混凝土垂直运输，把它与一些浇筑用具配合起来，能很好地完成混凝土的运输任务。料斗是其中一种常用的配套工具，用料斗运输混凝土的最大优点就是混凝土不受振动。料斗的容量、形式可根据机械的起重能力、结构特点及施工方法等情况选择。料斗容积一般为 0.4m^3，使用时，要求料斗不得漏浆，且便于开启和关闭料斗的斗门。混凝土装在料斗内，由塔式起重机提升到浇筑地点。吊罐上部有吊挂装置，卸料口为漏斗状，其底部有可启卸料门，由卸料口卸出混凝土浇筑，如图 4-14 所示。

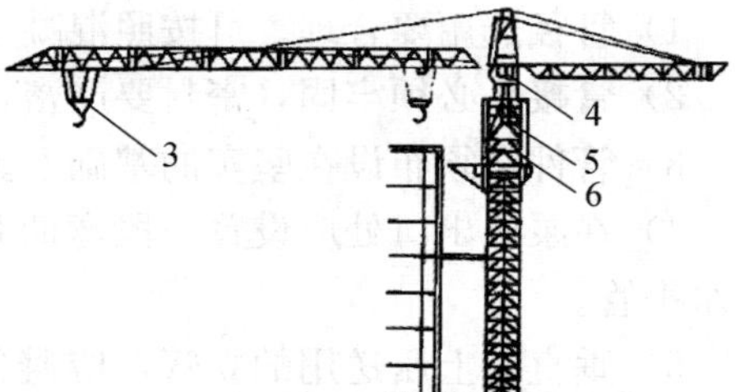

图 4-13　塔式起重机

1—撑杆；2—建筑物；3—起重小车；4—顶升套架；5—操纵室；6—标准节

塔式起重机工作幅度大，当搅拌机设在其工作范围之内，可以同时完成水平和垂直运输而不需二次倒运。若搅拌站较远，可用翻斗车将混凝土从搅拌站运到起重机起重范围之内装入料斗。

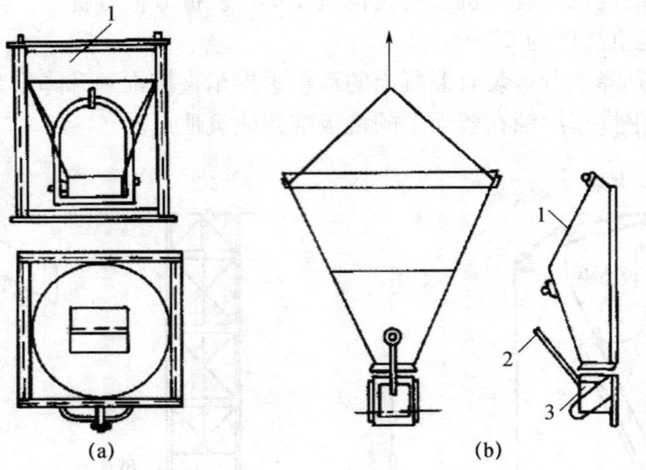

图 4-14　混凝土浇筑料斗

(a) 立式料斗；(b) 卧式料斗

1—人料口；2—手柄；3—卸料口的扇形门

3. 混凝土的泵送

(1) 混凝土输送管的敷设

混凝土输送管的敷设对泵送混凝土的输送效果影响很大。施工前，一般应编制管道敷设方案，施工中，应严格按方案敷设。混凝土输送管道的敷设原则是路线短、弯道少、接头严密。混凝土输送管道敷设时应注意下列事项：

1) 管径选用要合理。可按照混凝土粗骨料的品种、粒径和泵送高度选择。

2) 管接头必须牢固，密封要严密，弯管与锥管要匹配使用。

3) 管件必须布设在坚实的基础上。

4) 在泵机出口处应设置一段弯曲管道，在泵出口与垂直立管之间应设置一定长度的水平管。

5) 垂直向上压送用的立管，应避免采用弯管径直向上安装；垂直向下输送用的立管，应加设若干弯管，并应与建筑结构拉结牢固。

6) 应使混凝土浇筑移动方向与泵送方向相反。下斜管道倾斜大于 7°时，应在斜管端部加装一个放气阀，以排除管内的空气，使水泥浆布满整个管壁。

(2) 泵送混凝土的施工方法

1) 混凝土的运输

泵送混凝土的供应，应保证混凝土泵连续作业。混凝土搅拌运输车到施工现场卸料，前后应有一段搭接时间，一台未卸完，另一台开始卸料。如果不能办到，则应在混凝土搅拌运输车出料前，高速 (12r/min) 转动 1min，再反转出料，这样可以保证混凝土拌合物均匀。如混凝土搅拌运输车卸出的料出现骨料过于集中或发生沉淀，应重新搅拌，一般高速转动 2～3min 后再卸料。

2) 混凝土的泵送

混凝土泵送管线的布置应尽量直，转弯宜少且缓，管与管接头严密。在泵送前要先用适量的水、与混凝土内成分相同的水泥浆或水泥砂浆润湿管道内壁，使输送管和泵处于润滑状态，然后开始泵送混凝土。润滑用水、水泥浆和水泥砂浆的用量见表4-21。

表4-21 泵送混凝土润滑用水、水泥浆和水泥砂浆的用量

输送管长度（m）	水（L）	水泥浆		水泥砂浆	
		水泥用量（kg）	稠度	用量（m^3）	配合比（水泥：砂）
＜100	30			0.5	1：2
100～200	30			1.0	1：1
＞200	30	100	粥状	1.0	1：1

混凝土泵输送时应连续进行，尽可能防止停歇。如果不能连续供料，可适当放慢泵送速度，以保证连续泵送。当泵送间歇超过45min或混凝土出现离析时，要立即用压力水或其他方法清除泵机和管道中残留的混凝土，再重新泵送。

3）混凝土布料

泵送混凝土布料设备一般用独立式混凝土布料机。可以安放在待浇筑楼板的模板平面上，支撑要牢固。它一端接通混凝土输送管道，另一端用一根软管接通，可用人力推动做水平布料。布料杆360°回转，半径为4～9m。它也可用塔式起重机吊装和移动。如果用两台布料杆布料时，要尽量做到同步前进，避免形成施工缝。

4.3 通用混凝土的质量控制

混凝土的质量控制是工程建设的重要环节，体现着混凝土工程的整体技术水平，对于保证混凝土工程质量和促进混凝土技术进步具有重要意义。混凝土的质量直接关系工程质量、企业信誉、经济效益和法律责任。因此，生产企业必须加强混凝土的质量控制与管理，强化质量管理体系，完善各项规章制度、试验检测手段及管理方法等，确保预拌混凝土质量满足设计和施工要求。

4.3.1 通用混凝土原材料质量控制

混凝土组成材料质量的优劣直接影响混凝土质量。因此，各材料的选择应以大厂生产、质量稳定和厂家社会信誉好为原则，并严格按照有关规范规定，对进厂材料质量进行验收和检验，是确保混凝土质量和降低成本的关键。

1. 水泥

水泥是混凝土的重要组成材料，对混凝土的质量影响重大。在实际生产过程中，预拌混凝土生产企业很难做到真正意义上的分批检测、分批验收和分批储存，一般情况下多数是即进即用。因此，为了确保混凝土质量，必须慎重选用水泥。

（1）水泥品种与强度等级的选用

水泥品种与强度等级的选用应根据设计、施工要求以及工程所处环境确定。对于一般建筑结构及预制构件的普通混凝土，宜采用通用硅酸盐水泥；高强混凝土和有抗冻要求的混凝土宜采用硅酸盐水泥或普通硅酸盐水泥；有预防混凝土碱-骨料反应要求的混凝土工程宜采用碱含量低于0.6%的水泥；大体积混凝土宜采用中、低热硅酸盐水泥或低热矿渣硅酸盐水泥。水泥应符合国家标准《通用硅酸盐水泥》（GB 175—2020）和

《中热硅酸盐水泥、低热硅酸盐水泥》（GB 200—2017）的有关规定。

在混凝土工程中，根据设计、施工要求以及工程所处环境合理选用水泥是十分重要的。有预防混凝土碱-骨料反应要求的混凝土工程，采用碱含量不大于0.6%的低碱水泥是基本要求。采用低水化热的水泥，有利于限制大体积混凝土由温度应力引起的裂缝。

（2）水泥质量的主要控制项目

水泥质量主要控制项目应包括凝结时间、安定性、胶砂强度、氧化镁和氯离子含量，碱含量低于0.6%的水泥主要控制项目还应包括碱含量，中、低热硅酸盐水泥或低热矿渣硅酸盐水泥主要控制项目还应包括水化热。

水泥质量主要控制项目为混凝土工程全过程中质量检验的主要项目。细度为选择性指标，没有列入主要控制项目，但水泥出厂检验报告中有细度检验内容；三氧化硫、烧失量和不溶物等化学项目可在选择水泥时检验，工程质量控制可以出厂检验为依据。

（3）水泥的应用应符合下列规定

1）宜采用新型干法窑生产的水泥。新型干法窑生产的水泥质量稳定性较好；国家标准《通用硅酸盐水泥》（GB 175—2020）已经规定检验报告内容应包括混合材品种和掺加量，落实这一规定对混凝土质量控制很重要。

2）应注明水泥中的混合材品种和掺加量。硅酸盐水泥或普通硅酸盐水泥胶砂强度较高并掺加混合材较少，适合配制高强度混凝土，可掺用较多的矿物掺合料来改善高强混凝土的施工性能，由于掺加混合材较少，有利于配制抗冻混凝土。

3）用于生产混凝土的水泥温度不宜高于60℃。当前建设工程对水泥的需求量很大，存在水泥出厂运到工程现场时温度过高的情况，水泥温度过高时拌制混凝土对混凝土性能不利，应予以控制。

2. 粗骨料

（1）粗骨料的选用

粗骨料应符合行业标准《普通混凝土用砂、石质量及检验方法标准（附条文说明）》（JGJ 52—2006）的规定。标准的内容不仅包括骨料一般质量及检验方法，还包括了不同混凝土强度等级和耐久性条件下对骨料的要求。

（2）粗骨料质量的主要控制项目

粗骨料质量主要控制项目应包括颗粒级配、针片状颗粒含量、含泥量、泥块含量、压碎指标和坚固性，用于高强混凝土的粗骨料主要控制项目还应包括岩石抗压强度。粗骨料中有害物质含量没有列入主要控制项目，实际工程中，一般在选择料场时根据情况需要才检验有害物质含量。

（3）粗骨料在应用方面应符合下列规定

1）混凝土粗骨料宜采用连续级配。连续级配粗骨料堆积相对紧密，空隙率比较小，有利于节约其他原材料，而其他原材料一般比粗骨料价格高，也有利于改善混凝土性能。

2）对于混凝土结构，粗骨料最大公称粒径不得大于构件截面最小尺寸的1/4，且不得大于钢筋最小净间距的3/4；对混凝土实心板，骨料的最大公称粒径不宜大于板厚的1/3，且不得大于40mm；对于大体积混凝土，粗骨料最大公称粒径不宜小于

31.5mm。混凝土中粗骨料最大公称粒径应考虑结构或构件的截面尺寸以及钢筋间距，粗骨料最大公称粒径太大不利于混凝土浇筑成型；对于大体积混凝土，粗骨料最大公称粒径太小则限制混凝土变形作用较小。

3）对于有抗渗、抗冻、抗腐蚀、耐磨或其他特殊要求的混凝土，粗骨料中的含泥量和泥块含量分别不应大于1.0%和0.5%；坚固性检验的质量损失不应大于8%。对于有抗渗、抗冻、抗腐蚀、耐磨或其他特殊要求的混凝土，坚固性检验是保证粗骨料性能稳定的重要方法。

4）对于高强混凝土，粗骨料的岩石抗压强度应至少比混凝土设计强度高30%；最大公称粒径不宜大于25mm，针片状颗粒含量不宜大于5%且不应大于8%；含泥量和泥块含量分别不应大于0.5%和0.2%。高强混凝土对粗骨料要求较高，如果粗骨料粒径太大或（和）针片状颗粒含量较多，不利于混凝土中骨料合理堆积和应力合理分布，直接影响混凝土强度；骨料含泥（包括泥块）较多将明显影响高强混凝土强度；工程实践表明，用于高强混凝土的岩石的抗压强度比混凝土设计强度高30%是可行的。

5）对粗骨料或用于制作粗骨料的岩石，应进行碱活性检验，包括碱-硅酸反应活性检验和碱-碳酸盐反应活性检验；对于有预防混凝土碱-骨料反应要求的混凝土工程，不宜采用有碱活性的粗骨料。对于有预防混凝土碱-骨料反应要求的混凝土工程，避免采用有碱活性的粗骨料是首选方案。

3. 细骨料

（1）细骨料的选用

细骨料应符合行业标准《普通混凝土用砂、石质量及检验方法标准（附条文说明）》（JGJ 52—2006）的规定；混凝土用海砂应符合行业标准《海砂混凝土应用技术规范》（JGJ 206—2010）的有关规定。

我国长期持续大规模建设，河砂资源日益枯竭，人工砂取代河砂用作混凝土细骨料是大势所趋。我国人工砂质量问题主要是石粉含量高、颗粒级配差和细度模数偏大，采用高水平的制砂设备可以解决这些问题，虽然设备投入大，但可以节约大量胶凝材料并提高混凝土性能，总体核算十分经济。人工砂与碎石往往处于同一石料场，通常在选择料场时根据情况需要才检验氯离子含量和有害物质含量。

（2）细骨料质量的主要控制项目

细骨料质量主要控制项目应包括颗粒级配、细度模数、含泥量、泥块含量、坚固性、氧离子含量和有害物质含量；海砂主要控制项目除应包括上述指标外尚应包括贝壳含量；人工砂主要控制项目除应包括上述指标外尚应包括石粉含量和压碎值指标，人工砂主要控制项目可不包括氯离子含量和有害物质含量。

（3）细骨料的应用应符合下列规定

1）泵送混凝土宜采用中砂，且300μm筛孔的颗粒通过量不宜少于15%。

2）对于有抗渗、抗冻或其他特殊要求的混凝土，砂中的含泥量和泥块含量分别不应大于3.0%和1.0%；坚固性检验的质量损失不应大于8%。对于混凝土，尤其是对于有特殊性能要求的混凝土，如有抗渗，抗冻要求的混凝土和高强混凝土等，含泥（包括泥块）较多都对混凝土性能有不利的影响。

3）对于高强混凝土，砂的细度模数宜控制在2.6～3.0，含泥量和泥块含量分别不应大于2.0%和0.5%。

4）钢筋混凝土和预应力混凝土用砂的氯离子含量分别不应大于0.06%和0.02%。

5）混凝土用海砂应经过净化处理。当采用海砂作为混凝土细骨料时，首要是需采用专用设备对海砂进行淡水淘洗并使之符合行业标准《海砂混凝土应用技术规范》（JGJ 206—2010）的要求。

6）混凝土用海砂氯离子含量不应大于0.03%，贝壳含量应符合表4-22的规定。海砂不得用于预应力混凝土。海砂的氯离子含量控制比河砂严格得多，河砂指标为0.06%。行业标准《海砂混凝土应用技术规范》（JGJ 206—2010）对贝壳含量的控制指标比行业标准《普通混凝土用砂、石质量及检验方法标准（附条文说明）》（JGJ 52—2006）略宽，是经多年试验进行修正的。

表4-22　混凝土用海砂的贝壳含量（按质量分数计，%）

混凝土强度等级	≥C60	C55～C40	C35～C30	C25～C15
贝壳含量	≤3	≤5	≤8	≤10

7）人工砂中的石粉含量应符合表4-23的规定。

表4-23　人工砂中石粉含量（%）

混凝土强度等级		≥C60	C35～C30	≤C25
石粉含量	MB<1.4	≤5.0	≤7.0	≤10.0
	MB≥1.4	≤2.0	≤3.0	≤5.0

对于人工砂中的石粉含量，根据我国人工砂生产现状和混凝土质量控制要求，表4-23中的控制指标是比较合理的，既比较适合混凝土性能的要求，又可促进人工砂生产水平的提高，因为目前我国许多地区人工砂的石粉含量大于10%，质量水平较差。MB为人工砂中亚甲蓝测定值，测试方法应符合行业标准《普通混凝土用砂、石质量及检验方法标准（附条文说明）》（JGJ 52）的规定。

8）不宜单独采用特细砂作为细骨料配制混凝土。我国部分地区有特细砂资源，如重庆地区的特细河砂和云南的特细山砂等，目前特细砂与人工砂混合使用效果较好，但如果单独采用作为细骨料配制结构混凝土，混凝土收缩趋势较大，工程质量控制难度较大。

9）河砂和海砂应进行碱-硅酸盐反应活性检验；人工砂应进行碱-硅酸盐反应活性检验和碱-碳酸盐反应活性检验；对于有预防混凝土碱-骨料反应要求的工程，不宜采用有碱活性的砂。对于有预防混凝土碱-骨料反应要求的混凝土工程，避免采用有碱活性的细骨料是首选方案。

4. *矿物掺合料*

（1）矿物掺合料的选用

用于混凝土中的矿物掺合料可包括粉煤灰、粒化高炉渣粉、硅灰、沸石粉、钢渣粉、磷渣粉；可采用两种或两种以上的矿物掺合料按一定比例混合使用。粉煤灰、粒化高炉矿渣粉、硅灰、钢渣粉、磷渣粉等矿物掺合料为活性粉体材料，掺入混凝土中能改善混凝土性能和降低成本。

粉煤灰应符合国家标准《用于水泥和混凝土中的粉煤灰》(GB/T 1596—2017)的有关规定，粒化高炉矿渣粉应符合国家标准《用于水泥、砂浆和混凝土中的粒化高炉矿渣粉》(GB/T 18046—2017)的有关规定，钢渣粉应符合国家标准《用于水泥和混凝土中的钢渣粉》(GB/T 20491—2017)的有关规定，其他矿物掺合料应符合相关国家标准的规定并满足混凝土性能要求；矿物掺合料的放射性应符合国家标准《建筑材料放射性核素限量》(GB 6566—2010)的有关规定。

(2) 矿物掺合料的主要控制项目

粉煤灰的主要控制项目应包括细度、需水量比、烧失量和三氧化硫含量，C类粉煤灰的主要控制项目还应包括游离氧化钙含量和安定性；粒化高炉矿渣粉的主要控制项目还应包括比表面积、活性指数和流动度比；钢渣粉的主要控制项目应包括比表面积、活性指数、流动度比、游离氧化钙含量、三氧化硫含量、氧化镁含量和安定性；磷渣粉的主要控制项目应包括细度、活性指数、流动度比、五氧化二磷含量和安定性；硅灰的主要控制项目应包括比表面积和二氧化硅含量。矿物掺合料的主要控制项目还应包括放射性。上述矿物掺合料的主要控制项目是在混凝土工程中质量检验的主要项目，目前在实际工程中实行情况逐步规范。其他项目可在选择矿物掺合料时检验，工程质量控制可以出厂检验为依据。

(3) 矿物掺合料的应用应符合下列规定

1) 掺用矿物掺合料的混凝土，宜采用硅酸盐水泥和普通硅酸盐水泥。硅酸盐水泥和普通硅酸盐水泥中混合材掺量相对较少，有利于掺加矿物掺合料，其他通用硅酸盐水泥中混合材掺量较多，再掺加矿物掺合料易于过量。

2) 在混凝土中掺用矿物掺合料时，矿物掺合料的种类和掺量应经试验确定。矿物掺合料品种多，质量差异比较大，掺量范围较宽，用于混凝土时只有经过试验验证，才能实施混凝土质量的控制。

3) 矿物掺合料宜与高效减水剂同时使用。

4) 对于高强混凝土或有抗渗、抗水、抗腐蚀、耐磨等其他特殊要求的混凝土，不宜采用低于Ⅱ级的粉煤灰。采用适宜质量等级的矿物掺合料，有利于控制对性能有特殊要求的混凝土质量。

5) 对于高强混凝土和有耐腐蚀要求的混凝土，当需要采用硅灰时，不宜采用二氧化硅含量小于90%的硅灰。

5. 外加剂

(1) 外加剂的选用

1) 外加剂的品种应根据工程设计和施工要求选择，通过试验及技术经济比较确定。外加剂应符合国家标准《混凝土外加剂》(GB 8076—2008)、《混凝土防冻剂》(JC 475—2004)和《混凝土膨胀剂》(GB 23439—2017)的有关规定。

2) 严禁使用对人体产生危害、对环境产生污染的外加剂。

3) 掺外加剂混凝土所用水泥，宜采用硅酸盐水泥、普通硅酸盐水泥、矿渣硅酸盐水泥、火山灰质硅酸盐水泥、粉煤灰硅酸盐水泥和复合硅酸盐水泥，并应检验外加剂与水泥的适应性，符合要求方可使用。

4）掺外加剂混凝土所用材料如水泥、砂、石、掺合料、外加剂均应符合国家现行的有关标准的规定。试配掺外加剂的混凝土时，应采用工程使用的原材料，检测项目应根据设计及施工要求确定，检测条件应与施工条件相同，当工程所用原材料或混凝土性能要求发生变化时，应再进行试配试验。

5）不同品种外加剂复合使用时，应注意其相容性及对混凝土性能的影响，使用前应进行试验，满足要求方可使用。

（2）外加剂质量的主要控制项目

外加剂质量的主要控制项目应包括掺外加剂的混凝土性能和外加剂匀质性两方面，混凝土性能方面的主要控制项目应包括减水率、凝结时间差和抗压强度比，外加剂匀质性方面的主要控制项目应包括 pH 值、氯离子含量和碱含量；引气剂和引气减水剂主要控制项目还应包括含气量；防冻剂主要控制项目还应包括含气量和 50 次冻融强度损失率比；膨胀剂主要控制项目还应包括凝结时间、限制膨胀率和抗压强度。列入的外加剂的主要控制项目是在混凝土工程中质量检验的主要项目，其他项目可在选择外加剂时检验，工程质量控制可以出厂检验为依据。

（3）外加剂的质量控制

外加剂的应用应符合国家标准《混凝土外加剂应用技术规范》（GB 50119—2013）的有关规定：

1）选用的外加剂应有供货单位提供的下列技术文件：

① 产品说明书，并应标明产品主要成分；

② 出厂检验报告及合格证；

③ 掺外加剂混凝土性能检验报告。

2）外加剂运到工地（或混凝土搅拌站）应立即取代表性样品进行检验，进货与工程试配时一致，方可入库、使用。若发现不一致时，应停止使用。

3）外加剂应按不同供货单位、不同品种、不同牌号分别存放，标识应清楚。

4）粉状外加剂应防止受潮结块，如有结块，经性能检验合格后应粉碎至全部通过 0.63mm 筛后方可使用。液体外加剂应放置阴凉干燥处，防止日晒、受冻、污染、进水或蒸发，如有沉淀等现象，经性能检验合格后方可使用。

5）外加剂配料控制系统标识应清楚、计量应准确，计量误差不应大于外加剂用量的 2%。

（4）外加剂的应用除应符合上述规定外，尚应符合下列规定

1）在混凝土中掺用外加剂时，外加剂应与水泥具有良好的适应性，其种类和掺量应经试验确定。国家标准《混凝土外加剂应用技术规范》（GB 50119—2013）中规定了不同剂种外加剂的应用技术要求。外加剂品种多，质量差异比较大，掺量范围较宽，用于混凝土时只有经过试验验证，才能实施混凝土质量的控制。

2）高强混凝土宜采用高性能减水剂；有抗冻要求的混凝土宜采用引气剂或引气减水剂；大体积混凝土宜采用缓凝剂或缓凝减水剂；混凝土冬期施工可采用防冻剂。

3）外加剂中的氯离子含量和碱含量应满足混凝土设计要求。含有氯盐配制的外加剂引起的钢筋锈蚀问题对钢筋混凝土和预应力混凝土具有严重的危害。

4）宜采用液态外加剂。液态外加剂易于在混凝土中均匀分布。

6. 水

(1) 混凝土用水的选用

混凝土用水应符合行业标准《混凝土用水标准(附条文说明)》(JGJ 63—2006) 的有关规定。混凝土用水包括拌和用水和养护用水。行业标准 JGJ 63—2006 包括了对各种水用于混凝土的规定。

(2) 混凝土用水的主要控制项目

混凝土用水的主要控制项目应包括 pH 值、不溶物含量、可溶物含量、硫酸根离子含量、氯离子含量、水泥凝结时间差和水泥胶砂强度比。当混凝土骨料为碱活性时,主要控制项目还应包括碱含量。混凝土用水的主要控制项目在实际工程基本落实。

(3) 混凝土用水的应用应符合下列规定

1) 未经处理的海水严禁用于钢筋混凝土和预应力混凝土。未经处理的海水含有大量氯盐,会引起严重的钢筋锈蚀,危及混凝土结构的安全性。

2) 当骨料具有碱活性时,混凝土用水不得采用混凝土企业生产设备洗涮水。混凝土企业设备洗涮水中碱含量高,与碱活性骨料一起配制混凝土易产生碱-骨料反应。

4.3.2 通用混凝土搅拌过程质量控制

1. 同一盘混凝土的搅拌匀质性应符合下列规定

(1) 混凝土中砂浆密度两次测值的相对误差不应大于 0.8%。

(2) 混凝土稠度两次测值的差值不应大于表 4-24 中规定的混凝土拌合物稠度允许偏差的绝对值。

表 4-24 混凝土拌合物稠度允许偏差

拌合物性能		允许偏差		
坍落度(mm)	设计值	≤40	50~90	≥100
	允许偏差	±10	±20	±30
维勃稠度(s)	设计值	≥11	10~6	≤5
	允许偏差	±3	±2	±1
扩展度(mm)	设计值	≥350		
	允许偏差	±30		

2. 冬期施工

冬期施工搅拌混凝土时,宜优先采用加热水的方法提高拌合物温度,也可同时采用加热骨料的方法提高拌合物温度。当拌和用水和骨料加热时,拌和用水和骨料的加热温度不应超过表 4-25 中的规定;当骨料不加热时,拌和用水可加热到 60℃以上。应先投入骨料和热水进行搅拌,然后投入胶凝材料等共同搅拌。

表 4-25 拌和用水和骨料的最高加热温度(℃)

采用的水泥品种	拌和用水	骨料
硅酸盐水泥和普通硅酸盐水泥	60	40

在执行本条规定时，重点应注意通过骨料和热水搅拌使热水降温后，再加入水泥等胶凝材料搅拌。

4.3.3 通用混凝土运输过程质量控制

1. 一般规定

在运输过程中，应控制混凝土不离析、不分层，并应控制混凝土拌合物性能满足施工要求。广泛采用的搅拌罐车是控制混凝土拌合物性能稳定的重要运输工具。

泵送混凝土的供应，应根据技术要求、施工进度、运输条件以及混凝土浇筑量等因素编制供应方案。混凝土的供应过程应加强通信联络、调度，确保连续均衡供料。

混凝土在运输、输送和浇筑过程中，不得加水。在生产施工过程中向混凝土拌合物中加水会严重影响混凝土力学性能、长期性能和耐久性能，对混凝土工程质量危害极大，必须严格禁止。

2. 运输设备

当采用机动翻斗车运输混凝土时，道路应平整。采用机动翻斗车运输混凝土时，如果道路颠簸，容易导致混凝土分层和离析。

3. 保温措施

当采用搅拌罐车运送混凝土拌合物时，搅拌罐在冬期应有保温措施。由于要控制混凝土拌合物入模温度不低于5℃，因此对搅拌罐车的搅拌罐做出保温的规定。

4. 卸料前搅拌

当采用搅拌罐车运送混凝土拌合物时，卸料前应采用快挡旋转搅拌罐不少于20s。卸料之前采用快挡旋转搅拌的目的是将拌合物搅拌均匀，利于泵送施工。因运距过远、交通或现场等问题造成坍落度损失较大而卸料困难时，可采用在混凝土拌合物中掺入适量减水剂并快挡旋转搅拌罐的措施，减水剂掺量应有经试验确定的预案。搅拌罐车卸料困难或混凝土坍落度损失过大情况时有发生，较多情况是现场施工组织不力，不能及时浇筑混凝土而导致压车，这时可向罐车内掺加适量减水剂并搅拌均匀以改善拌合物稠度，但是应经过试验确定。

5. 混凝土的连续泵送

当采用泵送混凝土时，混凝土运输应保证混凝土连续泵送，并应符合行业标准《混凝土泵送施工技术规程》（JGJ/T 10—2011）的有关规定。保证混凝土的连续泵送非常重要。尤其是对大体积混凝土和不留施工缝的结构混凝土等。

6. 运输时间间隔

混凝土拌合物从搅拌机卸出至施工现场接收的时间间隔不宜大于90min。随着混凝土外加剂技术的发展，调整混凝土拌合物的可操作时间并满足硬化混凝土性能要求比较容易实现，因此控制混凝土出机至现场接收不超过90min是可行的。

4.3.4 通用混凝土泵送过程质量控制

1. 一般规定

（1）混凝土泵送施工现场，应配备通信联络设备，并应设专门的指挥和组织施工的调度人员。施工现场必须设有通信装置。如对讲机、无线电话和信号灯等，并必须配备泵送混凝土施工的专业指挥人员。

（2）当多台混凝土泵同时泵送或与其他输送方法组合输送混凝土时，应分工明确、互相配合、统一指挥。混凝土泵送施工，在混凝土的拌制、运输、泵送、布料和浇筑的全过程中，是远距离、多工种、多单位和多设备的同时协作施工。为确保混凝土泵送施工能连续、顺利和快速进行，根据工程规模大小在现场设置通信设备，进行搅拌站、搅拌运输车、混凝土泵、布料设备与浇筑点之间的泵送施工进度等信息的及时联络是十分必要的。同时在现场设置适当的指挥系统，进行统一指挥，及时协调处理出现的矛盾，也是必不可少的。

（3）炎热季节或冬期施工时，应采取专门技术措施。冬期施工尚应符合行业标准《建筑工程冬期施工规程》（JGJ/T 104—2011）的有关规定。炎热季节施工，宜用湿布、湿袋等材料遮盖露天的混凝土输送管，避免暴晒。严寒季节施工，宜用保温材料包裹混凝土输送管，防止管内混凝土受冻，并保证混凝土的入模温度。

（4）混凝土泵的操作应严格按照使用说明书和操作规程进行。

（5）混凝土泵送宜连续进行。混凝土运输、输送、浇筑及间歇的全部时间不应超过国家现行标准的有关规定：如超过规定时间时，应临时设置施工缝，继续浇筑混凝土，并应按施工缝要求处理。能否连续泵送混凝土，是混凝土泵送施工成败的关键因素之一。如混凝土泵的输送管中的混凝土超过了初凝时间减去布料入模和振捣密实所必需的时间，则因混凝土质量不合格，将导致管道堵塞。所以当遇到混凝土供应中断等情况时，应采取慢速和间歇泵送，但一定要满足所泵送的混凝土从搅拌到浇筑完毕的延续时间不超过初凝时间的要求。

2. 泵送混凝土的运输

（1）混凝土搅拌运输车的施工现场行驶道路，应符合下列规定：

1）宜设置环形车道，并应满足重车行驶要求。

2）车辆出入口处，宜设交通安全指挥人员。

3）夜间施工时，现场交通出入口和运输道路上应有良好照明，危险区域应设安全标志。

（2）混凝土搅拌运输车装料前，应排净搅拌筒内积水。

（3）泵送混凝土的运输延续时间应符合国家标准《预拌混凝土》（GB/T 14902—2012）的有关规定。

（4）混凝土搅拌运输车向混凝土泵卸料时，应符合下列规定：

1）为了使混凝土拌和均匀，卸料前应高速旋转拌筒。

2）应配合泵送过程均匀反向旋转拌筒向集料斗内卸料；集料斗内的混凝土应满足最小集料量的要求。

3）搅拌运输车中断卸料阶段，应保持拌筒低速转动。

4）泵送混凝土卸料作业应由具备相应能力的专职人员操作。

3. 泵送混凝土质量控制

（1）应建立质量控制保证体系，制定保证质量的技术措施。要保证泵送混凝土的质量，就应建立严格的质量控制体系。

（2）泵送混凝土的原材料及其储存、计量应符合国家标准《预拌混凝土》（GB/T

14902—2012）的有关规定，原材料的储备量应满足泵送要求。泵送混凝土原材料必须合格，为此规定对原材料进行合格验收。同时为防止材料变质和使用混乱，故又对保管、存放做了规定。对原材料储备量要求的目的，主要是满足泵送混凝土连续作业要求。

（3）泵送混凝土质量应符合国家标准《混凝土结构工程施工质量验收规范》（GB 50204—2015）和《预拌混凝土》（GB/T 14902—2012）的有关规定。

（4）泵送混凝土的质量控制除应符合国家标准《预拌混凝土》（GB/T 14092—2012）的相关规定外，尚应符合下列规定：

1）泵送混凝土的可泵性试验，可按国家标准《普通混凝土拌合物性能试验方法标准》（GB/T 50080—2016）的有关压力泌水试验的方法进行检测，10s 时的相对压力泌水率不宜大于 40%。混凝土的可泵性评价方法是一个比较复杂的问题。用压力泌水率控制混凝土的可泵性，国内外已进行了不少研究。上海、天津、广州等地已积累了一定的实践经验。

目前混凝土原材料成分日益复杂，研究试验中发现，在添加高效减水剂的情况下，压力泌水率可能很低，但可泵性并不一定符合要求，所以有关压力泌水率的技术要求是必要条件，而非充分条件，还需要本行业积累有关经验和数据，形成更完善的技术体系。

2）混凝土入泵时的坍落度及其允许偏差，应符合表 4-26 的规定。混凝土坍落度允许偏差表是根据国家现行标准以及我国混凝土泵送施工经验确定的。

3）混凝土强度的检验评定，应符合国家标准《混凝土强度检验评定标准》（GB/T 50107—2010）的规定。

表 4-26　混凝土的坍落度及其允许偏差

坍落度（mm）	坍落度允许偏差（mm）
100～160	±20
>160	±30

（5）出泵混凝土的质量检查，应按国家标准《混凝土结构工程施工质量验收规范》（GB 50204—2015）的有关规定进行。用作评定结构或构件混凝土强度质量的试件，应在浇筑地点取样、制作，且混凝土的取样、试件制作、养护和试验均应符合国家标准《混凝土强度检验评定标准》（GB/T 50107—2010）的规定。评定结构或构件混凝土强度质量的试块取样、制作，其目的是检验泵送到建筑物中的混凝土是否符合设计配合比要求。日本有关标准规定，应在向建筑物浇筑的配管口进行取样和制作。结合我国施工经验，评定泵送混凝土强度质量的试块，也应在浇筑地点取样、制作。为检验泵送入模的混凝土强度质量，应严格执行此项规定。

本章小结

本章从混凝土的配合比设计计算、通用混凝土生产、通用混凝土的质量控制三个方面介绍了混凝土生产过程应掌握的知识。

配合比设计是实现混凝土性能的一个重要过程，也是保证商品混凝土质量的重要环节。混凝土配合比设计以计算 $1m^3$ 混凝土中各材料用量为基准。普通混凝土完整的配合比设计步骤为：①确定混凝土配制强度；②确定混凝土水胶比 W/B；③确定单位用水量；④确定每 $1m^3$ 混凝土胶凝材料用量；⑤确定砂率；⑥计算粗、细骨料用量；⑦混凝土配合比的试配、调整与确定。抗渗混凝土、抗冻混凝土、高强混凝土、泵送混凝土、大体积混凝土的配合比设计除按普通混凝土配合比设计外，还有原材料和配合比方面的特殊要求。

通用混凝土生产是混凝土配合比设计的实现，主要由原料的输送、原料的储存、称量配料、混凝土搅拌、混凝土拌合物的运输几部分组成。通用混凝土拌合物的搅拌与运输是混凝土生产环节中的一个重要组成部分。混凝土运输主要分地面水平运输、垂直运输、楼面运输三种情况，应根据施工方法、工程特点、运输距离远近以及现有的运输设备，选择可满足施工要求的运输工具。常用的混凝土运输设备有手推车、机动翻斗车、自卸汽车、井架运输机、塔式起重机、混凝土搅拌运输车、混凝土泵、布料杆等。混凝土搅拌机按其工作原理不同分为自落式搅拌机和强制式搅拌机。

混凝土的质量控制是工程建设的重要环节，体现着混凝土工程的整体技术水平，对于保证混凝土工程质量和促进混凝土技术进步具有重要意义。混凝土的质量控制包括原材料质量控制、搅拌过程质量控制、运输过程质量控制和泵送过程中的质量控制。

习　题

一、填空题

1. ________、________和________是混凝土配合比设计的三个基本参数。

2. 混凝土搅拌站工艺布置形式按混凝土原材料提升的次数不同分为________和________式。

3. 高强混凝土最大的特点是____________。

4. 我国现在采用的混凝土泵，按其驱动方式可分为________式混凝土泵和________式混凝土泵。

5. 海砂主要控制项目除细骨料常规指标外尚应包括________。

二、单项选择题

1. 在混凝土配合比设计时，当混凝土强度等级为 C30 时，计算配制强度选用的标准差 δ 取值为(　　)。

A. 3.0　　B. 4.0　　C. 5.0　　D. 6.0

2. 高强混凝土是指强度等级不低于(　　)的混凝土。

A. C30　　B. C40　　C. C50　　D. C60

3. 可用于长距离运输混凝土的机械是(　　)。

A. 搅拌运输车　　B. 混凝土泵　　C. 手推车　　D. 塔式起重机

4. 混凝土强度试验时，至少应采用(　　)个不同的配合比。

A. 二　　B. 三　　C. 四　　D. 五

5. 抗渗混凝土是指抗渗等级等于或大于(　　)级的混凝土。

A. P2　　B. P4　　C. P6　　D. P8

三、多项选择题

1. 可用于垂直输送混凝土的机械有(　　)。

A. 搅拌运输车　　B. 混凝土泵　　C. 井架运输机　　D. 塔式起重机

2. 抗冻混凝土配合比设计应进行(　　)试验。

A. 稠度　　B. 强度　　C. 表观密度　　D. 抗冻

3. 拌制高强混凝土时，宜选用的水泥有(　　)。

A. 硅酸盐水泥　　B. 普通硅酸盐水泥

C. 矿渣硅酸盐水泥　　D. 粉煤灰硅酸盐水泥

4. 人工砂主要控制项目除常规项目外，尚应包括(　　)。

A. 石粉含量　　B. 氯离子含量　　C. 有害物质含量　　D. 压碎值指标

5. 拌制大体积混凝土时，宜选用水泥有(　　)。

A. 硅酸盐水泥　　B. 普通硅酸盐水泥

C. 低热硅酸盐水泥　　D. 矿渣硅酸盐水泥

四、判断题

1. 选取砂率时，细砂的砂率应小些，粗砂的砂率应大些。(　　)

2. 设计要求的混凝土强度保证率越大，配制强度就要越高。(　　)

3. 若泌水性大，有可能降低混凝土强度，则减少水和胶凝材料。(　　)

4. 不同密度的物料进行混合搅拌时，一般是先投密度大的物料。(　　)

5. 长期处于潮湿或水位变动的寒冷和严寒环境以及盐冻环境的混凝土应掺用引气剂。(　　)

五、计算题

某现浇钢筋混凝土梁，混凝土设计强度等级为C40。施工要求坍落度为55～70mm，使用环境为无冻害的室外。施工单位无该种混凝土的历史统计资料，该混凝土采用统计法评定。所用的原材料情况如下：

水泥：42.5级普通硅酸盐水泥，密度 $\rho_c=3100\text{kg/m}^3$；

粉煤灰：Ⅰ级C类，密度 $\rho=2500\text{kg/m}^3$，掺量为20%；

砂：级配合格，细度模数为2.7的中砂，表观密度 $\rho_s=2650\text{kg/m}^3$；

石子：5～20mm的碎石，表观密度 $\rho_g=2720\text{kg/m}^3$。

试求：1. 该混凝土的设计配合比；

2. 施工现场砂的含水率为3%，碎石的含水率1%时的施工配合比。

掺加高效减水剂HSP，掺加量1%。减水率 $\beta=20\%$。设计该混凝土配合比。

5 通用混凝土施工

通用
混凝土施工

本章导读

混凝土施工的环节主要包括浇筑、振捣等，施工技术高低和施工质量的好坏对建筑物的安全性和稳定性有很大的影响。混凝土是一种多组分物质，为保证混凝土结构的均匀性和密实性，要根据浇筑工程的实际情况，分层次分步骤进行浇筑，选择最符合要求的捣实设备，并按照相应的工序对混凝土进行振捣，确保建筑工程的质量。

5.1 通用混凝土的浇筑

混凝土浇筑成型就是将混凝土拌合物浇筑在符合设计要求的模板内，加以捣实，使其具有良好的均匀性、密实性及结构整体性，满足设计要求的强度。成型过程包括浇筑与捣实，这是混凝土工程施工的关键工序，直接影响混凝土构件的质量和整体性。因此，混凝土经浇筑捣实后应内实外光，尺寸准确，表面平整，钢筋及预埋件位置符合设计要求，新旧混凝土结合良好。

5.1.1 通用混凝土浇筑准备

混凝土浇筑前先检查模板、支架、钢筋和预埋件等部位的尺寸、规格、数量和位置，看其是否符合要求，随后应清理模板内的杂物及钢筋上的油污，堵严缝隙和孔洞，并按照国家标准《混凝土结构工程施工质量验收规范》（GB 50204—2015）的相关规定进行验收，符合要求后，方可进行浇筑。由于混凝土工程属于隐蔽工程，因此对混凝土施工应随时填写施工记录。

1. 混凝土浇筑前的施工准备工作

（1）制订施工方案，进行安全与技术交底

在施工方案中，应根据混凝土工程量和结构特点，结合现场条件，确定混凝土的施工进度、浇筑顺序、施工缝留的位置、劳动组织、技术措施和操作要点、质量和安全要求等，并在浇筑施工前将这些内容向工人队组进行安全与技术交底。

（2）机具和劳动力准备

混凝土各组成材料的质量和品种规格应符合配合比设计要求，数量应满足一次连续浇筑的需要。所需机具如振动器、运输车辆、料斗、串筒等应准备充足，浇筑前通过试运转检查其完好情况，并考虑发生故障时的修理时间。料斗、串筒应安装就位。前台的运输道路、跳板等应提前搭设妥当。当混凝土在现场搅拌时，还要注意检查砂、石计量设备的准确性。在劳动力方面，除本工种外，应注意少数工种如翻斗车司机、值班电工、机修工的配备。

(3) 基底准备

在地基上浇筑混凝土前，基底应按设计标高和轴线，事先加以校正，并清除淤泥和杂物。对岩石地基应用水进行清洗，但表面不得积水。对干燥的非黏性工程地基，应浇水润湿。对开挖出来的水和流入开挖地点的流动水，应加以排除，以防冲刷新浇筑的混凝土。

(4) 模板及钢筋准备

模板、支架、钢筋和预埋件等应按设计要求安装好。在浇筑混凝土前，模板和钢筋上的垃圾和泥土，钢筋上的油污等杂物，都应清除干净。木模板应提前浇水润湿，但不得存有积水。润湿后，如仍有未胀严的缝隙，应视其宽窄，用木片、水泥纸袋或砂浆堵塞严实。钢模板中的缝隙，也用同样方法堵严。钢模、木模、砖或混凝土胎模及叠层生产时已硬化的下层构件表面，都应事先涂刷好隔离剂。

(5) 其他准备事项

主要是与水、电供应部门联系，防止施工时水、电中断。为了预防临时停水停电，事先应在浇筑地点储备一定的原材料和人工拌和捣固用的工具，以防出现意外的施工停歇缝。需夜间施工时，应提前做好照明准备。重要工程施工时，还要与气象部门联系，掌握天气变化情况，并做好防雨、防冻、防晒等准备工作。

2. 混凝土浇筑前的工种交接检查

混凝土浇筑前有关工种间的交接检查，主要有以下几项：

(1) 模板的交接检查

1) 模板的标高、位置和尺寸是否符合设计要求，预留拱度是否正确。

2) 支架是否稳定，支柱、支撑和模板的固定是否可靠；组合钢模板的连接件和支撑是否按规定设置；土模或砖胎模的基底是否坚实，表面是否平整。

3) 模板拼缝是否严密。

4) 锚固螺栓和其他预埋件、预留孔洞用的塞子和框子（包括预应力混凝土的芯管）等，是否安装齐全，安装位置是否正确。

(2) 钢筋的交接检查

主要检查钢筋的规格、数量和安装位置是否与设计相符，钢筋的搭接倍数和接头位置是否与规范要求相符。控制混凝土保护层厚度的砂浆垫块或支架是否按规定垫好。此外，应检查埋设的铁件、水、电、暖等管道及预留孔洞等的位置及数量是否正确齐全。

(3) 混凝土的交接检查

混凝土拌合物在输送、浇筑前应检查其送料单，核对配合比，检查坍落度，必要时还应测定混凝土坍落扩展度，在确认无误后方可进行混凝土的浇筑。

5.1.2 通用混凝土浇筑一般要求

1. 一般要求

(1) 浇筑混凝土前，应清除模板内或垫层上的杂物。表面干燥的地基、垫层、模板上应洒水湿润；当现场环境温度高于 35℃时，宜对金属模板进行洒水降温；洒水后不得留有积水。

(2) 混凝土浇筑应保证混凝土的均匀性和密实性。浇筑前，应进行一次强力搅拌，使其达到均匀性后，方可入模。为防止混凝土浇筑时产生分层、离析现象，混凝土浇筑的布料点宜接近浇筑位置，宜先浇筑高强度等级混凝土和竖向结构构件，后浇筑低强度等级混凝土和水平结构构件；浇筑区域结构平面有高差时，宜先浇筑低区部分再浇筑高区部分。

柱、墙模板内的混凝土浇筑倾落高度应符合以下要求：当粗骨料粒径不超过 25mm 时，浇筑混凝土的倾落高度一般不宜超过 6m；当粗骨料粒径大于 25mm 时，浇筑混凝土的倾落高度不宜超过 3m。否则应采用串筒、溜管或振动溜管等措施来保证混凝土在下落过程中不产生离析。

(3) 浇筑时应采取一定的措施，尽量减少混凝土下料对模板的冲击。在浇筑竖向结构混凝土前，可先在底部填以 50～100mm 厚与混凝土成分相同的水泥砂浆，以避免构件下部由于砂浆含量减少而出现蜂窝、麻面、露石等质量缺陷。

(4) 为保证混凝土的密实性和整体性，混凝土施工时必须分层浇筑、分层捣实，并应在前层混凝土凝结前，将次层混凝土浇筑完毕。分层厚度，应使混凝土能捣固密实，且符合以下要求：当采用插入式振动器时，分层厚度不应超过振动棒作用部分长度的 1.25 倍；当采用表面振动器时，分层厚度不应超过 200mm；当采用附着振动器时，应根据设置方式，通过试验来确定；当用人工捣固时，根据钢筋疏密程度不同，一般为 150～250mm。

(5) 多层框架混凝土应分层分段进行浇筑施工。在浇筑前按照水平方向以结构平面的伸缩缝分段，垂直方向按结构的层次来分层。在每层中先浇筑柱，再浇筑梁、板。洞口浇筑混凝土时，应使洞口两侧混凝土高度大体一致。振捣时，振捣棒应距洞边 30cm 以上，从两侧同时振捣，以防止洞口变形，大洞口下部模板应开口并补充振捣。构造柱混凝土应分层浇筑，内外墙交接处的构造柱和墙应同时浇筑，振捣要密实。采用插入式振动器捣实混凝土的移动间距不宜大于作用半径的 1.5 倍，振动器距离模板不应大于振动器作用半径的 1/2，不得碰撞各种预埋件。

(6) 为保证混凝土的整体性，浇筑混凝土应连续进行，即在前层混凝土初凝之前，将上层混凝土浇筑完毕。当由于施工技术或施工组织上的原因必须间歇时，其间歇时间应尽量缩短，间歇的最长时间应按所用水泥品种、气温及混凝土凝结条件确定。混凝土运输、浇筑和间歇的全部时间不得超过表 5-1 的规定，若超过此时间，应按施工缝处理，施工缝留设位置应符合相关要求。

表 5-1　混凝土运输、浇筑和间歇的允许时间（min）

条件	气温	
	不高于 25℃	高于 25℃
不掺外加剂	180	150
掺外加剂	240	210

注：掺早强型减水剂、早强剂的混凝土以及有特殊要求的混凝土，应根据设计及施工要求，通过试验确定允许时间。

(7) 浇筑混凝土时应经常观察模板、钢筋、预留孔洞、预埋件和插筋等有无移动、变形或堵塞情况，发现异常情况应立即处理，并应在已浇筑的混凝土初凝前修正完好。

2. 施工缝留设

混凝土浇筑因技术或组织上的原因不能连续进行，且浇筑的中断时间有可能超过混凝土的初凝时间，新旧混凝土的交接缝处称为施工缝。它是新旧混凝土间的结合面，属于结构的薄弱环节，因而混凝土施工缝不应随意留置，其位置应事先在施工技术方案中确定。确定施工缝位置的原则：尽可能留置在受剪力较小的部位，留置部位应便于施工。

(1) 留设规定

1) 柱留设水平缝，宜留置在基础的顶面、梁或吊车梁牛腿的下面、吊车梁的上面、无梁楼板柱帽的下面，如图 5-1 所示。

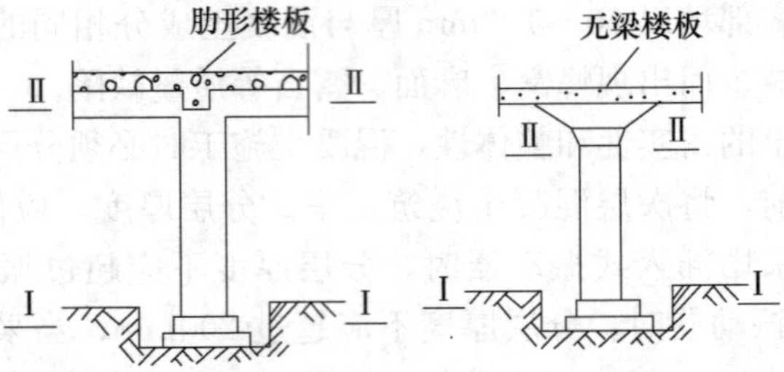

图 5-1 浇筑柱的施工缝留设位置

Ⅰ—Ⅰ、Ⅱ—Ⅱ表示施工缝的位置

2) 与板连成整体的大截面梁，留置在板底面以下 20～30mm 处，当板下有梁托时，留置在梁托下部。

3) 单向板留置在平行于板的短边的任何位置。

4) 有主次梁的楼板宜顺着次梁方向浇筑，施工缝应留置在次梁跨度的中间 1/3 范围内，如图 5-2 所示。

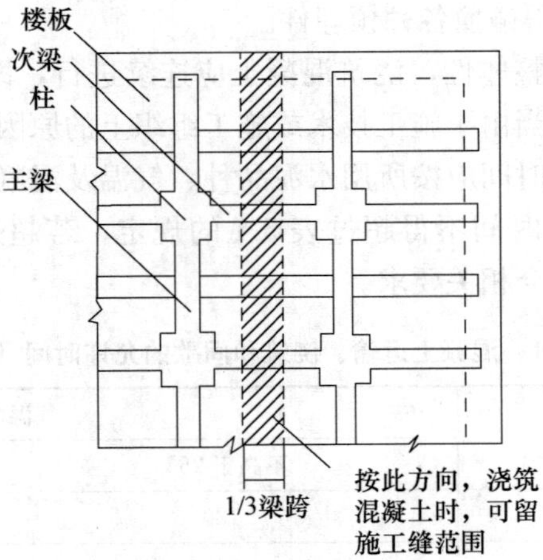

图 5-2 有主次梁楼板施工缝留设位置

5）双向受力楼板、大体积混凝土结构、拱、弯拱、薄壳、蓄水池、斗仓、多层钢架及其他结构复杂的工程，施工缝的位置应按设计要求留置。

（2）施工缝处理

当在施工缝处继续浇筑混凝土时，须待已浇筑的混凝土抗压强度达到 1.2MPa 后才能进行。混凝土强度达到的时间，可通过试验决定。同时，必须对施工缝进行必要的处理。

1）在已硬化的混凝土表面上继续浇筑混凝土前，应清除垃圾、水泥薄膜、表面上松动砂石和软弱混凝土层，同时还应加以凿毛，用水冲洗干净并充分湿润，一般不宜少于 24h，残留在混凝土表面的积水应予以清除。

2）在施工缝位置附近回弯钢筋时，要做到钢筋周围的混凝土不受松动和损坏。钢筋上的油污、水泥砂浆及铁锈等杂物也应清除。

3）在浇筑前，水平施工缝宜先铺上一层 10～15mm 厚的水泥砂浆，其配合比应与混凝土内的砂浆成分相同。

4）从施工缝处开始继续浇筑时，要注意避免直接靠近缝边下料。机械振捣前，宜向施工缝处逐渐推进，并在距离 80～100cm 处停止振捣，但应加强对施工缝接缝的捣实工作，使新旧混凝土结合紧密，尽量降低施工缝对结构整体性带来的不利影响。

3. 后浇带的设置

后浇带是为在现浇钢筋混凝土结构施工过程中，克服由于收缩而可能产生有害裂缝而设置的临时施工缝。该缝需根据设计要求保留一段时间后再进行浇筑，将整个结构连成整体。

（1）后浇带的设置距离，应考虑在有效降低温差和收缩应力的条件下，通过计算来获得。在正常的施工条件下，如混凝土置于室内和土中，则为 30m；如在露天，则为 20m。

（2）后浇带的保留时间应根据设计确定，若设计无要求时，一般至少保留 28d。后浇带的宽度应考虑施工简便，避免应力集中。一般其宽度为 70～100cm。后浇带内的钢筋应完好保存。后浇带的构造如图 5-3 所示。

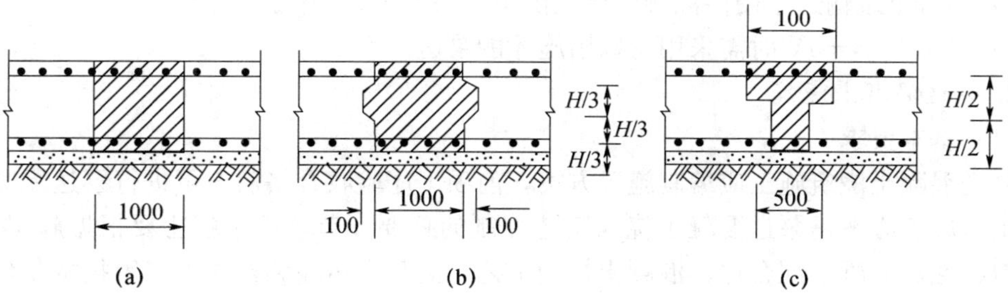

图 5-3 后浇带构造图

（a）平接式；（b）企口式；（c）台阶式

（3）后浇带在浇筑混凝土前，必须将整个混凝土表面按照施工缝的要求进行处理。填充后浇带混凝土可采用微膨胀或无收缩水泥，也可采用普通水泥加入相应的外加剂拌制，但必须要求填筑混凝土的强度比原结构强度至少提高一级，并保持 15d 以上的湿润养护。

5.1.3 泵送混凝土浇筑

泵送混凝土浇筑是将混凝土从搅拌运输车或储料斗中卸入混凝土泵的料斗后，利用泵的压力作用，通过硬质导管或软质导管，将混凝土拌合物输送到施工现场完成浇筑的过程。

1. 泵送混凝土施工的特点

（1）优点

1）机械化程度高，需要的劳动力少，施工组织简单。

2）混凝土的输送和浇筑作业是连续进行的，施工效率高，工程进度快。

3）泵送工艺对混凝土质量要求比较严格，也可以说泵送是对混凝土质量的一次检验，又由于泵送是连续进行的，泵送中混凝土不易离析，混凝土坍落度损失不大，因此容易保证工程质量。

4）对施工作业面的适应性强，作业范围广。混凝土输送管道可以敷设到其他设备难以达到的地方，又能使混凝土在一定压力下充填浇筑部位，还可以把泵串联使用，以增大输送距离，满足各种施工要求。

5）与其他施工机械的相互干扰小。在泵送的同时，输送管附近可以进行其他施工作业。

6）在正常泵送条件下，混凝土在管道中输送不会污染环境，能实现文明施工。

7）在施工布置得当的情况下，能够降低工程造价。

（2）局限性

1）混凝土配合比除了应符合工程质量要求外，还要符合用管道输送的要求，如对于坍落度、混凝土骨料最大粒径，水泥及细骨料的比例等都有一定限制。

2）混凝土的输送距离受到输送管口径、混凝土泵型及泵送压力的限制。

3）混凝土泵操作人员要有一定的技术水平，不仅要掌握机械的使用与维护方法，还应懂得一些混凝土施工工艺方面的知识，能够判断混凝土的质量和可泵性。

4）混凝土泵输送干硬性混凝土比较困难，限制了泵的使用范围。

5）气温低于－5℃时需采用特殊措施才能泵送。

2. 泵送混凝土浇筑

（1）基本要求

泵送混凝土浇筑施工应编制施工方案，前项工序验收合格后方可进行泵送混凝土浇筑施工。施工方案是泵送混凝土浇筑工艺控制的首要环节，该过程主要根据施工要求、原材料特性、混凝土配合比、混凝土拌制工艺、混凝土运输和输送方案等技术条件分析混凝土的可泵性，以评估其浇筑过程的可行性，如有不合理之处，应在泵送混凝土浇筑施工前及时协商调整，以保证后期浇筑过程顺利进行。

泵送混凝土浇筑时应根据技术要求、施工进度、运输条件以及混凝土浇筑量合理安排供应方案，确保连续均衡供料。如确需中断时，混凝土运输、输送、浇筑及间歇的全部时间不应超过国家现行标准的有关规定。如超过规定时间时，应设置临时施工缝，后续浇筑混凝土时，并应按施工缝要求进行处理。

泵送混凝土在浇筑过程中，应连续进行，使其成为连续的整体。同时应该有效控制混凝土的均匀性和密实性。具体来说，混凝土的浇筑顺序，应符合下列规定：输送管在输送混凝土时，输送管末端出料口宜接近浇筑位置。宜遵循由远而近的顺序进行浇筑。泵送浇筑应预先采取措施，避免造成模板内钢筋、预埋件及其定位件移动的状况。对于同一区域的混凝土，应按照先竖向结构后水平结构的顺序分层连续予以浇筑。

(2) 配合比要求

当混凝土采用泵送施工时，需要特别注意混凝土的配合比设计，配合比不正确的混凝土常常会导致堵管事故。泵送混凝土与其他混凝土没有大的差异，但应特别注意的是，泵送混凝土应具有良好的流动性，干硬性的混凝土无法进行泵送。通常，泵送失败的主要原因是摩擦阻力过大或混凝土离析。对于泵送施工的混凝土，应通过试验确定其可泵性。

掺加外加剂是改善混凝土和易性与可泵性的有效途径，适用于泵送混凝土的外加剂主要有泵送剂、减水剂、引气剂等。泵送剂是专门适用于泵送混凝土的外加剂。在水灰比相同的条件下，掺泵送剂的拌合物坍落度有一定的增加，且经过一段时间仍能保留一定的坍落度值，泌水率也较小，使拌合物具有较好的可泵性。减水剂是在不增加用水量的情况下，增大拌合物的流动性，改善和易性，便于泵送。引气剂是在拌合物中形成众多微细气泡，起到润滑的作用，减少摩擦阻力，便于泵送。

混凝土坍落度对拌合物的泵送性能有极大的影响。坍落度过小，管道摩擦阻力过大，吸入泵体混凝土量过少，影响正常泵送施工；坍落度过大，在泵送输送过程中易导致混凝土离析或水分流失。在通常情况下，泵送混凝土坍落度宜控制在 80～180mm。对不同泵送高度，入泵时混凝土的坍落度可参考表 5-2 选用。

表 5-2 混凝土入泵坍落度与泵送高度关系表

最大泵送高度（m）	50	100	200	400	400 以上
入泵坍落度（mm）	100～140	150～180	190～220	230～260	—
入泵扩展度（mm）	—	—		450～590	600～740

(3) 混凝土泵送施工

混凝土泵送施工前应对设备、管道进行全面检查。无误后，应进行空载试运转。随后检查混凝土送料单，核对配合比，检查坍落度，必要时还应测定混凝土扩展度，在确认无误后方可进行混凝土泵送。

混凝土泵启动后，应先泵送适量清水来湿润混凝土泵的料斗、活塞及输送管的内壁等直接与混凝土接触部位，降低润滑砂浆用量和强度损失。经泵送清水检查，确认混凝土泵和输送管中无异物后，一般宜采用水泥净浆或与混凝土相同配合比的水泥砂浆来润滑混凝土泵和输送管内壁，一般 $1m^3$ 水泥砂浆可润滑约 300m 长的管道。润滑用浆料泵出后应妥善回收，不得作为结构混凝土使用。在混凝土泵送过程中，如需加接输送管，应预先对新接管道内壁进行湿润。

开始泵送时，混凝土泵应处于匀速缓慢运行并随时可反泵的状态。泵送速度应先慢后快，逐步加速。同时，应观察混凝土泵的压力和各系统的工作情况，待各系统运转正常后，方可以正常速度进行泵送。

为确保各浇筑区域之间的混凝土在初凝时间内结合，应根据工程结构特点、平面形状和几何尺寸、混凝土供应和泵送设备能力、劳动力和管理能力，以及周围场地大小等条件，预先划分好混凝土浇筑区域。泵送浇筑应预先采取一定措施，避免造成模板内钢筋、预埋件及其定位件移动。

在混凝土浇筑过程中，应有效控制混凝土的均匀性和密实性，宜采用由远而近、先竖向结构后水平结构的顺序分层连续浇筑，使其成为连续的整体。混凝土输送管末端出料口宜接近浇筑位置。浇筑竖向结构混凝土时，布料设备的出口离模板内侧面不应小于50mm。混凝土不得直冲侧模板内侧面和钢筋骨架，应采取减缓混凝土下料冲击的措施，保证混凝土不发生离析。浇筑水平结构混凝土，如楼板和块体结构时，为避免将混凝土集中布入一个地方，防止在同一处连续布料，应配足操作人员和设备来保证布料管水平移动分散布料。

（4）管道的清洗

泵送完毕后，应及时将混凝土泵和输送管清洗干净。

清洗混凝土输送管道的方法有两种，即水洗和气洗，清洗方式是用压力水或压缩空气推送海绵球或塑料球进行。清洗时，先将泵车尾部的大弯管卸下，在锥形管内塞入一些废纸或麻袋，然后放入海绵球，将水洗槽加满水后盖紧盖子。此时，如果考虑采用水洗，则打开进水阀进行清洗，将进气阀及放气阀关闭；如果采用气洗，则应将进气阀打开，进水阀关闭。一般在水源缺乏的情况下，可使用气洗。气洗比水洗的操作复杂，危险性也大，因此一般情况下应尽量采用水洗。在清洗过程中，应注意清洗装置压力表上的压力指示，不要超过规定的最高压力，以免引起管道破裂事故。

必须注意的是，水洗与气洗两种形式不允许同时采用。在水洗时，如果水不够，可以转换为气洗，而气洗途中绝对不允许转换为水洗。清洗时所有人员应远离管口，并在管口处加设防护装置，以防混凝土从管中突然冲出伤人。

3. 泵送混凝土操作中的注意事项

（1）混凝土在泵送以前，应先开机用水润湿整个管道，之后投入水泥浆或水泥砂浆，使管壁处于充分润滑状态，再正式泵送混凝土。

（2）开始泵送时要注意观察混凝土泵的液压表和各部位工作状态。当混凝土泵出现压力升高且不稳定、油温升高、输送管明显振动等现象而泵送困难时，不得强行泵送，并应立即查明原因，采取措施排除故障。一般在泵的出口处（即Y形管和锥形管内）最易发生堵塞现象。如遇堵塞，应立即将泵机反转运行，使泵出口处堵塞分离的混凝土能回流到料斗内，将它搅拌后再进行泵送。这时油泵的转数应定在1100r/min以下，经这样处理3～4次仍不能见效，应及时停泵拆除管道，清除堵塞部位的混凝土。待清理完毕后，拆除的管道应先湿润再安装好后进行泵送。

（3）混凝土的供应必须保证混凝土泵能连续工作，应尽可能避免或减少泵送时中途停歇。如果混凝土供应不上，宁可降低压送速度，以保持泵送连续进行。如出现停料情况，迫使混凝土泵停车，则混凝土泵必须每隔4～5min进行两个行程反泵，再进行两个行程正泵的泵送方式；如果泵送停歇时间超过45min或混凝土出现离析时，应立即用压力水或其他方法排除管道内的混凝土，经认真清洗后再重新压送。

（4）在压送混凝土时，应注意不要把料斗内剩余的混凝土降低到200mm以下。如果剩料过少，不但会使输送量减少，而且易于吸入空气，造成堵塞。一旦吸入空气，容易使转换开关阀间造成混凝土逆流，此时需要将泵机反转把混凝土退回料斗，除去空气后再正转压送。

(5) 泵送时，应做到每 2h 换一次水洗槽里的水，并检查泵缸活塞行程，如有变化应及时调整。活塞行程可根据机械性能按需要予以确定。为了减少缸体内壁不均匀磨损和闸阀磨损，一般情况下，以尽量开动长行程为宜。

(6) 垂直向上输送混凝土时，由于重力作用使混凝土产生逆流，输送效率下降。这种现象随着垂直向上的高度越高而越明显。为此，应在泵车与垂直管之间设置一段10～15m 的水平管，以抵消反坠冲力影响，并在混凝土泵出料口附近的输送管上加一个上流阀。泵送开始时，将上流阀打开，混凝土就能顺利地输送。当暂停混凝土输送或混凝土出现倒流时，应及时予以关闭。

(7) 往地下或基坑输送混凝土时，由于混凝土在倾斜的下行管道中容易离析造成堵塞，而压送中断时管内又易混入空气，对压送不利，为此应根据不同情况采取下列措施。

当管道的倾斜角度在 4°以下时，输送管里的混凝土一般不会出现自重流淌，可与水平管道同样对待。当管道的倾斜角度在 4°～7°时，管道里的混凝土会在自重下移动，造成石子与砂浆分离，容易堵塞管道。为此，应在下行倾斜管道的前端设置一段水平配管，长度要相当于 5 倍的落差，以减少混凝土产生离析的机会。如因场地等限制，不能设置水平管时，也可改用弯管等办法来达到此目的。另外，泵车开始压送时，还可用塞进海绵或湿布、水泥纸袋等作为压送混凝土的先导，以防止其自重作用下的流淌，造成混凝土的离析。当管道倾斜度超过 7°时，为防止混凝土的自重流动，只用海绵等填塞物来阻止是很困难的，故一般应尽量避免做成这种角度的管道。但在不得已而使用时，除在斜管下端设置 5 倍于落差长度的水平管外，还应在下行管上部另装一个排气阀，在开始泵送以后按需要随时排气。

(8) 在高温条件下施工，要在水平输送管上覆盖两层湿草袋，以防止直接日照，并注意每隔一定的时间洒水湿润。这样能使管道中的混凝土不至于吸收大量热量而失水，导致管道堵塞，并能减少混凝土的温升。冬季严寒气温下，泵送混凝土时要设法保暖，混凝土输送管道使其达到正温度，混凝土才不会受冻；同时提高混凝土的拌和温度以及改进泵送作业，掺加防冻剂改善混凝土和易性和提高抗冻性能。

5.1.4 现浇混凝土框架结构浇筑

混凝土框架结构的主要构件有基础、柱、梁、板等。其中柱、梁、板等构件是沿垂直方向重复出现的，施工时，一般按结构层来划分施工层。当结构平面尺寸较大时，还应划分施工段，以便组织各工序流水施工作业。

1. 基础的浇筑

(1) 独立式基础（单独基础）

当建筑物上部结构采用框架结构或单层排架结构承重时，基础常采用方形或矩形的独立式基础，这类基础称为独立式基础，也称单独基础。这种基础的混凝土浇筑称为单独基础浇筑。形状有台阶形、锥形、杯形等。

1）作业条件

① 浇筑前，必须协同有关人员对模板安装的几何尺寸、标高、轴线位置进行检查，

看其是否与设计一致。

② 检查模板及支撑的牢固程度。如需加固的必须在浇筑前进行，以避免在浇筑过程中，模板产生变形、移位。模板拼接时的缝隙应用水泥袋纸或纸筋灰填塞，较大缝隙应用木片加以堵塞，以免浇筑时漏浆，影响混凝土的浇筑质量。

③ 基础底部的钢筋网片的规格、间距与设计要求一致，绑扎应牢固。钢筋网片下的保护层垫块应铺垫正确，对于有垫层的钢筋保护层厚度为35mm，无垫层的保护层厚度为70mm。

④ 清除模板内的木屑、泥土等杂物，混凝土垫层表面要清理干净，不得留有积水。木模板应浇水充分湿润。

⑤ 基础周围做好排水准备工作，防止施工水、雨水流入基坑或冲刷新浇筑的混凝土。

2）混凝土的灌注

① 对于深度在2m以内的基坑，可在基坑上部铺设脚手架板并放置铁皮拌盘。将运输来的混凝土拌合料先卸在拌盘上，用铁锹向模板内灌注。铁锹下料时，应采用“带浆法”操作，即铁锹背靠着模板下料，使混凝土中的水泥浆能充满模板。当灌注至基础表面时则应反锹下料，即铁锹背朝上，以保证振捣时有足够的水泥浆。

② 对于深度大于2m的基坑，应采用串筒或溜槽下料，以避免混凝土产生离析。

③ 下料时应从边角开始向中间灌注混凝土，每个基础台阶要分层灌注，分层厚度一般为25～30cm，但应考虑基础台阶变化部位的高度，每层混凝土要一次卸足，用拉耙和铁锹配合拉平，待该层混凝土振捣完毕后，再进行第二层混凝土的灌注。中间不允许留施工缝；倾倒混凝土时宜先边角后中间，确保混凝土充满模板各个角落，防止一侧倾倒混凝土挤压钢筋造成柱插筋的位移；各台阶之间最好留有一定时间间歇，以给下面台阶混凝土一段初步沉实的时间，以避免上下台阶之间出现裂缝，同时也便于上一台阶混凝土的浇筑。

3）混凝土的振捣

① 杯形基础的振捣应采用插入式振动器振捣，插点的分布有行列式（插点整齐地布置成矩形）和交错式（插点交错布置成矩形）两种。插点的布置一般以行列式为佳。每个插点的振捣时间一般控制在20～30s，以混凝土表面泛浆，无气泡为准。边角等不易振捣密实处，可用插扦配合捣实。

② 对于锥式杯形基础，当浇捣到斜坡处时，为减少或避免混凝土落入基坑，一般待混凝土平下阶模板上口后，再继续浇捣上一台阶混凝土；利用浇捣上一台阶时挤出的混凝土，以下阶模板的上口和上阶模板的下口为准，用大铲收成斜坡状，不足部分可随时补加混凝土，使之符合设计要求；并拍实、抹平。

③ 在浇筑台阶式杯形基础时，为防止台阶交角处发生吊脚（上层台阶与下层台阶混凝土脱空）现象。可在下层台阶混凝土经捣固下沉2～3cm后，暂不填平，先用铁锹沿上阶模板底圈用混凝土做成内外坡，然后分层浇捣上层台阶的混凝土。外圈边坡的混凝土在上层台阶振捣过程中自动摊平。上阶混凝土浇捣完毕后，再将下阶混凝土齐模板上口拍实抹平，如图5-4（a）所示。

另外一种方法是：下台混凝土浇捣完并拍平后，在上台模板下圈外侧先压200mm

×100mm 的压角混凝土［图 5-4（b）］并加以捣实，再继续分层浇捣上层台阶的混凝土，待压角混凝土接近初凝时，将其铲除重新拌和使用。

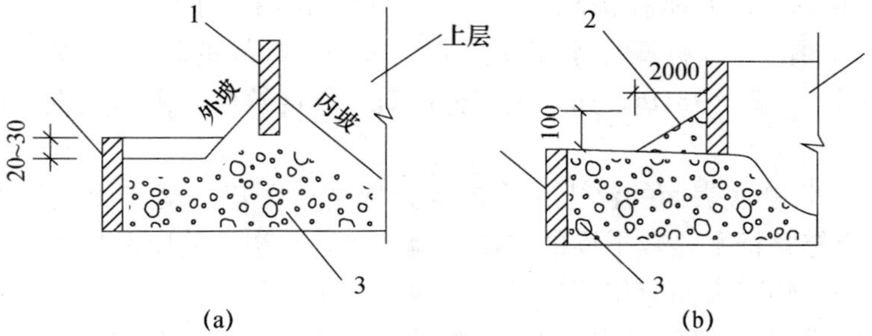

图 5-4 基础台阶交角处的浇筑方法

（a）内外坡混凝土压角；（b）混凝土外侧压角

1—模板；2—压角混凝土；3—下层混凝土

④ 为确保杯形基础底标高的正确，宜先将杯芯底部的混凝土捣实，然后浇捣杯芯模板四围以外的混凝土。浇捣时，振动时间应尽可能缩短，一般在 20s 左右。同时还应特别注意杯芯模板的位置。正确的方法是在杯芯模板外侧对称浇筑，避免杯芯模板挤向一侧或由于混凝土泛起而使杯芯模板上浮。

⑤ 对于高杯口基础，由于杯口这一级台阶较高且钢筋配置较多。可采用后安装杯芯模板的方法，即当混凝土浇捣至接近杯口底时，再安装杯芯模板，然后继续浇捣混凝土。

4）基础表面的修整

基础混凝土浇筑完毕后，要对混凝土表面进行铲填、拍平等修整工作，使之符合设计要求。这是保证混凝土外观质量和基础尺寸符合要求所必不可少的一项工作。

① 对于锥式杯形基础，铲填工作由低处向高处进行，铲高填低。对于低洼和不足模板尺寸部分应补加混凝土填平、拍实。斜坡部分用直尺检查其外形是否准确，坡面不平处应加以修整。

② 基础表面压光时先用大铲将凸起的石料拍平，拍一段压光一段，随拍随抹。对于局部因砂浆不足无法抹光的，应随时补浆收光。锥式基础的斜坡面的收光，应从高处向低处进行。

③ 对于挤入杯芯模板内多余的混凝土或使杯芯模板上浮所增加的那一部分混凝土，需待混凝土初凝后、终凝前，杯芯模板拆除后应及时清理铲除、修整，使之满足设计标高要求。

④ 杯形基础模板拆除后，对其外观出现的蜂窝、麻面、孔洞和露筋等缺陷，应根据其修补方案及时进行修补。

（2）条形基础

条形基础是指基础长度远远大于宽度的一种基础形式。按上部结构分为墙下条形基础和柱下条形基础。基础的长度大于或等于 10 倍基础的宽度。条形基础的特点是，布置在一条轴线上且与两条以上轴线相交，有时也与独立基础相连，但截面尺寸与配筋不尽相同。另外横向配筋为主要受力钢筋，纵向配筋为次要受力钢筋或者是分布钢筋，主要受力钢筋布置在下面。

1）作业条件

① 原槽浇筑的条形基础在浇筑前，经测设后，在两侧土壁上交错打入水平桩。桩面高度为基础顶面的设计标高。水平桩一般用长约 10cm 的竹竿制成，水平桩的间距 3m 左右，水平桩外露 2～3cm。如采用支模浇筑，其浇筑高度则以模板上口高度或高度线为准。

② 浇筑前应将基底表面的浮土、木屑等杂物清除干净。对于无垫层的基底表面凹凸不平部分，应修整铲平，较干燥的非黏性地基上，在浇筑前应适量洒水润湿。对设置有混凝土垫层的，垫层表面应用清水清扫干净，并排除积水。

③ 基础中设置有钢筋网片的，应按规定，加垫好混凝土保护层垫块。对因搬运、踩踏等原因造成钢筋网片变形的，应按其间距、重新调整、绑扎牢固。

④ 模板因拼接不严密所造成的缝隙，应及时用水泥袋纸堵塞，模板支撑应合理、牢固，并且不影响浇筑。木模板在浇筑前应浇水润湿。

⑤ 做好通道、拌料铁盘的设置、施工水的排除等其他准备工作。

2）混凝土的灌注

① 浇筑前，应从其槽远一端开始，逐渐缩短混凝土的运输距离。

② 条形基础灌注时，应根据基础高度分段、分层连续浇筑，每段的浇灌长度宜控制在 3m 左右，但四个角不宜作为分段处。每层混凝土应待一次灌注完，集中振动后进行第二层的灌注和振捣。

③ 对于基槽深度在 2m 以内，且混凝土工程量不大的条形基础，宜将混凝土卸在拌料铁盘上，用铁锹集中投料。对于混凝土工程量较大，且施工场地通道条件不太好的，也可在基槽上铺设通道桥板，用手推车直接向基槽投料。但基槽深度大于 2m 的，为防止混凝土离析，必须用溜槽下料。投料时仍采用先边角，后中间的方法，以保证混凝土的浇筑质量。

3）混凝土的振捣

条形基础的振捣宜选用插入式振动器，插点布置以“交错式”为好。掌握好“快插慢拔”的操作要领，并控制好每个插点的振动时间，一般以混凝土表面泛浆，无气泡为准。同时应注意分段、分层结合处、基础四角及纵横基础交接处的振捣，以保证混凝土的密实。

4）基础表面的修整

混凝土分段浇筑完毕后，应随即用大铲将混凝土表面拍平、压实。也可用铁锹背反复搓平，坑凹处用混凝土补平。

(3) 大体积基础

大体积混凝土指的是最小断面尺寸大于 $1m^2$ 以上，施工时必须采取相应的技术措施妥善处理水化热引起的混凝土内外温度差值，合理解决温度应力并控制裂缝产生的混凝土结构。

大体积混凝土结构在工业建筑中多为设备基础，在高层建筑中多为桩基承台或厚大基础底板等。大体积基础包括大型设备基础、大面积满堂基础、大型构筑物基础等。

大体积混凝土结构的施工特点：一是整体性要求较高，往往不允许留设施工缝，一般都要求连续浇筑；二是结构的体量较大，浇筑后的混凝土产生的水化热量大，并聚集在内部不易散发，从而形成内外较大的温差，引起较大的温差应力。大体积混凝土在施工时，除应分层浇灌，分层捣实外，还必须保证上下层混凝土在初凝前结合好。因此，为保证结构的整体性，应合理确定混凝土浇筑方案，防止因水泥水化热过大引起基础产生温度裂缝，确保基础的浇筑质量。

1）作业条件同单独基础。

2）混凝土的灌注

① 混凝土灌注时，除用吊车等起重机械直接向基础模板内下料外，凡自高处自由倾落高度超过 2m 时，须采用串筒、溜槽下料，以保证混凝土不致发生离析现象。

② 串筒的布置应适应浇筑面积、浇筑速度和混凝土摊平的能力。串筒间距一般不应大于 3m，其布置形式可分交错式或行列式。一般以交错式为宜，有利于混凝土的摊平。

③ 每个串筒卸料点，成堆的混凝土应用插入式振动器迅速摊平，插入的速度应小于混凝土的流动速度，否则就变成振捣。

④ 混凝土浇灌方法

大体积基础的浇筑应根据整体性要求、结构大小、钢筋疏密、混凝土供应等情况，采用全面分层、分段分层、斜面分层等三种方法来进行浇筑。

全面分层法：当结构平面面积不大时，可在整个混凝土结构内部全面分层浇筑混凝土，如图 5-5（a）所示，要做到第一层全面浇筑完毕后回头浇筑第二层时，第一层的混凝土还未初凝。如此逐层进行，直至浇筑完毕，这种方法适用于平面尺寸不大的结构。施工时一般从短边开始，沿长边进行浇筑。必要时也可分为两段，从中间开始向两端或从两端向中间同时进行。

分段分层法：这种方法适用于厚度不大而面积或长度较大的结构，如图 5-5（b）所示。混凝土从底层开始浇筑，进行到一定距离后再回来浇筑第二层。如此依次向前浇筑以上各分层。

斜面分层法：当采用斜面分层的浇筑方案时，振捣工作应从浇筑层的下端开始，逐渐上移，如图 5-5（c）所示，且振动器应与斜面垂直，以保证混凝土浇筑质量。这种方法适用于结构长度超过厚度 3 倍的基础。

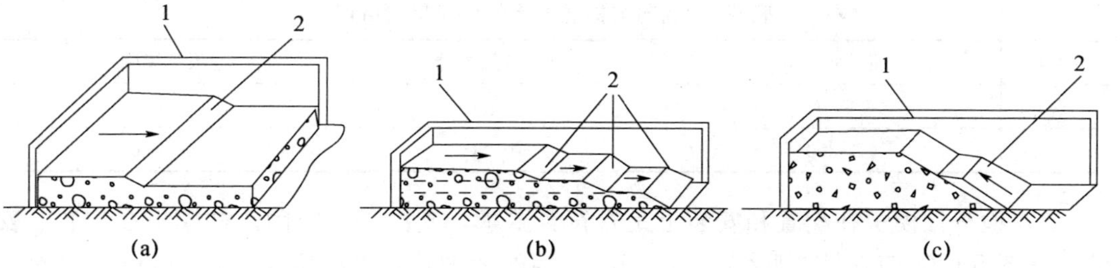

图 5-5　大体积基础施工方案

（a）全面分层；（b）分段分层；（c）斜面分层

1—模板；2—新浇筑混凝土

不管采用哪种方法浇筑，必须保证混凝土在浇筑时不发生离析现象。同时分层的厚度取决于振捣棒的长度和振动力的大小，以及混凝土供应量的大小和可能灌注量的多少，一般为 20～30cm。同时浇筑应在室外气温较低时进行，混凝土浇筑温度不宜超过 28℃。

3）大体积基础浇筑的质量保证措施

厚大钢筋混凝土结构由于其体积大，水泥水化热聚积在内部不易散发，内部温度显著升高，外表散热快，形成较大的内外温差，内部产生压应力，外表产生拉应力，如内外温差过大（25℃以上），则混凝土表面将产生裂纹。当混凝土内部逐渐散热冷却，产生收缩，由于受到基底或已硬化混凝土的约束，不能自由收缩，而产生拉应力。温差越大，约束程度越高，结构长度越大，则拉应力越大。当拉应力超过混凝土的抗拉强度时即产生裂纹，裂缝从基底开始向上发展，甚至贯穿整个基础。这种裂缝比表面裂缝危害更大。想要防止混凝土早期产生温度裂缝，就要降低混凝土的温度应力。控制混凝土的内外温差，使之不超过 25℃，以防表面开裂；控制混凝土冷却过程中的总温差和降温速度，以防止基底开裂。大体积混凝土施工遇高温、冬期、大风或雨雪天气时，必须采取措施保证混凝土浇筑质量。大体积混凝土要优先采用水化热低的水泥（如矿渣硅酸盐水泥）。在保证混凝土强度的条件下，尽量减少水泥用量；掺入适量的粉煤灰或在浇筑时投入适量的毛石；降低浇筑速度和浇筑厚度或采用人工降温措施（拌制时，用低温水，养护时用循环水冷却）；浇筑后应及时覆盖，以控制内外温差，减缓降温速度，尤其应注意寒潮的不利影响。必要时，取得设计单位同意后，可分块浇筑，块和块间留 1m 宽后浇区，待各分块混凝土干缩后，再浇筑后浇区。分块长度可根据有关手册计算，当结构厚度在 1m 以内时，分块长度一般为 20～30m。

2. 混凝土柱的浇筑

混凝土柱是房屋、桥梁、水工等各种工程结构中最基本的承重构件，常用作楼盖的支柱、桥墩、基础柱、塔架和桁架的压杆。

（1）作业条件

1）混凝土搅拌前，应检查水泥、砂子、石子等原材料的品种、规格是否符合要求，含泥土的石子在搅拌前应冲洗干净，并确定投料时的施工配合比。

2）柱浇筑时，混凝土的坍落度必须满足表 5-3 的要求。在浇筑过程中，要按规定要求分批做坍落度试验，如坍落度与原规定不符时，应及时调整施工配合比。

表 5-3　竖向结构混凝土的坍落度（mm）

序号	截面尺寸（mm）	插入式振捣器	人工捣固
1	≤300	50～70	70～90
2	＞300	30～50	50～70

3）检查柱模板在配置和安装上是否符合要求，支撑是否牢固。柱模板在配置、安装中（图 5-6），应在柱模底留置 10～15cm 高的清理孔，沿柱模高度每隔 2m 应开有不小于 30cm 的门子洞。为承受混凝土在浇筑中所产生的侧压力，柱模外侧每隔 50～60cm 安装一道柱箍，而且越到柱的下部，柱箍的间距应越密。柱与柱之间除斜撑外，还要用拉结条连接，以保证柱模的垂直度和轴线位置的正确性。

4）钢筋的品种、规格及箍筋的间距应符合设计要求，绑扎应牢固，混凝土保护层的水泥垫块应绑扎在主筋上。预埋件应与模板固定，以保证其位置的正确性和浇筑时不发生位移。

5）浇筑前应打开清理孔，对残留在柱模底的泥块、木屑、废弃绑扎丝等杂物清理干净。用清水将柱基表面冲洗干净并不留积水。木模应浇水充分湿润，模板拼缝的缝隙应用水泥袋纸或纸筋灰填塞，特别是模板四个角的拼缝应严密，以避免浇筑时边角漏浆。

（2）混凝土的灌注

1）当柱高不超过 3m，柱断面大于 40cm×40cm，且又无交叉箍筋时，混凝土可由柱模顶部直接倒入。当柱浇筑高度超过 3m 时，应采用串筒成溜管下料，或从柱模侧的浇筑孔灌注混凝土。但每段的灌注高度不得超过 3m。

2）凡柱断面在 40cm×40cm 以内或有交叉箍筋的任何断面的混凝土柱，均应在柱模侧面门子洞口上装置斜溜槽（图 5-7）分段灌注混凝土，每段的高度不得大于 2m。

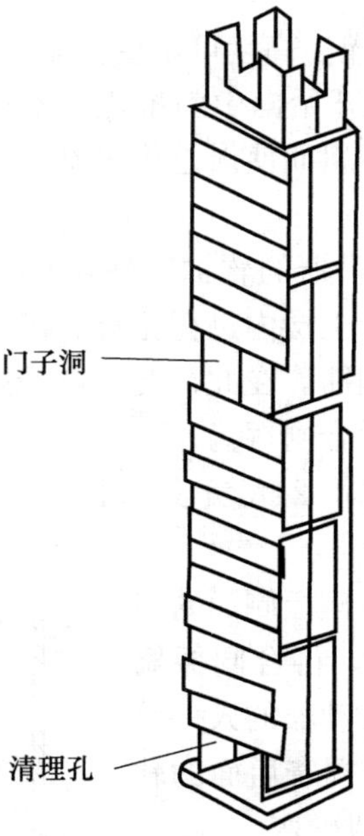

图 5-6 柱模板图

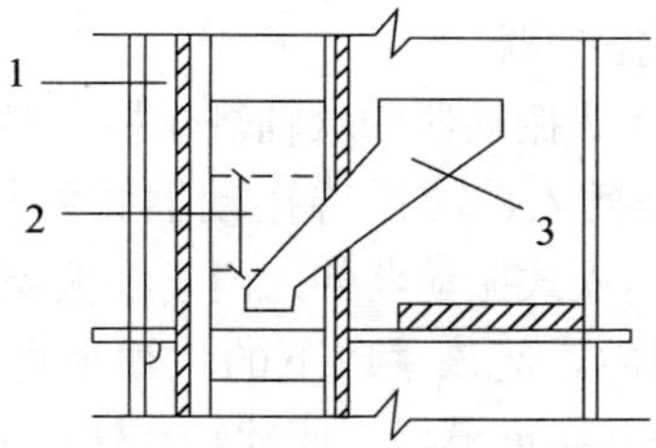

图 5-7 从门子洞处浇筑混凝土

1—模板；2—箍筋；3—斜溜槽

如果柱箍筋妨碍斜溜槽的装置，可一端解开向上提起，待混凝土浇筑后、门子封闭前将箍筋重新按原位置绑扎，并将门子板封上，用柱箍箍紧。使用斜溜槽下料时，可将其轻轻晃动，使下料速度加快。

3）混凝土柱灌注前，柱基表面应先填以 5～10cm 厚与混凝土内砂浆成分相同的水泥砂浆，然后灌注混凝土。当浇筑至柱顶出现较厚的砂浆层时，则应加干净骨料仔细捣实。

4）柱子分段灌注时，必须按表 5-4 的规定分层灌注混凝土。分层浇筑时切不可一次投料过多，以免影响浇筑质量。

表 5-4　混凝土浇筑层厚度

捣实混凝土的方法		浇筑层的厚度（mm）
插入式振捣		振捣器作用部分长度的 1.25 倍
表面振动		200
人工捣固	在基础、无筋混凝土或配筋稀疏的结构中	250
人工捣固	在梁墙板柱结构中	200
人工捣固	在配筋密列的结构中	150
轻骨料混凝土	插入式振捣	300
轻骨料混凝土	表面振动（振动时需加荷）	200

5）在灌注断面尺寸狭小且混凝土柱又较高时，为防止混凝土灌至一定高度后，柱内聚积大量浆水而可能造成混凝土强度不均的现象，宜在灌注至一定高度时，适量减少混凝土配合比的用水量。

6）采用竖向串筒、溜管导送混凝土时，柱子的灌注高度可不受限制。

7）浇筑一排柱子的顺序应按排或列从两端同时开始向中间推进，不可从一端开始向另一端推进，以避免柱模因混凝土单向浇筑受推倾斜而使误差积累难以纠正。

（3）混凝土柱的振捣

1）混凝土柱一般应用插入式振动器振捣。当振动器的软轴比柱长 0.5～1m 时，待下料达到分层厚度后，即可将振动器从柱顶伸入混凝土层内进行振捣。但必须注意插入深度。并使振动器软轴不要晃动过大，以避免碰撞钢筋。在此情况下，最好的办法是在振动器插入混凝土前，先找到需要振捣的位置，然后合闸振捣。

2）混凝土柱的浇捣，一般需 3～4 人协同操作，2 人负责卸料，1 人负责振捣，1 人负责开关振动器。

3）当插入式振动器的软轴短于柱高时，则应从柱模板侧面的门子洞将振动器插入，同样待振动器找好振捣位置时，再合闸振捣(图 5-8)。用插入式振动器伸入门子洞振捣时，掌握振动器的人一手要伸入门子洞内，使该手以下的软轴垂直，另一只手握着后面的软轴尽量往上提并靠近模板，使软轴在转折处不至于折成硬弯。

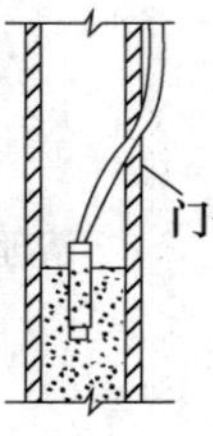

图 5-8　从门子洞插入振捣器

4）振捣时，每个插点的振捣时间不宜过长，如振捣时间过长，除造成混凝土离析外，还会增加柱模的侧压力。在分层浇筑时，振动器的棒头应伸入下层混凝土内 5～10cm，以保证上下层混凝土结合处的密实性。操作时应掌握“快插慢拔”的要领，以保证混凝土振捣密实。

5）在无条件采用机械振捣时，也可人工捣固。其方法是 1 人用竹竿从柱顶插入柱中心上下捣固，竹竿的长度应比柱子高出 1m，同时另 1 人用长竹片专门在钢筋与模板四壁之间上下插捣提浆，或用木槌在柱模外轻轻敲打，以保证水泥砂浆充满模板。

6）当柱断面较小，钢筋较密时，可将柱模一侧全部配成横向模板，从下至上，每浇筑一节模板封闭一节。竹片或捣扦可从柱模侧面插入，而掌握竹竿的人仍在柱顶上向下捣固。

3. 混凝土墙体的浇筑

墙体根据结构受力情况不同，有承重墙和非承重墙之分。凡直接承受上部屋顶、楼板所传来荷载的墙称承重墙；凡不承受上部荷载的墙称非承重墙，非承重墙包括隔墙、填充墙和幕墙。隔墙起分隔室内空间的作用，应满足隔声、防火等要求，其重量由楼板或梁承受；填充墙一般填充在框架结构的柱墙之间；幕墙则是悬挂于外部骨架或楼板之间的轻质外墙。外部的填充墙和幕墙承受风荷载和地震荷载。

墙体混凝土浇筑的工艺顺序及操作方法与混凝土柱基本相同。混凝土墙体的浇筑所采用的模板可以是定型模板，也可以是拼装式模板。

（1）作业条件

1）根据工程量的大小检查原材料的准备情况，以及水泥、砂子、石子的品种、规格等是否符合要求，并确定搅拌时的施工配合比。

2）依照表 5-3 的要求确定混凝土的坍落度，在浇筑过程中应随时检查，如发现坍落度与要求规定不符合时，应及时调整施工配合比。

3）钢筋应绑扎牢固，钢筋的品种、规格及绑扎间距应与设计要求相符，混凝土保护层厚度应符合表 5-5 或设计规定的要求，水泥垫块的间距及铺垫应合理。

表 5-5 纵向受力钢筋的混凝土保护层最小厚度（mm）

环境类别		板、墙、壳			梁			柱		
		≤C20	C25～C45	≥C50	≤C20	C25～C45	≥C50	≤C20	C25～C45	≥C50
一		20	15	15	30	25	25	30	30	30
二	a	—	20	20	—	30	30	—	30	30
	b	—	25	20	—	35	30	—	35	30
三		—	30	25	—	40	35	—	40	35

注：基础中纵向受力钢筋的混凝土保护层厚度不应小于 40mm；当无垫层时不应小于 70mm。

4）模板及支撑应牢固，凡墙体高度超过 3m 的，需沿模板高度每 2m 开设门子洞，木模在浇筑时用水充分湿润。模板拼缝的缝隙应填塞。

（2）混凝土的灌注

1）墙体混凝土灌注时应遵循先边角后中部，先外部后内部的顺序，以保证外部墙体的垂直度。

2）高度在 3m 以内，且截面尺寸较大的外墙与隔墙，可从墙顶向模板内卸料。卸料时须安装料斗缓冲，以防混凝土离析。对于截面尺寸狭小且钢筋较密集的墙体，以及高度大于 3m 的任何截面墙体混凝土的灌注，均应沿墙高度每 2m 开设门子洞口，装上斜溜槽卸料。

3）灌注截面较狭窄且深的墙体混凝土时，为避免混凝土浇筑至一定高度后，由于积聚大量的浆水，可能造成混凝土强度不匀的现象，宜在灌至适当高度时，适量减少混凝土用水量。

4）墙壁上有门、窗及工艺孔洞时，宜在门、窗及工艺孔洞两侧同时对称下料，以防将孔洞模板挤扁。

5）墙模灌注混凝土时，应先在模底铺一层厚度50～80mm的与混凝土内砂浆成分相同的水泥砂浆，再分层灌注混凝土，分层的厚度应符合表5-4的规定。

（3）混凝土的振捣

1）对于截面尺寸厚大的混凝土墙，可使用插入式振动器振捣。而一般钢筋较密集的墙体，可采用附着式振动器振捣，其振捣深度约为25cm。当墙体截面尺寸较厚时，也可在两侧悬挂附着式振动器振捣。

2）墙体混凝土应分层灌注，分层振捣。上层混凝土的振捣需在下层混凝土初凝前进行，同一层段的混凝土应连续浇筑，不宜停歇。

3）使用插入式振动器，如遇门、窗洞口时，应两边同时对称振捣，避免将门、窗洞口挤偏。同时不得用振动器的棒头猛击预留孔洞、预埋件和闸盒等。

4）对于设计有方形孔洞的整体，为防止孔洞底模下出现空鼓，通常浇至孔洞底标高后，再安装模板，继续向上浇筑混凝土。

5）墙体混凝土使用插入式振动器振捣时，如振动器软轴较墙高长时，待下料达到分层厚度后，可将振动器从墙顶伸入墙内振捣。如振动器软轴较墙高短时，应从门子洞伸入墙内振捣。为避免振动器棒头撞击钢筋，宜先将振动棒找到振捣位置后，再合闸振捣。使用附着式振动器振捣时，可分层灌注、分层振捣，也可边灌注，边振捣。

6）外墙角、墙垛、结构节点处因钢筋密集，可用带刀片的插入式振动器振捣，或用人工捣固配合在模板外面用木槌轻轻敲打的办法，保证混凝土的密实。

7）当顶板与墙体整体现浇时，顶板端头部分的墙体混凝土应单独浇捣，以保证墙体的整体性和抗震能力。

4. *混凝土肋形楼板的浇筑*

肋形楼板是由主梁、次梁和板组成的典型的梁板结构。其主梁设置在柱和墙之间，断面尺寸较大，次梁设置在主梁之间，断面较主梁小，平板设置在主梁和次梁上（图5-9）。

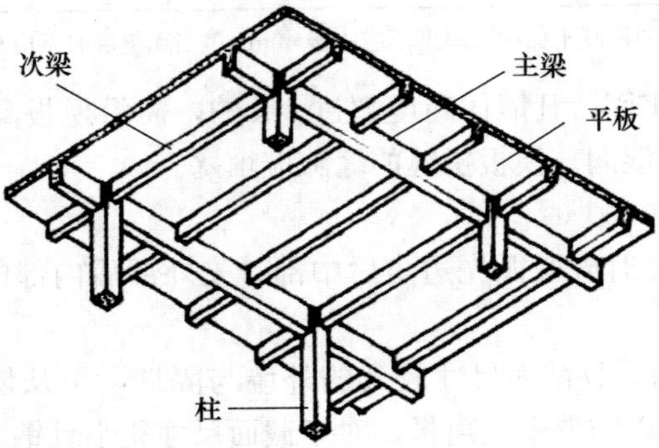

图5-9 肋形楼板

（1）作业条件

1）根据楼面的设计标高和楼板的厚度，用水准仪将其测设到楼板四周的侧模上，并用墨斗弹出标高墨线或用钉子作标高的标志。板中以1.5～2m的间距，设置标高木橛头作为点控制，可用铁钎子配合检查（图5-10）。也可用可调节的角钢平尺（图5-11）控制楼板的浇筑厚度。

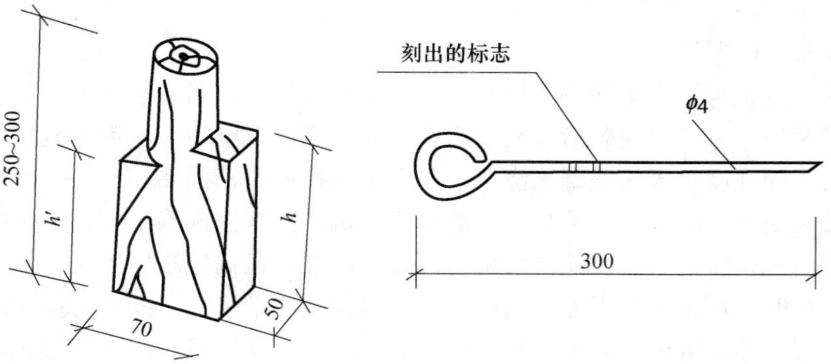

图 5-10 木橛与铁钎子

h'—上层钢筋高度；h—混凝土板厚

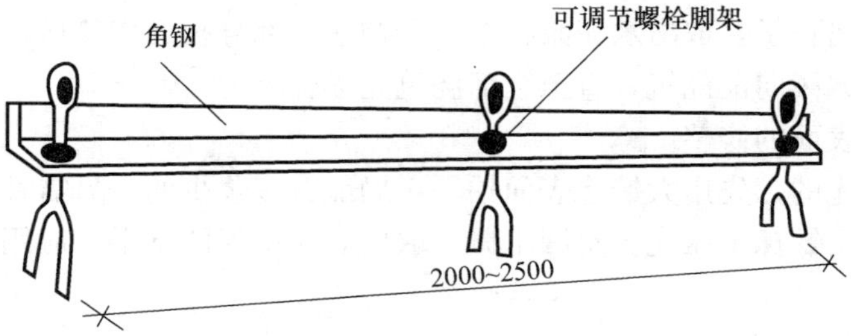

图 5-11 可调节角钢平尺

2）检查梁的主筋的规格、数量、间距、弯起点的位置、负弯矩筋的搭接长度及梁箍筋的间距等，并按表 5-5 的规定加垫好混凝土保护层。同时对板的主筋、分布筋及板上层的构造筋的数量、规格、间距以及钢筋的平直度等做仔细检查，并按表 5-5 的规定加垫好混凝土保护层垫块。

3）模板的安装应合理，楼板模板的拼钉应平整，支撑系统应牢固，不得有下沉。对模板拼钉时的透光缝隙应用水泥袋纸或纸筋灰填塞。木模板在浇筑前应浇水，使其充分湿润。

4）施工缝的留置位置，应按技术交底的要求做到心中有数，施工缝处的墙板应准备好。

5）水泥、砂、石等原材料的品种、规格应符合要求，其准备数量应满足工程量的要求。

6）浇筑用的桥板、马道用马凳架设好，其高度一般高出楼板厚度的 15～20cm。

（2）混凝土的灌注

1）有主次梁的肋形楼板，混凝土的浇筑方法应由一端开始用“赶浆法”，即先浇筑梁，根据梁高分层浇筑成阶梯形，当达到板底位置时再与板的混凝土一起浇筑，随着阶梯形不断延伸，梁板混凝土浇筑连续向前进行。浇筑方向应顺次梁方向，主次梁同时浇筑。在保证主梁浇筑的前提下，将施工缝留置在次梁跨中 1/3 的范围内。

2）灌注楼板混凝土时，可直接将混凝土料卸在楼板上，但需要注意，不可集中卸在楼板边角或有上层构造钢筋的楼板处，同时还应注意小车或料斗的浆料，将浆多石少或浆少石多的混凝土料均匀搭配。楼板混凝土的虚铺厚度应略大于板厚，虚铺高度可比楼板厚度高出 20～25cm。

（3）混凝土的振捣

浇捣时，浇筑与振捣必须紧密配合，第一层下料慢些，梁底充分振实后再下第二层料，用“赶浆法”保持水泥浆沿梁底包裹石子向前推进；梁柱节点钢筋较密时，此处宜用小粒径石子同强度等级的混凝土浇筑，并用小直径振捣棒振捣。

浇筑楼板混凝土时宜采用平板振动器垂直浇筑方向来回振捣，厚板可用插入式振捣器顺浇筑方向拖拉振捣，并用铁插尺检查混凝土厚度，振捣完毕后用长木抹子抹平。当浇筑小型平板时也可采用人工方法捣固，人工捣固用“带浆法”操作。操作时由板边开始，铺上一层厚约 10mm；宽 300～400mm 的与混凝土成分相同的水泥砂浆。此时操作者面对来料方向，即与浇筑前进方向一致，用铁锹采用反锹下斜，将料下到已铺砂浆上，使先铺的砂浆被挤压向前延伸，当浇筑的面积达到 2～2.5m^{2}时，用锹背将混凝土拍平拍实，并前后往复轻揉，将表面原浆拉平。若个别部位石子集中拍不出浆来时，可从混凝土料中剔出石子，取出水泥浆补上，再拍平。部分板面浇筑后，操作者可站在混凝土上，用此法继续向前浇筑，直至全部浇筑完毕。

（4）混凝土表面的修整

板面如需抹光的，先用大铲将表面拍平，局部石多浆少的，另需补浆拍平，再用木抹子打搓，最后用铁抹子压光。对因木橛子取出后而留下的洞眼，应用混凝土补平拍实后再收光。

5. 混凝土梁的浇筑

钢筋混凝土梁是用钢筋混凝土材料制成的梁，是房屋建筑、桥梁建筑等工程结构中最基本的承重构件。钢筋混凝土梁既可作成独立梁，也可与钢筋混凝土板组成整体的梁-板式楼盖，或与钢筋混凝土柱组成整体的单层或多层框架。

钢筋混凝土梁形式多种多样。按其截面形式，可分为矩形梁、T 形梁、工字梁、槽形梁和箱形梁。按其施工方法，可分为现浇梁、预制梁和预制现浇叠合梁。按其配筋类型，可分为钢筋混凝土梁和预应力混凝土梁。按其在结构中的位置可分为主梁、次梁、连梁、圈梁、过梁等。

（1）作业条件

1）浇筑混凝土层段的模板、钢筋、顶埋件及管线等全部安装完毕，经检查符合设计要求，并办完隐、预检手续。

2）浇筑混凝土用的架子及马道已支搭完毕，并经检查合格。

3）振捣器（棒）等混凝土浇筑的工具经检验，试运转合格。

4）工长根据施工方案对操作班组已进行全面施工技术培训，混凝土浇筑申请书已被批准。

（2）混凝土的灌注

根据结构特点和工程量大小不同，每层框架有两种施工程序：当楼层不高或工程量不大时，柱、梁板可一次整体浇筑，柱与梁板间不留施工缝；当楼层较高或工程量大时，柱与梁板应分两次浇筑。柱、梁板一次整体浇筑时，在柱浇筑后，需要停顿 1～1.5h，待柱混凝土初步沉实后，再浇筑其上的梁板，以避免因柱混凝土下沉，在梁、柱接头处形成裂缝。柱、梁板分两次浇筑时，柱施工缝留在梁底（或梁托下），待柱混凝土达到1.2MPa强度后，再浇筑梁板。梁和板一般同时浇筑，顺次梁方向从一端向前推进。较大尺寸的梁（梁高大于1m）可单独浇筑，其施工缝留在板底以下20～30mm处。由于圈梁工作面窄而长，易漏浆，因此在浇筑混凝土之前，应填塞好模板与墙体之间的空隙，并将砖砌体充分湿润。圈梁混凝土应一次浇筑完成，若不能一次浇筑完毕，其施工缝不允许留在下列部位：砖墙的十字、丁字、转角、墙垛等；门窗洞、大中型管道、预留洞的上部等。浇筑带有悬挑构件的圈梁混凝土时，应同时浇筑成整体。

当浇筑混凝土采用小车或料斗运料时，宜将混凝土料先卸在拌铁盘上，再用铁锹往梁里灌注混凝土，灌注时一般采用“带浆法”下料，即铁锹背靠着梁的侧模向下倒。在梁的同一位置的两侧各站1人，一边一锹均匀下料。下料厚度应符合表5-4规定的分层厚度要求。

（3）混凝土的振捣

1）当梁高度大于1m时，可先浇筑主、次梁混凝土，后浇筑楼板混凝土，其水平施工缝应留置在板底以下20～30mm处［图5-12（a)］。当梁高度大于0.4m小于1m时，应先分层浇筑梁混凝土，待梁混凝土浇筑至楼板底时，梁与板再同时浇筑［图5-12（b)］。

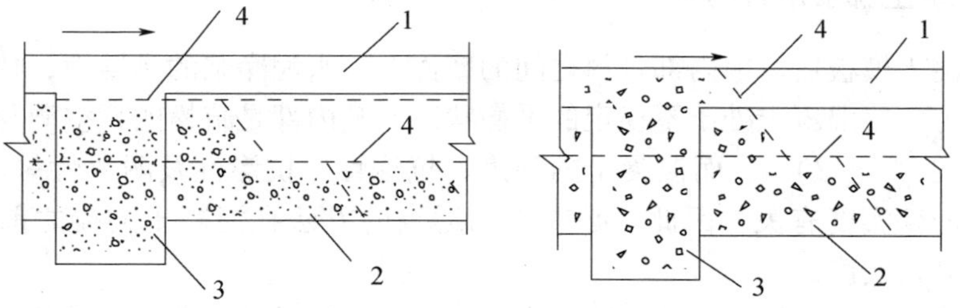

图5-12 梁的分层浇筑

（a）主梁高度大于1m的梁；（b）主梁高度大于0.4m小于1m的梁

1—楼板；2—次梁；3—主梁；4—分层线

2）当梁的钢筋较密集，采用插入式振动器振捣有困难时，机械振捣可与人工“赶浆法”捣固相配合。具体操作方法如下：

从梁的一端开始，先在起头约600mm长的一小段里铺一层厚约15mm与混凝土内成分相同的水泥砂浆，然后在砂浆层上下一层混凝土料，由两人配合，1人站在浇筑混凝土前进方向一端，面对混凝土使用插入式振动器振捣，使砂浆先流到前面和底部，以便砂浆包裹石子，而另1人站在后边，面朝前进方向，用捣钎靠着侧模及底模部位往回钩石子，以免石子挡住砂浆往前跑，捣固梁两侧时捣钎要紧贴模板侧面，待下料延伸至一定距离后再重复一遍，直到振捣完毕。在浇捣第二层时可连续下料，但下料的延伸距离略比第一层短些，以形成阶梯形（图5-12）。

3）对于主次梁与柱结合部位，由于梁上部钢筋特别密集，插入式振动器无法插入，此时可将振动棒从上部钢筋较稀疏的部位斜插入梁端进行振捣（图5-13）。同时也可用带刀片插入式振动器振捣（图5-14），但刀片不宜过长且振捣效率较低。所以，当梁截面较高时，梁下部也不易振捣密实。这种情况下必须加强人工捣固，以保证混凝土密实。该部位混凝土灌注有困难时可改用细石混凝土灌注。

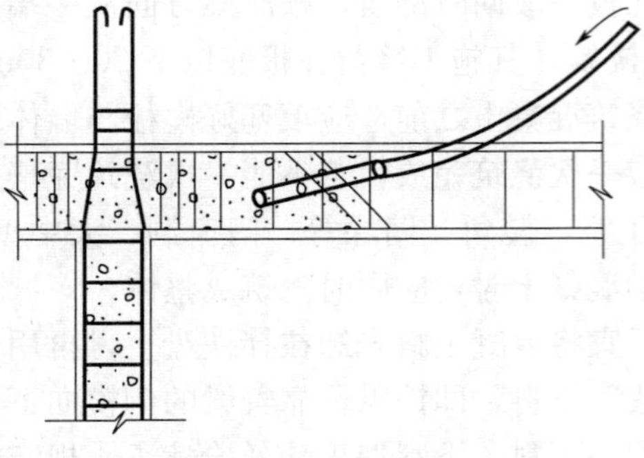

图 5-13　梁端的振捣方法

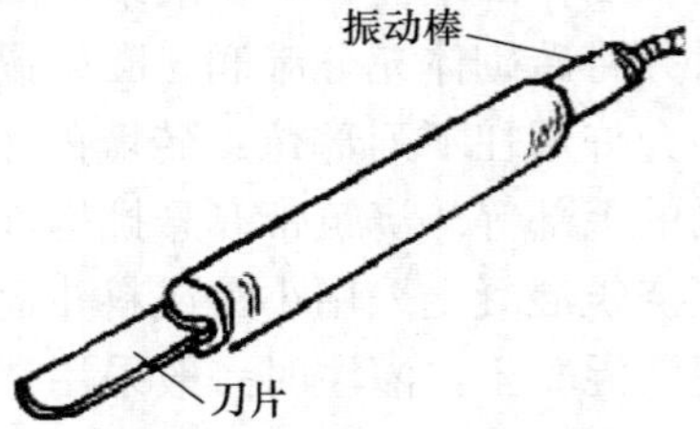

图 5-14　带刀片的振动棒

5.2　通用混凝土振捣

5.2.1　混凝土振捣的作用

混凝土浇入模板后，因内部骨料之间的摩擦力、水泥净浆的黏结力、拌合物与模板之间的摩擦力，使混凝土处于不稳定的平衡状态。其内部是疏松的，空洞与气泡含量占混凝土体积的 5%～20%。而混凝土的强度、抗冻性、抗渗性及耐久性等一系列性能，都与混凝土的密实度有关。因此，必须采用适当的方法在混凝土初凝之前对其进行捣实，以保证其密实度。

刚浇筑还未成型的混凝土拌合物，水泥的水化反应尚处初期，生成的凝胶体还不丰富，拌合物内主要是粗细不匀的固体骨料和水分，且混有大量的空气。因此，混凝土拌合物的结构非常松散，骨料颗粒间常呈不连续状态。在这种情况下，当混凝土受到振动机械振捣时，它内部的各个颗粒在一定的位置上会受到一定频率、振幅和激振力的振动能量而引起颤动。此时，拌合物内的颗粒颤动并不是同时同向进行，而是在不同的时间内此起彼伏，当振动源传递出的振动能量达到一定程度，使其颤动足以克服骨料颗粒间原有的黏结力和机械力、啮合力（即内阻力）时，拌合物颗粒的接触点便松开而使得混凝土拌合物的内阻力大大减小，从而最后导致混凝土拌合物部分或全部液化。这时，骨料颗粒犹如悬浮在液体中，在其自重作用下，纷纷沉落滑移并趋于紧密排列的稳定位置，其中水泥砂浆包裹石子并填充在石子的空隙间，而水泥净浆包裹砂子并填充于砂子的空隙间。在这个过程中，原来存在于拌合物中的大部分空气也被同时排除，从而使骨料和水泥浆在模具中得到致密的排列和充分的填充，致使原来的松散堆聚结构变为密实堆聚结构，混凝土达到了致密的效果。从而减少混凝土体积的收缩，防止开裂，增强抗冻性和抗渗性，提高抗风化和抗冲击能力。

5.2.2　混凝土振捣设备

1. 混凝土振动器及其特性

（1）混凝土振动器

混凝土振动器又称振捣器，是一种通过振动装置产生连续振动而对浇筑的混凝土进行振动捣实的机具。混凝土拌合物的振动成型设备多为电振动设备，另外还有气动和电磁振动等振动设备。这里介绍电振动设备。

1）内部振动器：又称插入式振动器，俗称振捣棒。形式有硬管的、软管的。作业时将振动器插入混凝土拌合物中进行振捣。内部振动器的工作部件是一个棒状空心圆柱体，其内安装偏心振动子。在动力源的驱动下，偏心振动子的振动使整个棒体产生高频微幅的机械振动。作业时，将其插入混凝土拌合物中，通过棒体振动直接传递给混凝土骨料，一般只需10～20s的振动时间即可把棒体周围10倍于棒径范围内的混凝土拌合物振动密实。主要适用于大体积混凝土、基础、柱、梁、墙、厚度较大的板，以及预制构件的捣实工作。当钢筋十分稠密或构件厚度很薄时，其使用就会受到一定的限制。

2）外部振动器：又称附着式振动器，这种振动器通常是利用螺栓或钳形夹具，将其安设在成型模板外侧，不与混凝土直接接触，通过模板将振动作用力传递给混凝土拌合物。外部振动器是将电动机与偏心块部件连接为一整体，电动机启动时，偏心块产生的离心惯性力使其产生机械振动并通过模板传递给混凝土拌合物。其振动作用不能深远，仅适用于振捣钢筋较密、厚度较小以及不宜使用插入式振动器的结构构件。

3）表面振动器：又称平板式振动器，作业时将振动器安放在混凝土拌合物的表面上，通过振动器的振动作用传递给混凝土拌合物。表面振动器是放在混凝土表面上进行作业的一种机械，在外部振动器下面装设一个底板，即构成表面振动器。表面振动器适用于表面积大而平整的结构和构件，如空心楼板、屋面板等薄壁构件的振动成型，在小型露天构件厂中被广泛采用。

4）振动台：作业时将成型模具安放在振动台上，通过底面将振动器的振动作业传递给混凝土拌合物。它是混凝土制品厂的主要设备。振动台由台架、激振器、传动装置、支承弹簧及模具固定装置等组成。在激振器作用下，台架连同模具及拌合物一起振动，使拌合物振动密实成型。振动台有较大适应性和稳定的工作制度，故是混凝土制品厂的主要密实成型设备，适用于空心板、平板、轨枕以及厚度不大的梁、柱等构件。振动台下面装有相同偏心块的两平行轴，以相等的角速度做相反方向旋转时，由于激振力水平分力的互相抵消，故仅做垂直定向振动。

（2）振动器的特性

振动在混凝土中的传播，是随着离振动源距离的增加而逐渐衰减的。对混凝土振动器来说，它的有效作用范围对混凝土的振动效果至关重要。振动器的作用范围取决于振动器的种类、振动频率、振幅和混凝土的性质等因素。

振动器在对混凝土进行振动时，具有下列特性：

1）离振动源的距离越近，振动效果越好，在一定的时间范围内，振动的时间长，振动的效果就好。

2）混凝土的坍落度大，振动的有效作用范围就大。也就是说，在振动流动性小的混凝土时，振动传播的距离短；在振动流动性大的混凝土时，振动传播的距离远，接近振动源处的振动加速度较小。

3）在振动骨料粒径小、坍落度小的混凝土时，振动的有效作用范围小；反之，在振动骨料粒径大、坍落度大的混凝土时，振动的有效作用范围大。

4）振动频率低、振幅大的振动器，其振动传播的距离远；振动频率高、振幅小的振动器，振动传播的距离短。

2. 混凝土振捣器施工

（1）混凝土振动器的选择

混凝土振动器的选用原则根据混凝土施工工艺确定。也就是应根据混凝土的组成特性（如骨料粒径、粒形、级配、水灰比和稠度等）以及施工条件（如建筑物的类别、规模和构件的形状、断面尺寸和宽窄、钢筋疏密稠度、操作方法、动力来源等具体情况）选用适用的机型和工作参数（如振动频率、振幅和振动加速度等）的振动器。同时，还应根据振动器的结构特点、供应条件、使用寿命和功率消耗等技术经济指标等因素进行合理选择。

1）动力形式的选择

建筑施工普遍采用电动式振动器。若工地附近只有单相电源，应选用单相串励电动机的振动器；若在有瓦斯的工作环境施工，应选用风动式振动器；若在无电源的临时性环境施工，可选用内燃式振动器。

2）结构形式的选择

大面积混凝土基础的柱、梁、墙，厚度较大的板，以及预制构件的振实，可选用插入式振动器；钢筋稠密或混凝土较薄的结构，以及不宜使用插入式振动器的地方，可选用附着式振动器；面积大而平整的结构物，通常选用平板式振动器；而混凝土构件预制厂的空心板、壁板及厚度不大的梁、柱构件等，则选用振动台，可取得快速而有效的振实效果。

3）振动频率的选择

一般情况下，高频率的振动器，适用于干硬性混凝土和塑性混凝土的振捣，而低频率的振动器一般作为外部振动器使用。在实际施工中，振动器使用频率在 50～350Hz（3000～20000 次/min）范围内。对于普通混凝土振捣，可选用频率在 120～200Hz（7800～12000 次/min）范围内的振动器；对于大体积（如大坝等）混凝土，振动器的平均振幅不应小于 0.5～1mm，频率可选用 100～200Hz（6000～12000 次/min）；对于一般建筑物，混凝土坍落度在 30～60mm，骨料最大粒径在 80～150mm 时，可选用频率为 100～120Hz（6000～7200 次/min），振幅为 1～1.5mm 的振动器；对于小骨料低塑性的混凝土，可选用频率为 120～150Hz（7200～9000 次/min）以上的振动器；对于干硬性混凝土，由于振波传递困难，应选用插入式振动器，但其干硬系数超过 60s 时，高频振幅也难以振实，应选用外力分层加压。

（2）内部振动器（插入式振动器）施工要点

1）振动器的振捣方法有两种：一种是垂直振捣，即振动棒与混凝土表面垂直；另一种是斜向振捣，即振动棒与混凝土表面呈一定角度，为 40°～45°（图 5-15）。

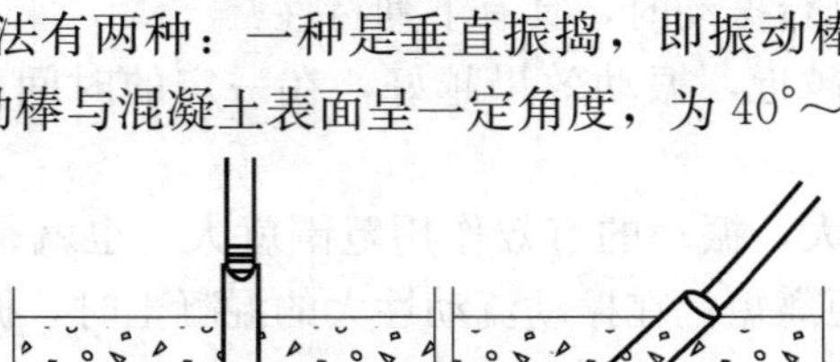

图 5-15　内部振动器振捣方法

2）振动器的操作，要做到“快插慢拔”。快插是为了防止先将表面混凝土振实而与下面混凝土发生分层、离析现象；慢拔是为了使混凝土能填满振动棒抽出时所造成的空洞。对于干硬性混凝土，有时还要在振动棒抽出的洞旁不远处，再将振动棒重新插入才能填满空洞。在振捣过程中，宜将振动棒上下略微抽动，以使上下振捣均匀。

3）混凝土分层灌注时，每层混凝土厚度应不超过振动棒作用棒长的 1.25 倍；在振捣上一层时，应插入下层中 5～10cm，以消除两层之间的接缝（图 5-16），同时在振捣上层混凝土时，要在下层混凝土初凝之前进行。

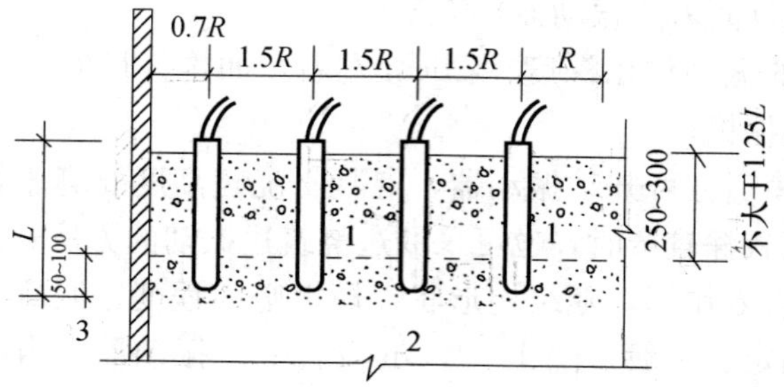

图 5-16 插入式振动器的插入深度

1—新浇筑的混凝土；2—下层已振捣但尚未初凝的混凝土；3—模板

R—有效作用半径；L—振棒长度

4）每一插点要掌握好振捣时间，过短不易捣实，过长可能引起混凝土产生离析现象，对塑性混凝土尤其要注意。一般每点振捣时间为 20～30s，使用高频振动器时，最短不应少于 10s，但应视混凝土表面呈水平不再显著下沉、不再出现气泡、表面泛出灰浆为准。

5）振动器插点要均匀排列，可采用“行列式”或“交错式”（图 5-17）的次序移动，不应混用，以免造成混乱而漏振。每次移动位置的距离应不大于振动棒作用半径 R 的 1.5 倍。一般振动棒的作用半径为 30～40cm。

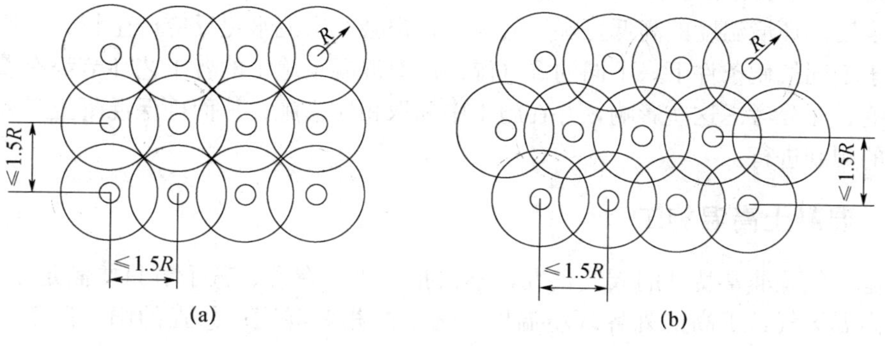

图 5-17 振捣棒插入及移动位置示意

(a) 行列式；(b) 交叉式

6）振动器使用时，振捣器距离模板不应大于振捣器作用半径的 0.7 倍，并不宜紧靠模板振动，且应尽量避免碰撞钢筋、芯管、吊环、预埋件等。

(3) 表面振动器（平板式振动器）施工要点

1）表面振动器在每一位置上应连续振动一定时间，正常情况下在 25～40s，但以混凝土面均匀出现浆液为准，移动时应成排依次振动前进，前后位置和排与排间相互搭接应有 3～5cm，防止漏振。

2）表面振动器的有效作用深度，在无筋及单筋平板中为 20cm，在双筋平板中约为 12cm。

3）大面积混凝土地面，可采用两台振动器以同一方向安装在两条木杠上，通过木杠的振动使混凝土密实。

4）振动倾斜混凝土表面时，应由低处逐渐向高处移动，以保证混凝土振实。

（4）外部振动器（附着式振动器）施工

1）外部振动器的振动作用深度在 25cm 左右，如构件尺寸较厚时，需在构件两侧安设振动器同时进行振捣。

2）待混凝土入模后方可开动振动器，混凝土浇筑高度要高于振动器安装部位。当钢筋较密和构件断面较深较窄时，也可采取边浇筑边振动的方法。

3）振动时间和有效作用，随结构形状、模板坚固程度、混凝土坍落度及振动器功率大小等各项因素而定。一般每隔 1～1.5m 设置一个振动器。当混凝土表面呈一水平面不再出现气泡时，可停止振动。必要时应通过试验确定振动时间。

（5）振动台施工要点

1）当混凝土构件厚度小于 20cm 时，可将混凝土一次装满后振动，如厚度大于 20cm，则需分层浇灌，每层厚度不大于 20cm，或随浇随振。

2）振动时间要根据混凝土构件的形状、大小及振动能力而定，一般以混凝土表面呈水平面，并出现均匀的水泥浆和不再冒气泡时，表示已振实。

5.3 通用混凝土特殊季节施工

混凝土中水泥浆经长期的、复杂的水化反应，使得混凝土拌合物凝结、硬化后达到最终的强度。环境温度的高低，湿度的大小，都会对水泥水化反应产生较大的影响。因此，对于不同气候条件下，不同的温（湿）度对混凝土施工的各工艺环节都有着不可忽视的影响。充分考虑这些影响，并在施工中采取相应措施，从而确保混凝土工程的质量及施工的顺利进行。

5.3.1 混凝土高温施工

高温天气是非常特殊的天气情况，不仅指夏季，在春、秋季节只要满足以下条件，也属于高温天气：①高的外界环境温度；②低的相对湿度；③强的阳光照射。众所周知，温度对水泥水化具有很大的影响，温度越高水泥水化速率越快，水泥在 20℃时的水化速率是 5℃时的 3 倍。温度对混凝土坍落度的损失往往难以精确计算，一般认为混凝土的温度每上升 10℃，坍落度损失每小时加快 10～40mm。同时，水泥的快速水化也会造成混凝土坍落度损失加快，流动度降低，给混凝土施工带来不利影响。此外，环境温度的升高使混凝土中水分蒸发速度加快，混凝土拌合物中气泡破裂的速度增加，也会导致混凝土流动性不同程度的降低。

因此，混凝土在高温条件下施工时，要采取相应的措施，确保其在高温环境条件下混凝土工程的施工质量。

1. 高温条件下混凝土的生产

(1) 严禁各种原材料被暴晒。要降低混凝土拌合料的温度，首先应降低原材料的温度，特别是降低比热容最大的水和用量最多的骨料的温度。对露天堆放的粗、细骨料应采取遮阳、防晒等措施。必要时，可在混凝土拌和前 2h 对粗骨料进行喷雾降温，以促进蒸发冷却来降低温度；如果用冷水润湿，则冷却效果会更好。原材料最高入机温度不宜超过表 5-6 的规定。

表 5-6 原材料最高入机温度（℃）

原材料	入机温度
水泥	60
骨料	30
水	25
粉煤灰等掺合料	60

(2) 为保证混凝土减水剂的减水率及坍落度保留值等性能。要严格控制混凝土原材料中粗、细骨料的含泥量和石粉含量。

(3) 高温施工混凝土配合比设计除应符合《普通混凝土配合比设计规程》（JGJ 55—2011）的规定外，尚应符合下列规定：

1) 应考虑原材料温度、环境温度、混凝土运输方式与时间对混凝土初凝时间、坍落度损失等性能指标的影响，根据环境温度、湿度、风力和采取温控措施的实际情况，对混凝土配合比进行相应调整。

2) 宜在近似现场运输条件、时间和预计混凝土浇筑作业最高气温的天气条件下，通过混凝土试拌和同工况试运输试验后，调整并确定适合高温天气条件下施工的混凝土配合比。

3) 宜采用低水泥用量的原则，并可采用粉煤灰等掺合料取代部分水泥。宜选用水化热较低的水泥。

4) 混凝土坍落度不宜小于 70mm。

(4) 高温时，应对混凝土搅拌站的料斗、储水器、皮带运输机、搅拌楼采取遮阳防晒措施；混凝土拌和时，可取用温度低的深井水，达到有效地降低拌合料温度的效果，也可采用低温水、加冰等降温措施。加冰时，可用片冰或冰屑，并适当延长拌和时间，保证混凝土拌合物出机温度不高于 30℃。需要注意的是混凝土拌和时掺加的固体冰应确保在搅拌结束前融化，且在拌和用水中应扣除其质量。

(5) 每 1～3h 应测量一次混凝土原材料的温度、机口混凝土的温度。

2. 高温条件下混凝土的运输

(1) 混凝土宜采用白色涂装的混凝土搅拌运输车运输。尽可能地缩短混凝土的运输时间，缩短混凝土的暴晒时间，满足混凝土初凝速度和浇筑速度的需要。同时对运输中的容器要加盖，应有隔热遮阳措施防止日晒。

(2) 混凝土运输过程中，应确保混凝土不会出现离析、漏浆、严重泌水及坍落度损失过大等现象，运至浇筑地点的混凝土应能保持均匀，坍落度符合要求。

(3) 运至现场的混凝土如发生离析或坍落度损失较大时，应重新对混凝土进行二次搅拌或加水泥浆，严禁擅自在现场加水。

(4) 若混凝土的运输距离较长，可用缓凝剂来控制凝结时间，但应保证缓凝剂的掺量不会对混凝土的其他性能造成不良影响。

3. 高温条件下混凝土的浇筑

(1) 在混凝土施工过程中，要严格控制混凝土的入模温度，尤其是大体积混凝土，在配合比设计时，应充分考虑施工现场实际环境。

(2) 要做好施工组织，尽量避免在最高气温时浇筑混凝土。在高温干燥的时间段，晚间浇筑混凝土受风和温度的影响相对较小，且可在接近日出时终凝，而此时的相对湿度较高，因而早期干燥和开裂的可能性最小。混凝土浇筑入模的温度要控制在35℃以下，宜选在一天温度较低的时间内进行。

(3) 高温条件下浇筑混凝土时，在浇筑前应对输送管、模板、钢筋、即将浇筑的地点和旧混凝土等部位进行洒水冷却并使之吸足水分，并在浇筑地点采取遮挡阳光和防止通风等措施。保证新浇筑的混凝土入模温度与邻接的已硬化混凝土表面温度的温差不大于15℃。

(4) 配备足够的人力、设备和机具，做好高温环境下混凝土施工应急预案，以便及时应对预料不到的不利情况，并随时控制好混凝土表面与外界的温差及混凝土内部与表面温差的影响。在混凝土浇筑时，必须有专人进行温度测量，并做好温度记录。

(5) 对大体积混凝土的浇筑，为了降低混凝土内部的温度，可以在结构物内埋设冷却水管，通入循环水进行冷却。

(6) 对于大面积的现浇梁板的施工，应做好混凝土浇筑方案，明确混凝土的浇筑方向、浇筑顺序、浇筑时间，尽量选择在气温较低时进行。

(7) 防止高温施工引起混凝土裂缝的产生，提高混凝土的密实度。做到振捣工艺技术合理，控制每层浇筑高度不超过30cm，既利于振捣密度，又加快热量散失，避免产生温度裂缝。

总之，在高温环境下混凝土施工中，要严格按照施工程序、施工技术措施和验收标准进行施工和养护，确保混凝土的施工质量。

5.3.2 混凝土雨期施工

雨期进行混凝土施工，无论是在浇捣、运输过程中的混凝土的拌合物，还是刚浇好之后的混凝土，都不允许被雨淋。通常，雨天不进行露天混凝土的浇筑。需施工时，应采取混凝土质量保证措施。这是因为，在运输和浇捣过程中，雨水会增大混凝土的用水量，改变水灰比，导致混凝土强度降低；刚浇筑好尚处于凝结或硬化阶段的混凝土强度很低，在雨水冲刷和冲击作用下，表面的水泥浆极易流失，产生露石现象，若遇暴雨，还会使砂粒和石子松动，造成混凝土表面破损，导致构件受压截面面积削弱，或受拉区钢筋保护层遭到破坏，影响构件的承载能力。如果在混凝土浇筑过程中突遇大雨天气，应及时在结构合理部位留置施工缝，并应中止混凝土浇筑；对已浇筑还未硬化的混凝土应立即覆盖，严禁雨水直接冲刷新浇筑的混凝土。

雨期混凝土施工，应做好下列工作：

(1) 施工场地应有防洪、排水系统和措施，道路应保持畅通。

(2) 基坑、槽应有系统的排水沟，防止基槽或模板内积水。基槽或模板内和混凝土浇筑分层面出现积水时，排水后方可浇筑混凝土。并应经常检查土壁的稳定性，避免土方坍落。

(3) 模板隔离层在涂刷前要及时掌握天气情况，以防隔离层被雨水冲掉。模板涂刷隔离剂后，应加以遮盖，防止被雨水冲刷；若发现隔离剂被雨水冲刷，应重新涂刷后方准浇筑混凝土。选用具有防雨水冲刷性能的模板脱模剂。

(4) 模板支撑下部回填土要夯实，并加好垫板，雨后及时检查有无下沉。

(5) 斜坡、马道应采取防滑措施。

(6) 雨天运输原材料及混凝土时，应加遮盖物。

(7) 雨期施工期间，对水泥和掺合料应采取防水和防潮措施，并应加强对粗、细骨料含水率实时监测，及时调整混凝土的施工配合比。

(8) 雨期施工期间，对混凝土搅拌、运输设备和浇筑作业而应采取防雨措施，并应加强施工机械检查维修及接地接零检测工作。

(9) 大面积的混凝土浇筑前，要了解 2～3d 的天气预报。尽量避开大雨，混凝土浇筑现场要预备大量防雨材料，以备浇筑时突然遇雨进行覆盖。

(10) 遇到大雨应停止浇筑混凝土，已浇部位应加以遮盖。浇筑混凝土时应根据结构情况，多考虑几道施工缝的留设位置。

(11) 露天结构和构件若要求连续施工不留施工缝时，一般应搭设雨篷。否则应准备足够的遮盖防雨材料（如苫布、油毡等）。以便及时遮盖，防止雨水冲刷。若构件表面被雨水冲刷，应重新抹平压光。

(12) 除采用防护措施外，小雨、中雨天气不宜进行混凝土露天浇筑，且不应开始大面积作业面的混凝土露天浇筑；大雨、暴雨天气不应进行混凝土露天浇筑。

(13) 混凝土浇筑过程中，对因雨水冲刷致使水泥浆流失严重的部位，应采取补救措施后方可继续施工。

(14) 混凝土浇筑完毕后，应及时采取覆盖塑料薄膜等防雨措施。

(15) 雨后应检查地基面的沉降，并应对模板及支架进行检查。

(16) 台风来临前，应对尚未浇筑混凝土的模板及支架采取临时加固措施；台风结束后，应检查模板及支架，已验收合格的模板及支架应重新办理验收手续。

5.3.3 混凝土冬期施工

在寒冷季节，由于气温常处于负温下，新浇筑的混凝土若任其敞露在大气条件下，必将遭受冻害，混凝土的强度和耐久性将大大降低，严重影响结构的承载能力和工程寿命。

混凝土的冻结对其强度的影响，有以下三种情况：

第一，混凝土在初凝前后冻结，对其强度的影响最大，甚至使混凝土破坏，其强度无法恢复。其原因是初凝的混凝土中水泥的水化反应刚刚开始，混凝土拌合物尚无强度，若这时恢复正温度养护，虽然水化反应仍然继续进行，强度也能继续增长，但水的结冰破坏了混凝土的内部结构，致使最终强度难以恢复，损失较大。

第二，混凝土终凝后在其强度很低时受冻结。此时的混凝土已经终凝，开始产生强度，但由于水泥水化反应的时间不长，由此产生的凝结应力还小于冻结而产生的膨胀应力，这时，若立即采取正温度养护，待结冰的水融化后，可部分恢复其强度。

第三，混凝土具备一定的强度后冻结。混凝土经过一段时间的养护，达到规定的强度后冻结，当采用正温度养护后，仍可达到其设计强度要求。原因是水泥的水化反应时间较长，由此产生的黏结应力大于冻结而产生的膨胀应力，混凝土的内部并未受到破坏，正温度养护后，水泥水化反应继续进行到底，混凝土的强度仍可达到设计强度。

1. 冬期施工的基本规定

(1) 冬期施工期限划分

根据当地多年气象资料统计，当室外日平均气温连续 5 日稳定低于 5℃时，应采取冬期施工措施；当室外日平均气温连续 5 日稳定高于 5℃时，可解除冬期施工措施。当混凝土未达到受冻临界强度而气温骤降至 0℃以下时，应按冬期施工的要求采取应急防护措施。将第一个出现连续 5 日稳定低于 5℃的初日作为冬期施工的起始日期。同样，当气温回升时，取第一个连续 5 日稳定高于 5℃的末日作为冬期施工的终止日期。初日和末日之间的日期即为混凝土冬期施工期。混凝土进入冬期施工，不仅在技术上采取相应措施，工程也要相应增加冬期费用。

我国有些地区出现最低气温在 0℃以下的日期较短，并不一定需要一整套严格的冬期施工措施，但不能认为温度不太低，混凝土冻一下影响不大，而忽视季节交替、气温突变可能给工程带来的不利影响。

因此，在施工期间应密切注意天气预报，以防气温突然下降，混凝土遭受寒流和霜冻的袭击，造成混凝土早期遭受冻害。

(2) 受冻临界强度

混凝土允许受冻而不致使其各项性能遭到损害的最低强度，也就是在遭受冻结时混凝土本身就具备的抵抗冰胀应力的最低强度，称为混凝土受冻临界强度。

冬期浇筑的混凝土，其受冻临界强度应符合下列规定：

1) 当采用蓄热法、暖棚法、加热法施工时，采用硅酸盐水泥、普通硅酸盐水泥配制的混凝土，不应低于设计混凝土强度等级值的 30%；采用矿渣硅酸盐水泥、粉煤灰硅酸盐水泥、火山灰质硅酸盐水泥、复合硅酸盐水泥配制的混凝土时，不应低于设计混凝土强度等级值的 40%；但混凝土强度等级为 C10 及以下时，不得小于 5.0MPa。

当施工需要提高混凝土强度等级时，应按提高后的强度等级确定。

2) 当室外最低气温不低于－15℃时，采用综合蓄热法、负温养护法施工的混凝土受冻临界强度不应低于 4.0MPa；当室外最低气温不低于－30℃时，采用负温养护法施工的混凝土受冻临界强度不应低于 5.0MPa。

3) 强度等级等于或高于 C50 的混凝土，不宜低于设计混凝土强度等级值的 30%。

4) 对有抗冻耐久性要求的混凝土，不宜低于设计混凝土强度等级值的 70%。

2. 冬期施工用材料

(1) 混凝土冬期施工应优先选用硅酸盐水泥和普通硅酸盐水泥，水泥强度等级不应低于 42.5 级。最少水泥用量不应少于 300kg/m^3（大体积混凝土的最少水泥用量，应根据实际情况决定），水胶比［普通混凝土是指水与水泥（包括外掺混合材）质量之比；

轻骨料混凝土是指水泥的净水胶比（水不包括轻骨料 1h 吸水量，水泥不包括掺加的混合材）〕不应大于 0.6。强度等级不大于 C10 的混凝土，其最大水胶比和最少水泥用量可不受以上限制。使用矿渣硅酸盐水泥时，宜优先采用蒸汽养护。

（2）拌制混凝土所采用的粗、细骨料应清洁，不得含有冰、雪、冻块及其他易冻裂物质。在掺用含有钾、钠离子的防冻剂混凝土中，不得采用活性骨料或在骨料中混有这类物质的材料。

（3）冬期施工混凝土用外加剂应符合国家标准《混凝土外加剂应用技术规范》（GB 50119—2013）的有关规定。采用非加热养护方法时，混凝土中宜优先选用掺入引气剂、引气型减水剂或含有引气组分的外加剂。混凝土含气量宜控制在 3.0%～5.0%。

（4）在钢筋混凝土中掺用氯盐类防冻剂时，氯盐掺量不得大于水泥质量的 1%（按无水状态计算）。掺用氯盐的混凝土应振捣密实，且不宜采用蒸汽养护。

（5）严禁采用含有氯盐配制的早强剂及早强减水剂。

（6）模板外和混凝土表面覆盖的保温层，不应采用潮湿状态的材料，也不应将保温材料直接铺在潮湿的混凝土表面，新浇混凝土表面应铺一层塑料薄膜。

3. 混凝土搅拌、运输和浇筑

冬期施工混凝土配合比应根据施工期间环境气温、原材料、养护方法、混凝土性能要求等经试验确定，并宜选择较小的水胶比和坍落度。

（1）冬期施工混凝土搅拌前，原材料的预热应符合下列要求

1）混凝土原材料加热应优先采用加热水的方法，当加热水仍不能满足要求时，再对骨料进行加热。拌合水、骨料加热的最高温度应符合表 5-7 的规定。当拌合水、骨料达到规定温度仍不能满足热工计算要求时，可提高水温到 100℃，但水泥不得与 80℃以上的水直接接触。

表 5-7　拌合水及骨料加热最高温度（℃）

水泥强度等级	拌合水	骨料
42.5 以下	80	60
42.5 及 42.5R 以上	60	40

2）水加热宜采用蒸汽加热、电加热或汽水热交换罐等方法。加热水使用的水箱或水池应保温，其容积应能使水达到规定的使用温度要求。

3）砂加热应在开盘前进行，并应使得其各处加热均匀。当采用保温加热料斗时，宜配备两个，交替加热使用。每个料斗容积可根据机械可装高度和侧壁斜度等要求进行设计，每一个斗的容量不宜小于 3.5m^3。蒸汽法加热骨料时，应加大对骨料含水率测试频率，并应将由骨料带入的水分从混凝土拌合水中扣除。

4）拌制掺用防冻剂的混凝土，当防冻剂为粉剂时，可按要求掺量直接撒在水泥上面和水泥同时投入；当防冻剂为液体时，使用前应搅拌均匀，由防冻剂溶液带入的水分应从混凝土拌合水中扣除。各溶液应分别置于明显标志的容器内，不得混淆，每班使用的外加剂溶液应一次配成。

5）配制与加入防冻剂，应设专人负责并做好记录，应严格按剂量要求掺入。使用液体外加剂时应随时测定溶液温度，并根据温度变化用密度计测定溶液的浓度。当发现

浓度有变化时，应加强搅拌直至浓度保持均匀为止。

6）水泥、外加剂、矿物掺合料不得直接加热，应事先储于暖棚内预热。

（2）冬期施工混凝土的拌制要求

1）混凝土搅拌前应对搅拌机械进行保温或采用蒸汽进行加温，搅拌时间应比常温搅拌时间延长30～60s。

2）混凝土搅拌时应先投入骨料与拌合水，预拌后再投入胶凝材料与外加剂。胶凝材料、引气剂或含引气组分外加剂不得与60℃以上热水直接接触。

3）混凝土拌合物的出机温度不宜低于10℃，入模温度不应低于5℃；对预拌混凝土或需远距离输送的混凝土，混凝土拌合物的出机温度可根据运输和输送距离经热工计算确定，但不宜低于15℃。大体积混凝土的入模温度可根据实际情况适当降低。

（3）冬期施工混凝土的输送及浇筑、养护要求

1）混凝土运输、输送机具及泵管应采取保温措施。当采用泵送工艺浇筑时，应采用水泥浆或水泥砂浆对泵和泵管进行润滑、预热。混凝土运输、输送与浇筑过程中应进行测温，温度应满足热工计算的要求。当不符合要求时，应采取措施进行调整。

2）混凝土浇筑前，应清除地基、模板和钢筋上的冰雪和污垢，并应进行覆盖保温。

3）分层浇筑厚大的整体式结构混凝土时，分层厚度不应小于400mm。在未被上一层混凝土覆盖前的已浇筑层的混凝土温度不应低于2℃。采用加热养护时，养护前的温度也不得低于2℃。

4）采用加热方法养护现浇混凝土时，应考虑加热产生的温度应力对结构的影响，并应合理安排混凝土浇筑顺序与施工缝留置位置。

5）冬期不得在强冻胀性地基土上浇筑混凝土。在弱冻胀性地基土上浇筑混凝土时，基土不得遭受冻害。如果在非冻胀性地基土上浇筑混凝土时，混凝土在受冻前的抗压强度应符合相应规范要求。

6）混凝土浇筑后，对裸露表面应采取防风、保湿、保温措施，对边、棱角及易受冻部位应加强保温。在混凝土养护和越冬期间，不得直接对负温混凝土表面浇水养护。

7）模板和保温层应在混凝土达到要求强度，且混凝土表面温度冷却到5℃后再拆除。对墙、板等薄壁结构构件，宜延长模板拆除时间。当混凝土表面温度与环境温度之差大于20℃时，拆模后的混凝土表面应立即进行保温覆盖。

8）混凝土强度未达到受冻临界强度和设计要求时，应继续进行养护。混凝土工程越冬期间，应编制越冬维护方案并进行保温维护。

9）冬期施工混凝土强度试件的留置除应符合国家标准《混凝土结构工程施工质量验收规范》（GB 50204—2015）的有关规定外，尚应增设与结构同条件养护试件，养护试件不应少于两组。同条件养护试件应在解冻后进行试验。

10）混凝土工程冬期施工应加强对骨料含水率、防冻剂掺量的检查，以及原材料、入模温度、实体温度和强度的监测；应依据气温的变化，检查防冻剂掺量是否符合配合比与防冻剂说明书的规定，并应根据需要进行配合比的调整。

11）混凝土冬期施工期间，应按国家现行有关标准的规定对混凝土拌合水温度、外加剂溶液温度、骨料温度、混凝土出机温度、浇筑温度、入模温度以及养护期间混凝土内部和大气温度进行测量。

12）对不易保温养护，且对强度增长无具体要求的一般混凝土结构，可采用掺防冻剂的负温养护法进行施工。必要时可采用暖棚法、蒸汽加热法、电加热法等方法，但应采取降低能耗的措施。

4. 混凝土冬期施工常用的施工方法

混凝土冬期施工常用的施工方法有暖棚法、蓄热法、综合蓄热法、蒸汽加热法、电热法、外加剂和早强水泥法等。在选择施工方法时，要根据工程特点，首先，保证混凝土尽快达到临界强度，避免遭受冻害；其次，承重结构的混凝土要迅速达到出模强度，保证模板周转。一般情况下，优先考虑使用蓄热法，以提高混凝土入模温度，选择适宜的保温材料，对结构容易受冻部位加强保温措施，提高保温效果。也可以在混凝土中掺外加剂或采用高强度等级水泥、早强水泥，使混凝土提前或者在负温下达到设计强度。当上述方法不能满足要求时，可采用外部加热方法和改善保温措施，以提高混凝土冻结前的强度。

（1）暖棚法

1）暖棚法施工适用于地下结构工程和混凝土量比较集中的结构工程。

2）暖棚法施工应符合下列要求：

① 当采用暖棚法施工时，棚内各测点温度不得低于5℃，并应设专人检测混凝土及棚内温度。暖棚内测温点应选择代表性位置进行布置，在离地面50cm高度处必须设点，每昼夜测温不应少于4次。

② 养护期间应测量棚内湿度，混凝土不得有失水现象。当有失水现象时，应及时采取增湿措施或在混凝土表面洒水养护。

③ 暖棚的出入口应设专人管理，并应采取防止棚内温度下降或引起风口处混凝土受冻的措施。

④ 在混凝土养护期间应将烟或燃烧气体排至棚外，并应采取防止烟气中毒和防火措施。

（2）蓄热法

蓄热法就是利用对混凝土组成材料（水、砂、石）预加的热量和水泥的水化热，再加以适当的覆盖保温，从而保证混凝土能够在正温下达到规范要求的临界强度。

蓄热法适用于气温不太寒冷的地区或是初冬和冬末季节，当符合下列情况时，也可优先考虑蓄热法：

① 混凝土拆模时所需强度较小；

② 室外气温高，风力小；

③ 水泥强度等级高，水泥发热量大的结构。

采用蓄热法施工时，最好使用活性高、水化热大的普通硅酸盐水泥和硅酸盐水泥。

（3）综合蓄热法

当采用一般蓄热法不能满足施工要求时，可采用综合蓄热法。

综合蓄热法就是指利用高效能的保温材料对混凝土构件进行保温，利用对混凝土的原材料进行加热及水泥水化的热量，掺加具有减水、引气性能的早强剂或早强型外加剂以及对混凝土进行短时加热养护等措施，使混凝土在冻结之前达到所需强度的方法。一般情况下，混凝土结构表面系数为5～15m^{-1}时，采用综合蓄热法养护。

综合蓄热法是在蓄热法的基础上，根据具体情况，常配合选用以下一些措施：

1）使用早强剂、减水剂、抗冻剂加速混凝土的凝结硬化，降低混凝土的冰点。这些外加剂在混凝土中的掺量、操作条件及使用效果见表5-8。

表5-8 热材料混凝土使用外加剂的掺量、操作条件及效果

序号	室外温度（℃）	掺量（水泥用量的%）					操作条件	使用效果
		三乙醇胺	氯化钠	亚硝酸钠	硫酸钠	木钙		
1	0	0.03			2.00	0.20	浇筑温度＞10℃，覆盖保温，维持72h	可达设计强度的40%
2	−5			20	2.0	建1 0.5		
3	−5～−10	0.05	0.5～1.0	0.5～1.0			浇筑温度＞15℃，覆盖保温在0℃以上，维持72h	
4	−10～−15	0.05	0.5～1.0	0.5～1.0			浇筑温度＞25℃，覆盖保温，维持72h	

2）地面以下的结构应尽量利用土壤热源。

3）将蓄热法与外部加热法、早期短时加热法合并使用。如用早期短时的电热；利用锯末加生石灰，适当洒水，使石灰释放出热量对混凝土进行短时加热等。

4）采用高强度等级水泥及水化热高的铝酸盐水泥。

5）减小水灰比，降低用水量，采用干硬性或低流动性混凝土等。

为保证蓄热法和综合蓄热法的可靠性，必须进行热工计算及测温工作。混凝土的测温工作贯穿自原材料加热起至撤除保温材料止。如混凝土出机温度，运输过程中的温度，入模温度，以至保温过程中的温度，均应经常测量。在蓄热养护期间，每天测3～4次，并经常校核热工计算，并做好记录。如发现异常，应及时采取措施。

（4）蒸汽养护法

即利用低压蒸汽对混凝土构件进行均匀加热，使之处于适宜的温度和湿度的环境中，以促进水泥的水化作用。但此法费用较高，多用于预制厂集中生产及蒸汽来源方便的情况。

（5）硫铝酸盐负温早强混凝土

这种混凝土简称负温早强混凝土，是由早强硫铝酸盐水泥，适量加抗冻早强剂、砂石骨料加水拌制而成的正温混凝土拌合料，在气温为−25℃以上的负温环境中浇筑，能以较快的速度凝结硬化。由于硫铝酸盐水泥在水化时放出大量热量，且集中于混凝土的早期阶段，因此，可使混凝土在正温下快速硬化。

负温早强混凝土在负温（−25℃以上）下施工，不用任何加热措施，仅以热水拌制，棉毡、草帘等一般保温材料保温，故施工方便、节约能源，并且不受临界强度的限制。

1）施工技术要求

硫铝酸盐水泥混凝土可在0～−25℃的环境下进行施工，适用于下列工程：

① 工业与民用建筑工程的钢筋混凝土梁、柱、板、墙的现浇结构；

② 多层装配式结构的接头以及小截面和薄壁结构混凝土工程。

2）下列情况不宜采用硫铝酸盐水泥混凝土施工：

① 结构表面系数小于 $6m^{-1}$的大体积混凝土结构工程；

② 使用条件经常处于温度高于 100℃的部位或有较高耐火要求的结构工程。

本章小结

建筑工程中，现场施工涉及的工序内容众多，稍有不慎，就很容易出现质量管理问题。混凝土浇筑作为建筑工程现场施工的重点，它关系建筑的安全性和稳固性。本章内容主要介绍了混凝土从最开始的前期准备、浇筑过程到最后的振捣成型，以及不同环境条件下混凝土的施工。混凝土在浇筑之前要做好施工准备工作，确保混凝土在浇筑过程中的顺利进行；在混凝土浇筑时，应采取相应的措施，以保证混凝土结构的密实性和整体性，必要时可留置施工缝，尤其是泵送混凝土，在浇筑过程中，应有效控制混凝土的均匀性和密实性，宜采用由远而近、先竖向结构后水平结构的顺序分层连续浇筑，使其成为连续的整体。在浇筑混凝土框架结构的墙、柱、梁、板、基础时，要根据相应的部位，采取不同的浇筑工艺，选择合适的振捣设备，采用正确的施工方法，完成混凝土浇筑工作。

由于混凝土在不同的温湿度条件下浇筑时，质量容易发生变化，这是因为在气温高的外界环境条件下，混凝土拌合物容易失水，会出现浇筑困难、结构开裂的现象；在气温低的外界条件下，混凝土拌合物内部水化困难，如果没有相应的保温措施，混凝土易出现受冻现象。在雨季，一方面雨水会增大水灰比，造成混凝土水胶比变大，强度降低。另一方面会冲刷混凝土，产生露石现象，破坏混凝土结构。这就要求施工人员需要及时熟练掌握相关技术要点，针对施工前的准备、浇筑过程和后期维护等工作进行有效性作业，确保浇筑的建筑物质量符合要求。只有采用正确的方法，才能使建筑工程得到有效的质量保障。

习　题

一、填空题

1. 混凝土浇筑应保证混凝土的__________和__________。

2. 为防止混凝土浇筑时产生分层、离析现象，宜先浇筑__________混凝土和__________结构构件，后浇筑__________混凝土和__________结构构件。

3. 多层框架混凝土应分层分段进行浇筑施工，在每层中先浇筑__________，再浇筑__________。

4. 条形基础的振捣宜选用__________振动器，插点布置以__________为好。掌握好“__________”的操作要领。

5. 有主次梁的肋形楼板，混凝土的浇筑方法应由一端开始用“__________”，即先浇筑__________，根据梁高分层浇筑成阶梯形，当达到板底位置时再与__________的混凝土一起浇筑。

6. 肋形楼板是由__________、__________和__________组成的典型的梁板结构。

7. 振动倾斜混凝土表面时，应由__________处逐渐向__________处移动，以保证混凝土振实。

8. 振动器插点要均匀排列，可采用__________或__________的次序移动，不应混用。

二、单项选择题

1. 浇筑框架结构混凝土时插入式振动棒移动间距应不超过振动棒作用半径的(　　)倍。

A. 1.5　　B. 1.2　　C. 1.3　　D. 1.4

2. 有主次梁的楼板宜顺着次梁方向浇筑，施工缝应留置在次梁跨度的中间(　　)范围内。

A. 1/3　　B. 1/5　　C. 1/4　　D. 1/2

3. 混凝土泵送润管时，$1m^3$水泥砂浆可润滑约(　　)m长的管道。

A. 100　　B. 200　　C. 300　　D. 400

4. 泵送过程中，当管道的倾斜角度在(　　)以下时，输送管里的混凝土一般不会出现自重流淌。

A. 3°　　B. 4°　　C. 5°　　D. 6°

5. 高温天气混凝土浇筑入模的温度要控制在(　　)℃以下。宜选在一天温度较低的时间内进行。

A. 20　　B. 25　　C. 30　　D. 35

6. 混凝土泵送时，应做到每(　　)h换一次水洗槽里的水。

A. 1　　B. 2　　C. 3　　D. 4

7. 墙体混凝土灌注时应遵循(　　)的顺序，以保证外部墙体的垂直度。

A. 先中部后边角，先外部后内部

B. 先边角后中部，先内部后外部

C. 先边角后中部，先外部后内部

D. 先中部后边角，先内部后外部

8. 混凝土施工过程中，当采用插入式振动器时，分层厚度不应超过振动棒长的(　　)倍。

A. 1.1　　B. 1.15　　C. 1.20　　D. 1.25

三、多项选择题

1. 清洗泵送混凝土输送管道的方法有(　　)。

A. 水洗　　B. 气洗　　C. 水泥砂浆清洗　　D. 水泥净浆清洗

2. 独立式基础浇筑下料时应从边角开始向中间灌注混凝土，每个基础台阶要分层灌注，下列分层厚度符合要求的是(　　)。

A. 20cm　　B. 26cm　　C. 28cm　　D. 29cm

3. 大体积基础的浇筑应根据整体性要求、结构大小、钢筋疏密、混凝土供应等情况，采用(　　)等方法来进行浇筑。

A. 全面分层　　B. 分段分层　　C. 斜面分层　　D. 横向分层

4. 采用(　　)导送混凝土时，柱子的灌注高度可不受限制。

A. 竖向串筒　　B. 溜管　　C. 吊装　　D. 小车

5. 通常用插入式振捣的混凝土有(　　)。

A. 混凝土柱　　　　　　　　　　　　B. 杯形基础混凝土

C. 条形基础混凝土　　　　　　　　　D. 钢筋较密集的墙体

6. 混凝土冬期施工常用的施工方法有(　　)、电热法、外加剂和早强水泥法等。

A. 暖棚法　　　　B. 蓄热法　　　　C. 综合蓄热法　　　　D. 蒸汽加热法

7. 振动器的操作，要做到“快插慢拔”。快插是为了防止混凝土发生(　　)现象。

A. 空洞　　　　B. 分层　　　　C. 离析　　　　D. 泌水

8. 混凝土高温施工不仅指夏季的施工，春、秋季节满足(　　)条件，也属于高温施工。

A. 高的外界环境温度　　　　　　　　B. 低的相对湿度

C. 高的相对湿度　　　　　　　　　　D. 强的阳光照射

四、判断题

1. 在施工缝处继续浇筑混凝土时，可以直接在已硬化的混凝土表面上继续浇筑。(　　)

2. 清洗混凝土输送管道，在水洗时，如果水不够，可以转换为气洗，气洗过程中也可以转换为水洗。(　　)

3. 浇筑混凝土柱时，浇筑一排柱子的顺序应按排或列从两端同时开始向中间推进，不可从一端开始向另一端推进。(　　)

4. 大体积混凝土浇筑温度一般不宜超过18℃。(　　)

5. 墙体混凝土应分层灌注，分层振捣。同一层段的混凝土应连续浇筑，不宜停歇。(　　)

6. 雨天不进行露天混凝土的浇筑，需施工时，应采取混凝土质量保证措施。(　　)

7. 当外界气温低于−5℃时需采用特殊措施才能进行混凝土的泵送。(　　)

8. 高温时，搅拌混凝土可采用一定的降温措施，保证混凝土拌合物出机温度不大于30℃。(　　)

五、简答题

1. 简述通用混凝土浇筑的一般要求。

2. 简述混凝土浇筑时施工缝留设的规定。

3. 用振动器在对混凝土进行振捣时，具有哪些特性?

4. 如何根据建筑物的结构形式不同，选择不同的振动方式。

5. 简述大体积混凝土结构的施工特点。

六、案例分析题

某小区在建10号楼，共32层，全部采用C30的商品混凝土，在浇筑完第十三层梁时，采用内部振动器振捣，浇筑完成3d后，拆模发现有钢筋外露的现象，试分析其原因。

混凝土养护

6 通用混凝土的养护

本章导读

在建筑工程中，浇筑后的混凝土之所以能凝结硬化，主要是因为水泥水化作用的结果，而水泥水化作用必须在适当的温度和湿度条件下才能完成。因此，水泥混凝土在浇捣完毕后，还需要进行混凝土的养护。混凝土养护不当通常会使得混凝土的强度不足、产生缺陷，造成耐久性降低。

混凝土养护的目的，一是创造各种条件，使水泥充分水化，加速混凝土硬化；二是防止混凝土在成型后因暴晒、风吹、干燥、寒冷等自然因素的影响，出现不正常的混凝土表面脱皮、起砂、收缩裂缝、内部结构疏松等现象。混凝土浇筑后，如气候炎热，空气干燥，不及时进行养护，混凝土中水分蒸发过快，出现脱水现象，使已形成凝胶体的水泥颗粒不能充分水化，不能转化为稳定的结晶，缺乏足够的黏结力，从而会在混凝土表面出现片状或粉状剥落，影响混凝土的强度。此外，在混凝土尚未具备足够的强度时，如果其中水分过早蒸发，还会使混凝土产生较大的收缩变形，出现干缩裂纹，影响混凝土的整体性和耐久性。如环境温度降低，低于标准温度时，水泥水化就会减慢甚至停止，混凝土初期强度下降。所以浇筑后的混凝土初期阶段养护非常重要。塑性混凝土浇筑完毕后，应及时进行养护；干硬性混凝土和真空脱水混凝土浇筑完毕后应立即进行养护。养护的方法很多，常见的有标准养护、自然养护、快速养护等。在施工中，要因时因地制宜，选择较好的养护方法。

6.1 通用混凝土养护的方式

当混凝土拌合物经密实成型后，逐步硬化并形成内部结构，为使已密实成型的混凝土能正常完成水泥的水化反应，获得所需的物理力学性能及耐久性指标的工艺措施称为混凝土的养护工艺。足够的湿度和适宜的温度是混凝土硬化所必需的条件，也是保证工程质量的基本要素。养护过程中主要应建立水化或水热合成反应所需要的温度及湿度条件，并力求降低能耗。

6.1.1 标准养护

在标准养护条件下对混凝土进行的养护称为标准养护，混凝土标准养护专用于混凝土试块，水泥试块的恒温恒湿标准养护一般在养护室内进行，养护室条件应符合国家最新标准《混凝土物理力学性能试验方法标准》(GB/T 50081—2019)中规定，试件的标准养护应符合下列规定：

(1) 试件成型抹面后应立即用塑料薄膜覆盖表面，或采取其他保持试件表面湿度的方法。

(2) 试件成型后应在温度为20℃±5℃、相对湿度大于50%的室内静置1～2d，试件静置期间应避免受到振动和冲击，静置后编号标记、拆模，当试件有严重缺陷时，应按废弃处理。

(3) 试件拆模后应立即放入温度为20℃±2℃，相对湿度为95%以上的标准养护室中养护，或在温度为20℃±2℃的不流动氢氧化钙饱和溶液中养护，标准养护室内的试件应放在支架上，彼此间隔10～20mm，试件表面应保持潮湿，但不得用水直接冲淋试件。

(4) 试件的养护龄期可分为1d、3d、7d、28d、56d或60d、84d或90d、180d等，也可根据设计龄期或需要进行确定，龄期应从搅拌加水开始计时。

6.1.2 自然养护

在自然气候条件（平均气温高于5℃）下，于一定时间内采取浇水润湿或防风防干、保温防冻等措施的养护，称为自然养护。现浇结构多采用自然养护，自然养护主要有覆盖浇水养护和塑料薄膜养护两种。

1. *覆盖浇水养护*

覆盖浇水养护是指混凝土在浇筑完毕后，用吸水保温能力较强的材料如草帘、芦席、麻袋、锯末等将混凝土表面覆盖，并经常浇水使混凝土表面处于湿润状态的养护方法。浇水养护简单易行、费用少，是现场最普遍采用的养护方法。用覆盖物覆盖并浇水时应该注意以下规定：

(1) 开始覆盖和浇水时间，塑性混凝土应不迟于成型后6～16h，干硬性混凝土应不迟于1～2h，炎热及大风时，应不迟于2～3h。

(2) 每日浇水次数取决于气候条件及覆盖物的保湿能力。一般气温约15℃时，成型后3d内，白天应每隔2～3h浇水一次，夜间不得少于两次，以后随气温的不同，按表6-1中的次数浇水。高强度等级的水泥水化热高，水分蒸发较快，浇水次数应适当增加，干燥气候下也是如此。气温低于5℃时，为防止气温骤降而使混凝土受冻，不宜浇水。覆盖天数随气温不同而不同，最少覆盖天数参见表6-2。每日浇水的次数以能保持混凝土具有足够的湿润状态为宜。

(3) 混凝土浇水养护时间，对于采用硅酸盐水泥、普通硅酸盐水泥或矿渣硅酸盐水泥拌制的混凝土不得少于7d；对于火山灰水泥、粉煤灰水泥拌制的混凝土以及对掺用缓凝型外加剂或有抗渗要求的混凝土、强度等级C60及以上的混凝土、后浇带混凝土，养护时间不得少于14d。地下室底层墙、柱和上部结构首层墙、柱宜适当增加养护时间。

(4) 对于大面积的混凝土，如地坪、楼面、平屋面、公路等，可以在混凝土有一定强度后（一般经24h后），遇水不再脱皮离析时，在四周筑起临时小堤，灌水养护，蓄水深度维持在40～60mm，蒸发后应该及时补充；对于池、坑结构，可以待内模拆除后灌水养护。

（5）对于竖向构件如墙、柱等，最好用麻袋、草帘等做成帘式覆盖物，贴挂在墙、柱面上，并浇水保持湿润。

（6）混凝土的养护用水应该与拌制用水相同。

（7）当日平均气温低于5℃时，不可浇水。

表6-1 露天自然养护制品浇水次数

正午气温	10℃		20℃		30℃		40℃	
浇水次数	A	B	A	B	A	B	A	B
	2	3	4	6	6	9	8	12

注：1. A为在阴影下，B为在阳光照射下；

2. 气温是指当日中午的标准气温；

3. 此表作为计算用水量的参考，不作为实际生产的依据。

表6-2 露天自然养护制品覆盖天数

水泥品种	最少遮盖天数（d）			
	10℃	20℃	30℃	40℃
火山灰质水泥或矿渣水泥	7	5	4	3

注：在外界气温低于5℃时，不允许浇水。

2. 塑料薄膜养护

塑料薄膜养护就是以塑料薄膜为覆盖物，使混凝土表面与空气隔绝，可防止混凝土内的水分蒸发，水泥依靠混凝土中的水分完成水化作用而凝结硬化，从而达到养护目的。这种方法主要适用于不宜浇水养护的高耸构筑物或大面积混凝土结构。

塑料薄膜养护有以下两种方法：

（1）薄膜布直接覆盖法

薄膜布直接覆盖法是指用塑料薄膜布把混凝土表面敞露部分全部严密地覆盖起来，保证混凝土在不失水的情况下得到充分的养护。其优点是不必浇水，操作方便，能重复使用，能提高混凝土的早期强度，加速模板的周转。

（2）喷洒塑料薄膜养生液法

喷洒塑料薄膜养生液法也称为喷模养护，是指将塑料溶液喷涂在混凝土表面，溶液挥发后在混凝土表面结成一层塑料薄膜，使混凝土表面与空气隔绝，封闭混凝土内的水分不再被蒸发，从而完成水泥水化作用。这种养护方法一般适用于不易浇水养护的高耸构筑物和表面积大的混凝土施工及缺水地区。

喷洒塑料薄膜养生液法养护的操作要点如下：

① 喷洒压力以0.2～0.3MPa为宜，喷洒出来的塑料溶液呈较好的雾状为佳。压力小，不易形成雾状；压力大，会破坏混凝土表面，喷洒时应距混凝土表面50cm。

② 喷洒时间，应掌握混凝土水分蒸发情况，在不见浮水、混凝土表面以手指轻按无指印时，即可进行喷洒。过早会影响塑料薄膜与混凝土表面结合，过迟则影响混凝土强度。

③ 溶液喷洒厚度以溶液的耗用量衡量，通常以每平方米耗用养护剂 2.5kg 为宜，喷洒厚度要求均匀一致。

④ 通常要喷两遍，待第一遍成膜后再喷第二遍，喷洒时要求有规律，固定一个方向，前后两遍的走向应互相垂直。

⑤ 溶液喷洒后很快形成塑料薄膜。为达到养护目的，必须保护薄膜的完整性。要求不得有损坏破裂，不得在薄膜上行走、拖拉工具，如发现损坏应及时补喷。如气温较低，应设法保温。

3. 自然养护注意事项

(1) 自然条件下温、湿度对混凝土硬化过程的影响

在其他条件一定的情况下，自然养护混凝土强度主要取决于水泥的强度等级、品种以及外界环境的平均温度。在炎热区域，高温下新拌混凝土坍落度的损失增大，初凝提前，易因振捣不良而形成孔隙、麻面与蜂窝；早凝、表面易干燥，均易导致干缩裂缝；白昼浇捣及养护时，以及夜间环境降温后的内外温差，易导致温度裂缝。在寒冷地区，当温度低于 4℃时，水的体积膨胀，冻结后其体积增大 9%。解冻后，混凝土孔隙率增加 15%～16%，强度下降 10%。冻结还使骨料与水泥石的黏结力受到损害，若黏结力完全丧失，其强度降低 13%。冻结和解冻过程中，混凝土内水分的迁移、体积变化及组分体积膨胀系数的差异，均将导致结构的开裂。同时，温度的解冻使混凝土强度的增长速度明显减慢，这是因为混凝土中水的冰点为－0.5～－2.5℃，温度降至－3℃时，混凝土中只有 10%的液相存在，水化反应极为缓慢。

(2) 采用自然养护，应遵守下列规定：

① 在浇筑完成后 12h 以内进行覆盖保湿养护；

② 已浇筑的混凝土，强度达到 1.2MPa 后，才允许操作人员在其上面行走、安装模板和支架；但不得做冲击性或类似劈打木材的操作。达到 1.2MPa 强度所需龄期随不同的水泥和混凝土强度的不同而不同；

③ 不允许用悬挑构件作为交通运输的通道，或作为工具、材料的停放场；

④ 对于大体积混凝土的养护。应根据气候条件及混凝土本身的温度采取控温措施，两者温差不宜超过 25℃。

(3) 自然养护方式的选择

混凝土浇筑后应及时进行保湿养护，选择养护方式应考虑现场条件、环境温湿度、构件特点、技术要求、施工操作等因素。工程实践中养护方法选择的原则如下：

① 水平构件采用覆盖塑料布或草帘浇水养护，竖向构件采用覆盖塑料布或浇水养护的方法。

② 混凝土表面不便浇水时，应采用涂刷养护剂的方法养护。

(4) 自然养护强度的增长

普通混凝土自然养护时的强度增长情况见表 6-3 和表 6-4。

表 6-3　用强度等级为 32.5 的水泥拌制的混凝土在不同温度下硬化时的强度增长百分率

水泥品种	龄期(d)	混凝土硬化时的平均温度（℃）							
		1	5	10	15	20	25	30	35
		混凝土所达到的强度百分比（%）							
普通水泥	2				28	35	41	46	50
	3	12	20	26	33	40	46	52	57
	5	20	28	35	44	50	56	62	67
	7	20	34	42	50	58	64	68	75
	10	35	44	52	61	68	75	80	86
	15	44	54	64	73	81	88		
	28	65	72	82	92	100			
火山灰质水泥及矿渣水泥	2				15	18	24	30	35
	3			11	16	22	28	34	44
	5		10	21	27	33	42	50	58
	7	14	23	30	36	44	52	61	70
	10	21	32	41	49	55	65	74	81
	15	28	41	54	64	72	80	88	
	28	41	61	77	90	100			

表 6-4　用强度等级为 42.5 的水泥拌制的混凝土在不同温度下硬化时的强度增长百分率

水泥品种	龄期(d)	混凝土硬化时的平均温度（℃）							
		1	5	10	15	20	25	30	35
		混凝土所达到的强度百分比（%）							
普通水泥	2			19	25	30	35	40	45
	3	14	20	25	32	37	43	48	52
	5	24	30	36	44	50	57	63	66
	7	32	40	46	54	62	68	73	76
	10	42	50	58	66	74	78	82	86
	15	52	63	71	80	88			
	28	68	78	86	94	100			
火山灰质水泥及矿渣水泥	2				15	18	24	30	35
	3			11	17	22	26	32	38
	5	12	17	22	28	34	39	44	52
	7	13	24	32	38	45	50	55	68
	10	25	34	44	52	58	68	67	75
	15	32	46	57	67	71	80	86	92
	28	48	64	83	92	100			

6.1.3 快速养护

随着建筑施工技术的发展，自然养护已满足不了需要。对于混凝土结构而言，加速混凝土强度的增长具有重要意义，因此，凡是能加速混凝土强度发展过程的工艺措施，均属于快速养护。快速养护时，在确保产品质量和节约能源的条件下，应满足不同生产阶段对强度的要求，如脱模强度、放张强度等。快速养护在混凝土结构物具有重要地位，是继搅拌及密实成型后，保证混凝土内部结构和性能指标的决定性工艺环节。采用快速养护有利于缩短生产周期，提高设备的利用率，降低产品成本。快速养护按其作用的实质可分为热养护法、化学促硬法、机械作用法及复合法等。

1. 热养护法

热养护法是利用外界各种热源对成型的混凝土制品加热硬化的方法。热养护又可分为湿热养护、干热养护和干-湿热养护三种。湿热养护法以相对湿度90%以上的热介质加热混凝土，升温过程中有冷凝而无蒸发过程发生。随着介质压力的不同，湿热养护有常压、无压、微压及高压湿热养护等。干热养护时，混凝土制品不可与热介质直接接触，或以低湿介质升温加热，升温过程中则以蒸发过程为主。热养护是快速养护的主要方法，效果显著，但能耗较大。

（1）湿热养护

湿热养护又称湿热处理或蒸汽养护。以相对湿度90%以上的饱和蒸汽为介质，使混凝土加速硬化的养护方法。混凝土在湿热介质作用下加速了化学反应及内部结构的形成，获得快硬早强的效果。养护过程一般分为预养、升温、恒温、降温四个阶段。由于升温阶段只有冷凝而无蒸发过程发生，可避免制品发生早期干裂，但也能造成内部结构的破坏。养护温度越高，升温速度越快，破坏也越严重。根据介质压力的不同，可以分为常压湿热养护、微压养护和高压湿热养护等。高压湿热养护为硅酸盐混凝土所必需的。

常压湿热养护时，介质温度不超过100℃，相对湿度不低于90%，又称蒸汽养护。若制品在100℃、相对湿度为100%的纯饱和蒸汽中养护，且窑内外介质无压力差，即为无压蒸汽养护。微压养护时，在升温过程中，快速升高介质的压力，即密封的窑内湿热介质工作压力比混凝土升温前增加至0.03MPa，以抑制其结构破坏过程。高压养护在表压为0.8MPa、温度为174℃以上的纯饱和蒸汽中进行，又称压蒸养护。

1）常压养护制度

① 预养期。用以增加混凝土对升温期结构破坏作用的抵抗能力，于制品成型后及蒸汽养护开始前所进行的室温养护期为预养期，又称静停期，一般为2～4h。

② 升温期。升温取决于混凝土的允许升温速度及最高养护温度。升温过快会使混凝土内部产生微裂缝等缺陷。

表6-5给出了混凝土的最大升温速度参考值。按此升温速度及最高养护温度可推算出升温期。

表 6-5　升温速度限值（℃/h）

预养时间（h）	混凝土干硬度（s）	刚性模型密封养护	带模养护	脱模养护
＞4	＞30	不限	30	20
	＜30	不限	25	—
＜4	＞30	不限	20	15
	＜30	不限	15	—

③ 恒温期。升温至要求温度后即应在此温度下恒温养护一段时间，以使混凝土获得一定的强度。

以不同水泥配制的混凝土要求有不同的恒温温度（表 6-6）及恒温时间范围。表 6-7 给出普通硅酸盐水泥混凝土在不同温度下养护的临界恒温时间。

表 6-6　恒温温度

水泥品种	恒温温度（℃）
普通硅酸盐水泥	80～85
矿渣及火山灰质硅酸盐水泥	95～100
铝酸盐水泥	＜70

表 6-7　临界恒温时间

温度（℃）	临界恒温时间（h）
100	4～7
80	12～18
60	20～40

一般来讲硅酸盐水泥要求较低的恒温温度，适当延长恒温时间，而矿渣硅酸盐水泥则要求较高的恒温温度。

④ 降温期。经一定时期的恒温养护后，需要缓慢降温，由恒温温度降至室温的时间为降温期。降温速度与构件尺寸及混凝土的水灰比有关。

不同尺寸构件的最大允许降温速度限值见表 6-8。混凝土构件表面与气温的温差极限见表 6-9。

表 6-8　混凝土最大允许降温速度限值（℃/h）

水灰比	厚大尺寸构件	细薄尺寸构件
≥0.4	30	35
＜0.4	40	50

表 6-9　混凝土表面温度与气温的温差限值

混凝土强度（MPa）	混凝土表面温度与气温之差（℃）
≤30.0	≤60
≥45.0	≤75

为避免蒸汽温度骤然升降而引起混凝土构件产生裂缝变形，必须严格控制升温和降

温的速度。出槽的构件温度与室外温度相差不得大于40℃，当室外为负温度时，相差不得大于20℃。

2）高压蒸汽养护制度

高压蒸汽养护根据升压方法的不同又可以分为排气法、真空法和快速升压法等。一般用于多孔混凝土制品及高强度混凝土桩的养护，其养护时需要100℃以上的温度，常压蒸汽养护条件无法达到此温度，就需要蒸汽釜增加饱和蒸汽压力，以提高养护温度。通常情况下，釜内压力可达0.6～2MPa，养护温度160～210℃。

结构形成和结构破坏是贯穿各种热养护过程中的一对主要矛盾，各种热养护制度的确定和热养护混凝土的性能均取决于这对矛盾的正确解决。湿热养护混凝土的性能与标准养护混凝土相比，有明显的区别。蒸养硅酸盐水泥混凝土的28d抗压强度比标准养护时低10％～15％，养护温度越高，升温速度越快，相差越大。例如，快速升温至100℃的蒸养混凝土28d强度可能损失30％～40％。蒸养混凝土的弹性模量比强度相同的标准养护低5％～10％，其耐久性也有所降低。这表明，湿热养护在加速混凝土结构形成的同时，也造成了其结构的损伤。

（2）干热养护和干-湿热养护

在湿热养护的发展和改进过程中，仅从传热学角度选择高湿介质的参数，改进供热方法，力图强化对流换热过程，以加速混凝土强度的增长，却忽视了湿热膨胀的结构破坏作用，因而，又不得不以限制升温、变速升温及预养等措施力求对换热过程进行消极的反限制。因此，存在目的、措施和效果的自相矛盾，又难以获得既缩短养护周期，又改善混凝土性能和制品表面质量的综合效益。

干热和干-湿热养护突破传统思路，以低湿介质进行升温，削弱了结构破坏作用，有利于结构的形成。干热养护是升温过程中混凝土不增湿或少增湿，甚至以水分蒸发过程为主的养护方法，通常以热空气为介质。低湿介质对混凝土的破坏作用小，因此混凝土结构的表面质量好。但是，干热养护却存在混凝土失水过多、水泥水化不充分、后期强度损失较大、降温效果较差等缺点。干-湿热养护是指在升温、恒温阶段用干热介质，在降温阶段补充湿介质的养护方法。这种方法除具有低湿介质升温的一般优点外，还具有混凝土结构致密、水泥水化条件较合理、降温效果好、养护后混凝土无严重失水现象等优点。

干热养护是用太阳能、远红外线、电热等方法，利用混凝土本身所含的水分及外加热源，达到养护的目的。近年来此养护法发展较快。

1）太阳能养护

太阳能养护属于露天自然条件下高温介质的养护，利用辐射及热容效应建成的太阳能养护罩、池是较简单的太阳能养护设施。太阳能养护罩、池的内衬选择，直接影响对太阳辐射热的吸收。一般内衬常涂黑色，也可考虑以真空镀铝涤纶薄膜作内衬，以增加辐射强度。

2）远红外线养护

远红外线加热可以用电、煤气、液化气、蒸汽等为热源。基本原理是在散热器表面涂刷远红外线辐射材料，涂料分子受热后，便向四周发射电磁波，电磁波被混凝土吸收，成为分子运动动能，引起混凝土内部的分子振荡。因而使混凝土的温度能内外同步升高，从而达到养护的目的。混凝土在养护过程中，由于内部有游离水存在，水对红外线有较宽的吸收带，混凝土在60～100℃时，对红外线的吸收率为90%左右。因此，用远红外线养护混凝土，可以使混凝土内部温度均匀升高，取得养护时间短、强度高、节约能源等效果。

3）电热养护

电热养护可分为直接加热法和间接加热法。直接加热法即电极法，一般采用圆钢或铁皮作成电极，将电流输入电极，电流通过混凝土中的游离水，构成电流回路，因混凝土中有一定的电阻值，从而产生热量。一般电极法多应用在混凝土浇筑的早期，以达到提早拆模的目的。间接加热法有工频涡流加热法及电热毯保温法等，多用于冬期施工。

2. 化学促硬法

化学促硬法是用化学外加剂（如早强减水剂、化学促硬剂）或早强快硬水泥来加速混凝土强度的发展过程，简便易行，节约能源。

3. 机械作用法

机械作用法是以活化水泥浆、强化搅拌混凝土拌合物、强制成型低水灰比干硬性混凝土及机械脱水密实成型促使混凝土早强的方法。该方法设备复杂，能耗大。

在实际操作应用中，提倡将多种工艺措施合理综合运用，如热养护和促硬剂、热拌热膜和外加剂等，力求获得最大的经济效益。

6.2 通用混凝土特殊养护

6.2.1 大体积混凝土的养护

（1）大体积混凝土结构特点

现代建筑中时常涉及大体积混凝土施工，如高层楼房基础、大型设备基础、水利大坝等。它主要的特点就是体积大，要求连续浇筑，且不允许留设施工缝，一般实体最小尺寸大于或等于1m。它的表面系数比较小，浇筑后的混凝土中水泥水化热释放比较集中，且不易散发，内部温升较表面散热快，会形成内外温差。混凝土内外温差较大时，表面收缩受内部约束会产生拉应力，虽然这种拉应力通常很小，但是在混凝土内部的水化反应加快时，反应放出的热量增大，会导致内部升温加大了内外温差，当内外温差超过25℃时，结构就会产生裂缝，影响结构安全和正常使用。

因此，大体积混凝土施工时，为保证结构的整体性应合理确定混凝土浇筑方案；为保证施工质量应采取有效的技术措施降低混凝土内外温差。

（2）大体积混凝土的养护

混凝土浇筑完毕后，应进行保温保湿养护，在每次混凝土浇筑完毕后，除按普通混凝土进行常规养护外，尚应及时按温控技术措施的要求进行保温养护。

养护方式应遵循“保温保湿养护为主体，抗放兼施为主导”的温控措施。及时洒水养护以保持混凝土表面经常湿润，这样既减少外界高温倒灌，又防止干缩裂缝的发生，促进混凝土强度的稳定增长。

1）大体积混凝土的养护方法

大体积混凝土的养护方法有降温法和保温法两种。降温法，即在混凝土浇筑成型后，用蓄水、洒水或喷水进行养护；保温法是在混凝土成型后，使用保温材料覆盖养护（如塑料薄膜、草袋等）及薄膜养生液养护。

保温养护是大体积混凝土施工的关键环节。保温养护的主要目的是通过减少混凝土表面的热扩散，从而降低大体积混凝土浇筑体的里外温差值，降低混凝土浇筑体的自约束应力，其次是降低大体积混凝土浇筑体的降温速率，延长散热时间，充分发挥混凝土强度的潜力和材料的松弛特性，利用混凝土的抗拉强度，以提高混凝土承受外约束应力时的抗裂能力，达到防止或控制温度裂缝的目的。同时，在养护过程中保持良好温度和防风条件，使混凝土在适宜的温度和湿度环境下养护。

夏期施工时，混凝土一般可使用草袋覆盖、洒水、喷水养护或喷刷养生液养护。冬期施工时，由于环境气温较低，一般可利用保温材料以提高浇筑的混凝土表面和四周温度，减少混凝土的内外温差。另外也可使用薄膜养生液、塑料薄膜等封闭料，来封闭混凝土中多余拌合水，以实现混凝土的自养护。但应选用低温下成膜性能好的养生液。养生液要求涂刷均匀，最好能互相垂直地涂刷两道，或用农用喷雾器进行喷涂。实践证明，喷雾养护是一种行之有效的保湿措施，尤其在厚墙、转换层等大体积混凝土初凝前养护效果明显。根据以往的施工经验，在大体积混凝土养护过程中采用强制或不均匀的冷却降温措施不仅成本相对较高，管理不善易使大体积混凝土产生贯穿性裂缝，这类方法在房屋建筑工程中较少采用。

2）大体积混凝土的养护要求

① 应由专人负责保温养护工作，负责检查塑料薄膜或养护剂涂层的完整情况，保持混凝土表面湿润，并做好测试记录。

② 大体积混凝土应保温保湿，混凝土浇筑完毕后，在初凝前宜立即进行覆盖或喷雾养护工作。养护时间应做到：为了保证新浇筑的混凝土有适宜的硬化条件，防止在早期由于干缩而产生裂缝，大体积混凝土浇筑完毕后，应在 12h 内加以覆盖和浇水。其中，普通硅酸盐水泥拌制的混凝土不得少于 14d，矿渣水泥、火山灰质水泥、大坝水泥、矿渣大坝水泥拌制的混凝土不得少于 21d。

③ 保温覆盖层拆除时，应分层逐步进行，当混凝土表面温度与环境最大温差小于 20℃时，可全部拆除。

④ 为避免结构因干燥收缩产生裂缝，大体积混凝土拆模后，地下结构应及时回填土；地上结构不宜长期暴露在自然环境中。

⑤ 在保温养护中，应现场监测混凝土浇筑体的里表温差和降温速率，当实测结果不满足温控指标要求时，应及时调整保温养护措施。

⑥ 对于高层建筑转换层的大体积混凝土施工，由于在高空中组织施工条件相对地面或地下差，应加强进行保温构造设计和养护工作。必要时，封闭加热施工，以满足温控指标的要求，确保工程质量。

6.2.2 冬期施工混凝土的养护

混凝土冬期施工，养护工艺是重要环节，直接关系混凝土的最终强度和抗冻、抗渗及耐久性指标。

在寒冷环境下，混凝土浇筑后应采用适当的方法进行养护，保证混凝土在受冻前至少已达到具有抗冻能力的临界强度，才能避免混凝土受冻发生强度损失。混凝土的临界强度应符合下列规定：

（1）用硅酸盐水泥或普通硅酸盐水泥配制的混凝土，应为设计要求强度等级标准值的30%。

（2）用矿渣硅酸盐水泥配制的混凝土，应为设计要求的强度等级标准值的40%。

（3）在任何条件下，混凝土受冻前强度不得低于5MPa。

冬期施工中混凝土的养护方法很多，有蓄热法、外部加热法、掺外加剂法等，各自有不同的适用范围。

1. 蓄热法

蓄热法就是将混凝土搅拌浇筑后在仍具有一定温度时立即用保温材料覆盖在混凝土的表面，尽量减少混凝土中水泥水化热和热拌混凝土中的原有热量的散失，延缓混凝土的冷却速度，保证混凝土在冻结前达到所要求强度的一种冬期施工方法。蓄热法适用于室外最低气温不低于－15℃的地面以下的工程或表面系数不大于$5m^{-1}$（结构冷却的表面积与其全部体积的比值）的结构混凝土的冬期养护。

蓄热法养护具有施工简单、不需外加热源、节能、施工费用低等优点，因此在混凝土冬期施工时应优先考虑采用。混凝土在较低温度下硬化，其最终强度损失小，耐久性好，质量较优，但混凝土强度增长缓慢，保温防护措施要严密。若根据工程的实际情况和当地气温条件，把一些其他的有效方法与蓄热法结合起来使用，可扩大其使用范围，既节约成本又方便施工。

在混凝土中掺用早强型外加剂，可尽早使混凝土达到临界强度；或加热混凝土原材料，提高混凝土的入模温度，既可延缓冷却时间，又可提高混凝土硬化速度；或采用高效保温材料，如聚苯乙烯泡沫塑料和岩棉；或采用快硬早强水泥，以提高混凝土的早期强度等措施都可应用于蓄热法施工中，以增强其养护效果。

2. 加热养护

混凝土在较高的温度与湿度条件下水化反应迅速，强度增长很快，可以提早拆模，加快模具与场地的周转，加快施工速度，因此加热养护在混凝土工程中尤其是混凝土预制构件厂中得到广泛应用。加热混凝土法有原料预热、热搅拌、混凝土拌合物在中间料斗预热等三种方法，目的在于使浇筑成型后的制品仍蓄有一定的热量，保持正温，防止冻裂，并增长至所需强度。通常采用蒸汽对原料预热，值得提出的是水的比热容比骨料高5倍左右，故应优先考虑水的预热，若仍不能满足要求，再考虑其他原材料预热。拌合物在中间料斗中电加热的优点是能耗低、时间短。

当混凝土在一定龄期内采用蓄热法达不到要求时，可采用加热养护等其他养护方法。具体加热养护的方法很多，有蒸汽加热法、电热法等。

（1）蒸汽加热法

蒸汽养护室常用的加热养护方式，可以有效缩短混凝土的养护时间，蒸汽加热法就是利用低压（不高于0.07MPa）饱和蒸汽对新浇筑的混凝土构件进行加热养护。此法各类构件皆可应用，需要锅炉等设备，消耗能源多，费用高。此法宜优先选用矿渣硅酸盐水泥，因其后期强度损失比普通硅酸盐水泥少。

蒸汽加热法除去预制构件厂用的蒸汽养护窑之外，还有汽套法、毛细管法和构件内部通汽法等。用蒸汽加热法养护混凝土，当用普通硅酸盐水泥时温度不宜超过 80℃，用矿渣硅酸盐水泥时可提高到 85～95℃，升温、降温速度也有限制，并应设法排除冷凝水。

汽套法，即在构件模板外再加密封的套板，模板与套板间的空隙不宜超过 150mm，在套板内通入蒸汽加热养护混凝土。此法加热均匀，但设备复杂、费用高，只在特殊条件下用于养护水平结构的梁、板等。

毛细管法，即在模板内侧做成沟槽（断面可做成三角形、矩形或半圆形），间距 200～250mm，在沟槽上盖以 0.5～2mm 的铁片，使之成为通蒸汽的通道，通入蒸汽进行加热。此法用汽少，有在模板背面加装蒸汽管道，再用薄铁皮封闭并适当加以保温，该法加热均匀，适用于垂直结构。此外大模板施工，即大模板工程冬期施工。

构件内部通汽法，即在构件内部预埋外表面涂有隔离剂的钢管或胶皮管，浇筑混凝土后隔一定时间将管子抽出，形成孔洞，再于一端孔内插入短管即可通入蒸汽加热混凝土。加热时混凝土温度一般控制在 30～60℃，待混凝土达到要求强度后，用砂浆或细石混凝土灌入通汽孔内加以封闭。内部通汽法节省蒸汽、费用较低，但入汽端易过热产生裂缝。适用于梁、柱、桁架等构件。

用蒸汽养护时，根据构件的表面系数，混凝土的升温速度有一定限制。冷却速度和极限加热温度也有限制。养护完毕，混凝土的强度至少要达到混凝土冬期施工临界强度。对整体式结构，当加热温度在 40℃以上时，有时会使结构物的敏感部位产生裂缝，因而应对整体式结构的温度应力进行验算，对一些结构要采取措施降低温度应力，或设置必要的施工缝。

（2）电热法

电热法是利用电流通过不良导体混凝土（或通过电阻丝）所发出的热量来养护混凝土。它虽然设备简单，施工方便有效，但耗电量大，施工费用高，应慎重选用。电热法养护混凝土，常用的有电极法和电热器法。

电极法，即在新浇筑的混凝土中，按一定间距（200～400mm）插入电极（ϕ6～ϕ12 短钢筋），接通电源，利用混凝土本身的电阻，变电能为热能进行加热。加热时要防止电极与构件内的钢筋接触而引起短路。对于较薄构件，也可将薄钢板固定在模板内侧作为电极。

电热器法是利用电流通过安有电阻丝的电热器发热来对结构或构件进行加热养护。根据需要，电热器可制成多种形状，如加热现浇楼板可用板状电热器；加热装配整体式钢筋混凝土框架的接头可用针状电热器；对于大模板施工的现浇墙板，可用电热模板（大模板背面装电阻丝形成热夹层，其外用铁皮包矿渣棉封严）等进行加热。

电热养护属高温干热养护，温度过高会出现热脱水现象。混凝土加热有极限温度的限制，升、降温速度也有限制。混凝土电阻随强度发展而增大，当混凝土达到 50%设计强度时电阻增大，养护效果不显著，而且电能消耗增加，为节省电能，用电热法养护混凝土只宜加热养护至设计强度 50%阶段。对整体式结构也要防止加热养护时产生过大的温度应力。

3. 掺外加剂法

在混凝土中掺用外加剂，使其强度在负温下能继续增长并不受冻裂，与其他方法复合应用，更能加速养护，保证质量，节约能耗。寒冷环境下常用的外加剂有早强剂、防冻剂、引气剂、阻锈剂。

在混凝土中加入适量的外加剂，可使混凝土强度迅速增长，在冻结前达到要求的临界强度；或降低水的冰点，使混凝土能在负温下凝结、硬化。这是混凝土冬期施工的有效方法，可简化施工工艺，节约能源，改善其性能，减少附加设施，降低冬期施工费用。目前，工程施工中常用的外加剂有抗冻剂、早强剂、减水剂及加气剂等。

加入抗冻剂可降低混凝土中水的冰点，使之在一定负温下不冻结，为水泥水化提供必要的水分。加入早强剂可使混凝土在液相存在的条件下，加速水泥水化的过程，使混凝土早期强度迅速增长。加入减水剂，在混凝土和易性不变的情况下，可大量减少用水量，以减轻因水分冻胀对混凝土的危害。掺入加气剂后，能在混凝土中产生大量微小的封闭气泡，可缓解冰冻应力并提高混凝土的抗冻耐久性。

各种外加剂其性能不同，氯化钠（NaCl）、氯化钙（$CaCl_2$）有抗冻、早强作用，但对钢筋有腐蚀作用，在一般钢筋混凝土结构中，其掺量不应超过水泥用量的1%。由于其掺量有限，因此只宜用于−10℃以内的负温情况。亚硝酸钠有抗冻、阻锈、减水的作用，用于−10℃以内的负温情况。碳酸钾（K_2CO_3）、尿素、氨水有抗冻作用，可用于更低温条件下施工。但碳酸钾促凝作用强烈，氨水、尿素有缓凝作用，宜分别加入缓凝剂及促凝剂以调节其凝结时间。硫酸钠有早强作用，但对混凝土后期强度不利，其掺量一般不宜超过水泥用量的3.0%。三乙醇胺（$C_6H_{15}O_3N$）有早强作用，其用量不少于水泥量的0.02%，也不大于0.05%。木质素磺酸钙、MF有减水作用，但木质素磺酸钙还有缓凝作用。加气剂目前国内常采用松香加热起泡。

混凝土冬期施工外加剂配方，应满足抗冻早强的需要，不应腐蚀钢筋，不应影响混凝土后期强度和其他物理力学性能或产生其他不良影响。随着新型外加剂的不断出现，其效果越来越好。目前单一的外加剂往往不能满足混凝土冬期施工的需要，一般宜采用复合配方。理想的配方应由抗冻剂、早强剂、减水剂和加气剂组成，而以抗冻剂为核心，抗冻剂的成分应根据大气负温值、结构特点等选用。

6.2.3 高温施工混凝土养护

在高温季节里，混凝土养护受较高的外界温度影响，如：高的混凝土温度，较低的相对湿度，较大的风速，超强的阳光照射等影响。如果养护不当，不仅会造成表面收缩裂缝，还会造成内部应力裂缝，降低混凝土的抗压强度和耐久性能。

高温天气浇筑的商品混凝土，应安排专人进行养护。

① 新浇筑的混凝土水化速度比较快，盖上塑料薄膜后可进行保水保养，防止混凝土表面因脱水而产生干缩裂缝。当在混凝土浇筑完成收浆后，尽快用塑料薄膜覆盖，覆盖时不得损伤或污染混凝土表面，初凝后撤去覆盖物，用浸湿的草席、土工布覆盖，避免暴晒，并使保持潮湿状态最少7d。这是由于对龄期较早的混凝土采取洒水养护时，如操作间断会使混凝土产生龟裂，故应做到前7d坚持浇水，浇水次数能保持混凝土处于湿润的状态，所用水应与拌制用水相同，有条件时应采用蓄水养护。坚持按时段经常

养护，并且在后 14d 内做到间断养生。

② 当采用蓄水养护方法，连续养护，在混凝土浇筑后的 1～2d，应保证混凝土处于充分湿润状态，并应严格遵守国家标准规定的养护龄期。

③ 养护时间的规定：在一般条件下，在混凝土浇筑完成后 3d 内，白天每间隔 2h 浇水养护一次，夜间至少浇水两次，以后每昼夜至少浇水养护 4 次，温度较高较干燥时应该适当增加，待混凝土强度到 60%时即可，硅酸盐水泥、普通硅酸盐水泥以及矿渣硅酸盐水泥拌制的混凝土养护时间不得低于 10d，火山灰质硅酸盐水泥和粉煤灰硅酸盐水泥至少保证 14d 养护时间，铝酸盐水泥拌制的混凝土养护时间不得少于 7d，其他掺加缓凝剂或者抗渗剂的混凝土养护时间不得低于 20d。

④ 对于大面积的板类工程，采用养护剂养护，白色养护剂所形成的薄膜还能反射太阳光，降低热量吸收，抑制混凝土的温升，因此，可在养护剂中掺些白色颜料。

⑤ 剪力墙插筋部位是保水的难点，要特别注意盖严，防止造成温差较大形成养护的盲点。

⑥ 当完成规定的养护时间后拆模时，最好为其表面提供潮湿的覆盖层。

⑦ 混凝土养护期间，保证混凝土芯部温度不宜超过 60℃，最高不得高于 65℃，混凝土芯部温度与表面温度之差、表面温度与环境温度之差不宜大于 20℃，梁体混凝土不宜高于 15℃，养护用水温度与混凝土表面温度之差不得大于 15℃。

6.2.4 雨期施工混凝土养护

在雨季，混凝土浇筑完后，如果养护不当会对混凝土造成严重的质量事故。下大雨时，雨水会对混凝土进行冲刷，导致水泥被冲走，使得混凝土浇筑面出现起砂、露石现象，影响外观验收和质量。严重的会使混凝土强度降低或者完全失去承载能力（冲刷后剩下的是石子和钢筋，没有胶凝剂无法形成一个统一的整体，是酥散的）。中雨、小雨，也可造成水泥浆流走，影响后续混凝土强度。

（1）冬雨季节混凝土养护

在南方冬雨季节，混凝土浇筑完成后，必须加强养护工作，避免被雨水淋入，应及时覆盖。过量的水，会造成混凝土水胶比和性能发生变化，影响混凝土的质量。在混凝土终凝后，应及时覆盖棉毛毡或无纺土工布等覆盖保温养护，确保混凝土强度的正常增长，未达到拆模条件的不允许拆模。

先覆盖塑料薄膜，进行保湿养护，再覆盖保温材料，草袋、岩棉被之类的进行保温，然后覆盖塑料薄膜进行防雨，防止雨水淋湿保温材料，丧失保温效果。

（2）夏雨季节混凝土养护

在高温雨季，由于受高温和雨水的双重影响，混凝土的养护必须加强控制调节。混凝土浇筑完毕后，要立即用湿润的粗麻布或草垫等覆盖，外部再用塑料膜包紧，以防止雨水冲刷和侵蚀，但覆盖时不能损伤混凝土表面，且应至少 7d 保持湿润。有条件的情况下，可以在浇筑完成后立即架设棚罩，待混凝土收浆后再使用粗麻布覆盖和洒水养生。在高温条件下，混凝土的养护还应加强温差的控制，通常内外温差应不大于 25℃。在混凝土强度未达到 2.5MPa 时，不能使其承担人员、车辆及其他工程设施的荷载。

本章小结

养护是混凝土工艺中的一个重要环节。在夏季，如果不采取适当的养护措施，混凝土表面的水分就会不断蒸发，出现塑性裂缝；在冬季，如果不采取适当的养护措施，当温度低于标准温度时，水泥水化就会减慢甚至停止。因此，混凝土浇筑后的养护十分重要。

混凝土的养护方式有标准养护、自然养护和快速养护。其中，标准养护是实验室最常见的养护方法，而工程中常用的是自然条件下的养护，包括覆盖浇水养护和塑料薄膜养护；必要时可以采取快速养护的方法来进行混凝土养护。

特殊条件下施工的混凝土，其养护有一些特殊的要求，如大体积混凝土及冬季、高温、雨季等环境施工的混凝土养护。大体积混凝土浇筑完毕后，除按普通混凝土进行常规养护外，尚应及时按温控技术措施的要求进行保温养护。养护方式应遵循以“保温保湿养护为主体，抗放兼施为主导”的温控措施。在寒冷环境下，保证混凝土在受冻前至少已达到具有抗冻能力的临界强度，才能避免混凝土受冻发生强度损失。冬期施工中混凝土的养护方法很多，有蓄热法、外部加热法、掺外加剂法等。在高温季节里，混凝土受较高的温度、较低的相对湿度、较大的风速、超强的阳光照射等影响，如果养护不当，会造成混凝土裂缝，降低强度和耐久性。在雨季，混凝土浇筑完后，如果养护不当会对混凝土造成严重的质量事故。

施工单位在施工前，应根据采用的原材料以及对混凝土性能的要求，提出既切实可行而又能保证混凝土强度和质量的养护方案。

习　题

一、填空题

1. 混凝土养护可分为＿＿＿＿＿、＿＿＿＿＿和＿＿＿＿＿。

2. 喷洒塑料薄膜养生液养护方法一般适用于＿＿＿＿＿＿＿、＿＿＿＿＿＿＿及缺水地区。

3. 大体积混凝土养护方式应遵循＿＿＿＿＿＿＿＿、＿＿＿＿＿＿＿＿的温控措施。

4. 混凝土热养护可分为＿＿＿＿＿＿＿＿、＿＿＿＿＿＿＿＿和＿＿＿＿＿＿三种。

5. 混凝土自然养护主要有＿＿＿＿＿＿＿＿和＿＿＿＿＿＿＿＿两种。

6. ＿＿＿＿＿＿养护是大体积混凝土施工的关键环节。

7. 混凝土电热养护可分为＿＿＿＿＿法和＿＿＿＿＿法。

二、单项选择题

1. 采用自然养护时，塑性混凝土在浇筑完成后(　　)h以内进行覆盖保湿养护。

A. 3　　B. 12　　C. 20　　D. 24

2. 高温天气，在混凝土浇筑完成后3d内，白天应每间隔(　　)h浇水养护一次。

A. 2　　B. 3　　C. 4　　D. 5

3. 用蒸汽加热法养护混凝土，当用普通硅酸盐水泥时温度不宜超过(　　)℃，用矿渣硅酸盐水泥时可提高到85～95℃。

A. 90　　B. 80　　C. 70　　D. 60

4. 在寒冷地区，当温度低于4℃时，水的体积膨胀，冻结后其体积增大(　　)%。解冻后，混凝土孔隙率增加15%～16%，强度下降10%。

A. 9　　B. 8　　C. 7　　D. 10

5. 对于大体积混凝土的养护，应根据气候条件及混凝土本身的温度采取控温措施，两者温差不宜超过(　　)。

A. 50℃　　B. 40℃　　C. 35℃　　D. 25℃

6. 加入(　　)可降低混凝土中水的冰点，使之在一定负温下不冻结。

A. 抗冻剂　　B. 引气剂　　C. 早强剂　　D. 缓凝剂

三、多项选择题

1. 标准养护是指在温度为(　　)℃，相对湿度为(　　)%以上的标准养护室中养护。

A. 20±2　　B. 25±5　　C. 90　　D. 95

2. 快速养护按其作用的实质可分为(　　)。

A. 热养护法　　B. 化学促硬法　　C. 机械作用法　　D. 复合法

3. (　　)有抗冻、早强作用，但对钢筋有腐蚀作用，在一般钢筋混凝土结构中，其掺量不应超过水泥用量的1%。

A. 氯化钙　　B. 氯化钠　　C. 三乙醇胺　　D. 普钠

4. 远红外线养护加热可以用(　　)等为热源。

A. 电　　B. 煤气　　C. 液化气　　D. 蒸汽

5. 亚硝酸钠有(　　)作用，用于−10℃以内的负温情况。

A. 抗冻　　B. 阻锈　　C. 减水　　D. 引气

四、判断题

1. 薄膜布直接覆盖法养护混凝土不必浇水。(　　)

2. 湿热养护法以相对湿度90%以上的热介质加热混凝土，升温过程中只有冷凝而无蒸发过程发生。(　　)

3. 湿热养护在加速混凝土结构形成的同时，不会造成其结构的损伤。(　　)

4. 混凝土湿热养护的预养期又称静停期，一般为2～4h。(　　)

5. 蓄热法养护混凝土要在混凝土内部蓄积热量，需要外加热源进行养护。(　　)

6. 雨季混凝土表面潮湿，不需要特殊养护。(　　)

7. 高温天气浇筑的混凝土，如养护不当，表面会出现收缩裂缝，混凝土内部一般不会开裂。(　　)

8. 大体积混凝土需要监测表里温差和降温速率。(　　)

五、简答题

1. 混凝土养护的目的是什么?

2. 什么是喷洒塑料薄膜养生液养护法?这种养护方法适用于哪种情况的混凝土养护?

3. 什么是湿热养护？该养护方法有什么特点？

4. 大体积混凝土保温养护的目的是什么？

5. 什么是混凝土蓄热养护法？该方法适用于什么范围？有什么特点？

六、案例分析题

某学校建设办公楼，总建筑面积为 61220m^2，裙楼 3 层，主楼 18 层。会议室设在裙楼，办公楼设在主楼。合同工期 510d，2012 年 6 月 11 日开工，2013 年 11 月 4 日完工。2012 年 11 月 28 日晚上 7 点 30 分开盘浇筑办公楼地上 11 层第二流水段梁板混凝土，晚上 10 点浇筑完毕。工人将新浇筑混凝土表面收光，覆盖了一层草帘子即下班回家。当天夜间从 0 点开始寒流突然袭来，气温骤降约 18℃。虽得知天气突变，但项目负责人没有采取一点应急措施，导致新浇筑梁板严重受冻，混凝土呈桃酥状破坏，没有一点强度。若你是施工负责人，你应采取哪些应急措施，防止混凝土受冻。

7 通用混凝土常见质量问题及其防治

通用混凝土
常见质量
问题及其防治

本章导读

混凝土生产和施工过程中如果控制不当，将会出现不同程度的质量问题，通过对通用混凝土常见质量问题及其防治的学习，了解通用混凝土常见问题种类和特点，找出产生质量问题的主要原因，提出预防措施和处理方法，以确保混凝土工程质量合格、稳定。

7.1 混凝土搅拌和运输过程中的质量问题

在通用混凝土生产中，质量控制的重点大多放在搅拌站生产过程中。图 7-1 所示是某混凝土搅拌站生产过程质量控制流程图。

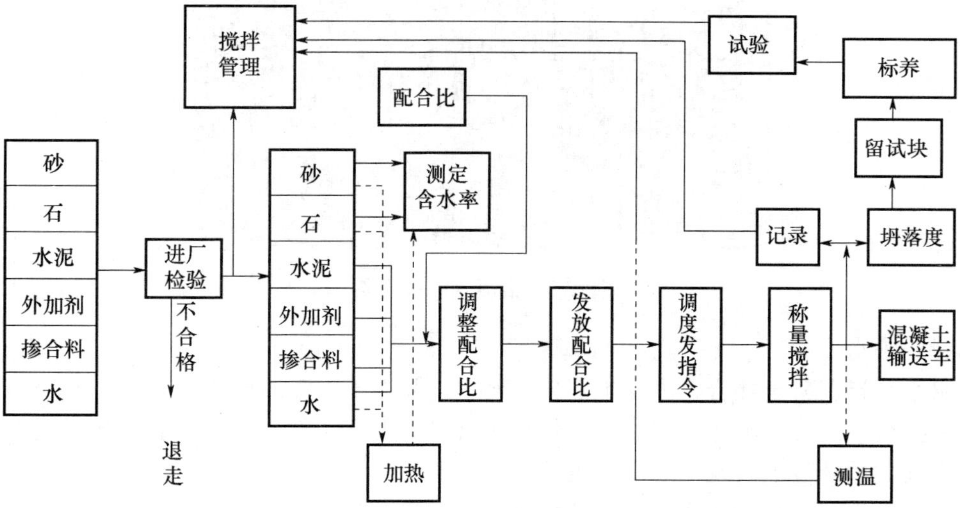

图 7-1 混凝土生产过程质量控制流程图

（注：虚线部分为冬期施工必须增加的工艺）

混凝土的交货需要搅拌工程车将混凝土输送至施工现场来实现。一个完整的混凝土产品链包括：原材料准备→搅拌站生产→搅拌车运输→浇筑施工→捣实→养护，其中任何一个环节出现问题，混凝土产品都不能称为合格的产品。混凝土在搅拌与运输过程中的质量问题主要有混凝土和易性和堵泵问题。

7.1.1 混凝土和易性问题

和易性良好的混凝土拌合物在搅拌、运输、浇筑、捣实等过程中能保持组成成分均匀，并能获得质量均匀、密实的混凝土构件。和易性不好时，混凝土会出现离析、泌水等现象，影响混凝土的均匀性和浇筑密实性。

1. 混凝土离析与泌水

混凝土在搅拌和运输过程中常常会发生离析与泌水，有时还会同时产生“抓底”，表现为板面上附着的砂浆不易铲除。这些现象的产生是由于混凝土拌合物保水性能差或外加剂反应慢引起的，导致混凝土拌合物体积稳定性不良，在重力作用下密度大的材料下沉，密度小的材料上浮。

(1) 离析

混凝土离析是由于混凝土拌合物中各组分的颗粒粒径及密度不同，导致组分分离、石子堆积或下沉，水泥浆上浮，混凝土拌合物出现不均匀的现象，如图 7-2 所示。这种组分分布的不均匀性将导致各部分混凝土性能的差异，易使混凝土内部或表面产生一些缺陷，影响混凝土的性能和正常使用。因此，必须采取有效的措施防止离析，保证混凝土拌合物具有良好的黏聚性、均匀性，从而保证各部分混凝土性能的一致性。

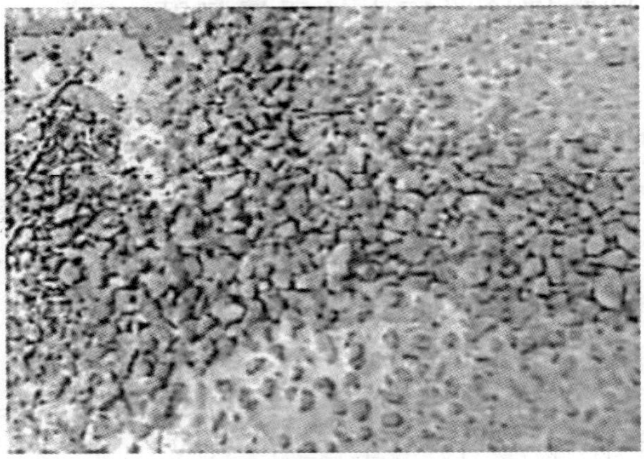

图 7-2 混凝土离析现象

(2) 泌水

泌水是指混凝土拌合物中泌出部分拌合水，并浮于表面的现象。混凝土拌合物经浇筑、振捣后，在凝结硬化过程中，伴随粒状材料的下沉，部分拌合水上浮至混凝土的表面，在硬化后外观上表现为混凝土沉缩。

在混凝土拌合物表面产生少量泌水属正常现象，它对混凝土拌合物及硬化混凝土的质量没有什么不利的影响，在正常条件下，轻微泌水对于不浇水养护的混凝土结构有利，能起到养护作用，减少干裂的产生。但泌水量过大则会影响混凝土拌合物及硬化混凝土的一些性能，影响结构整体匀质性。因泌水量多的混凝土沉降量也大，容易使混凝土出现沉缩裂缝，同时上浮的水使上部混凝土水胶比变大，容易在粗骨料或水平钢筋的下部产生间隙，对混凝土强度及密实性不利。通过泌水通道，一些轻质、细小颗粒会迁移到混凝土表面，这会降低混凝土的耐磨性能。泌水还会增加混凝土表面层中的可溶性碱含量，使发生碱-骨料反应的可能性增加。

2. 混凝土离析与泌水产生的原因

混凝土离析、泌水与原材料、混凝土配合比、施工方法、结构尺寸、体积和部位等有关。如相同的混凝土拌合物浇筑在楼板部位仅出现轻微泌水，而浇筑在柱或墙体部位会出现较明显的泌水现象。

（1）原材料的原因

① 与胶凝材料的性质和用量有关。如胶凝材料用量少、粉煤灰颗粒较粗、矿粉掺量过大等，特别是大流态混凝土必须有足够的胶凝材料用量，胶凝材料用量少只适合低坍落度的混凝土，否则就容易发生离析、泌水问题。

② 骨料级配不良、粒径大、细骨料过粗。

③ 减水剂掺量过大、分散效果慢或与胶凝材料的相容性不良。特别是使用聚羧酸系高性能减水剂时，由于这种减水剂对原材料、用水量和环境气温的变化比较敏感，控制不好就容易发生混凝土坍落度随时间的延长而增加的现象，严重时出现离析、泌水。

（2）配合比的原因

① 新拌混凝土坍落度过大、用水量多、水胶比大、混凝土拌合物黏聚性差。

② 配合比中砂率偏小。

③ 缓凝剂掺量过大，凝结时间长将加重混凝土的离析与泌水；缓凝剂与胶凝材料不匹配也会发生滞后泌水现象。

（3）生产及施工的原因

① 生产时搅拌时间过短，混凝土拌合物匀质性差。

② 在施工过程中，随意往混凝土拌合物里加水以及过振时，易引起拌合物泌水或加重泌水的产生。

③ 体积大、浇筑高度高的结构易泌水。

④ 环境温（湿）度、风向大小、阴天或日照强度等，对混凝土拌合物离析与泌水程度都有一定的影响。

3. 混凝土离析与泌水对工程的影响

（1）对施工方面的影响

① 已离析的混凝土拌合物工作性能差，并易产生“抓底”现象；当采用泵送工艺浇筑时，若混凝土的泵送不连续，容易造成输送管堵塞。

② 浇筑时已发生严重离析与泌水的混凝土拌合物，由于石子的聚集不易振捣，平面结构局部表面石子易裸露，造成抹面困难。特别是自密实混凝土，浇筑时已严重离析、泌水，其自填充性能已丧失，石子容易聚集在钢筋最密处，导致结构出现严重的孔洞质量缺陷，而且蜂窝、麻面和开裂等现象也较严重（图 7-3），因此必须杜绝已严重离析、泌水的混凝土用于结构浇筑。

（2）对结构实体方面的影响

① 泌水将增加粗骨料和水平钢筋下方聚集水囊的量，硬化后形成空隙，降低混凝土的密实性，从而削弱了水泥石与骨料和钢筋的黏结力。

② 泌水会造成混凝土中部分轻物质随水一起向上迁移并浮于表面，凝结后形成强度较低的“软面”，使表面耐磨性差，容易起灰和开裂，并降低耐久性能。

图 7-3　混凝土严重离析结果

③ 泌水的混凝土将在结构侧面留下一道水痕，影响美观。因此，对于表面质量要求较高的结构，如清水混凝土等，必须杜绝泌水的出现。

④ 离析与泌水的混凝土将增加结构表面砂浆层的厚度，砂浆层水胶比较大，在凝结硬化过程中塑性收缩与下部不一致，更容易引发开裂问题。而结构下部石子聚集过多，易产生蜂窝、麻面和孔洞等缺陷（图 7-4）。对采取分层浇筑的结构，如果上层浇筑不及时，在层间结合处容易形成薄弱层，对抗渗结构防水不利。

⑤ 泌水留下的毛细通道将降低混凝土结构的密实性，对结构的抗渗性、抗冻性和抗腐蚀性等产生不利影响。

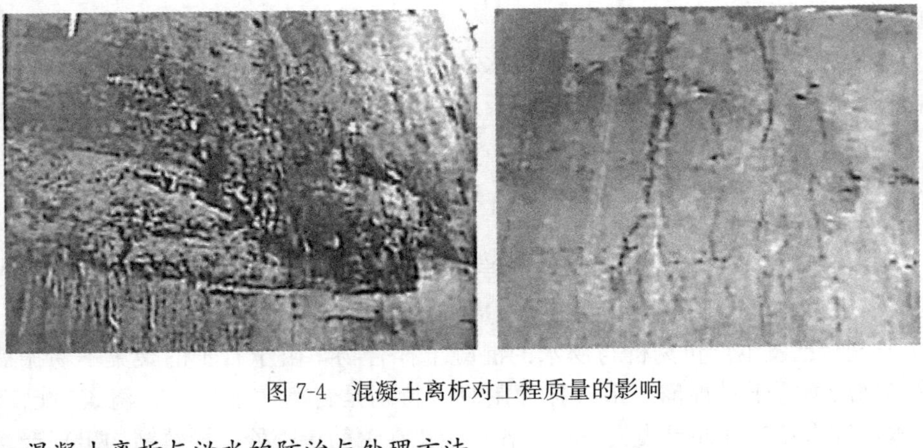

图 7-4　混凝土离析对工程质量的影响

4. 混凝土离析与泌水的防治与处理方法

（1）防止离析与泌水的根本途径是提高混凝土拌合物的黏聚性，改善骨料级配，适当提高砂率，控制水胶比、坍落度和用水量，掺入矿物掺合料和引气剂等。其中，矿物掺合料应选择质量较轻的，如硅灰比粉煤灰效果好，粉煤灰又比矿渣粉效果好等。

（2）加强胶凝材料与外加剂相容性检验和生产配合比的验证工作，及时发现问题及时解决，尽量避免或消除离析与泌水现象的发生。

（3）当泌水量较大时，应及时将水引走，平面结构在初凝前采用平板振动器振动一遍，然后进行二次收面，二次振动和收面可以起到封闭泌水通道及提高混凝土密实性的作用，从而使混凝土强度也得到提高；当泌水量不大时，只进行二次收面即可。二次振动必须掌握好时机，如果先浇的部位已经初凝，便不必二次振动，否则振动可能引起已初凝的部位开裂。竖向结构泌水时不易处理，如采用二次振动的方法，过早振动将加重浆、骨分离，对结构整体匀质性不利，过迟时无法采用，时机的掌握需要有丰富的经验。

（4）注意运输和浇筑方法，禁止施工过程中往混凝土拌合物中加水，可以减少或避免离析与泌水现象的发生。

（5）供需双方应加强混凝土拌合物的交货检验工作，发现已离析和泌水的混凝土坚决不用于结构的浇筑。

7.1.2 泵送混凝土堵管和堵泵

在泵送混凝土时，经常会遇到堵管或者堵泵的现象，影响施工效率，严重时还会引起质量事故。

堵管一般有明显征兆，从泵送油压来看，如果每个泵送冲程的压力峰值随冲程的交替而迅速上升，并很快达到设定压力，正常的泵送循环自动停止，主油路溢流阀发出溢流响声，就表明已经堵管。另一方面可观察输送管道状况，正常泵送时管道和泵机只产生轻微的后座振动，如果突然产生剧烈振动，尽管泵送操作仍在进行，但管口不见混凝土流出，也表明堵管了。输送管有时会因堵管时产生的强大压力胀裂。

堵泵指混凝土泵的吸入流道被堵塞无法输入混凝土。堵泵的征兆与堵管相反，堵泵时主油路泵送油压会明显降低，混凝土输出量明显减少，料斗内的混凝土下得很慢，搅拌也往往很困难，最后泵送油压降低到零，混凝土输出完全停止，推送机构空载循环，有时泵机会发出“嗤嗤”声。

通过总结泵送混凝土施工经验，对泵送混凝土的堵塞问题进行如下分析：

（1）混凝土自身的原因

1）混凝土或砂浆的离析

拌制好的混凝土或砂浆再遇水时，极易造成离析。在泵送时，由于泵送压力，浆体很快被“送走”，将骨料滞留在泵管中，没有了浆体的润滑作用极易发生堵泵堵管的现象。因为砂浆与管道中的水直接接触后，破坏了胶凝包裹层，砂浆产生离析。

预防办法：泵送前用水湿润管道后，从管道的最低点将管道接头松开，将余水全部放掉，预防混凝土或砂浆的离析，阻断了堵泵、堵管的可能性。

2）骨料质量

粗骨料级配较差，最大粒径和颗粒形状不符合要求。细骨料的细度模数和粒径不合理、砂率选择不当（偏小或偏大）。

骨料要符合行业标准《普通混凝土用砂、石质量及检验方法标准（附条文说明）》（JGJ 52—2006）的规定，骨料中针片状颗粒含量不能太多，一般不宜大于10%，卵石的可泵性好于碎石。颗粒粒径不宜太大，粗骨料的最大公称粒径与输送管径之比应符合表4-18中的规定。否则不宜泵送，易引起堵管。

配制混凝土时砂率存在一个最佳值，砂率不宜太低，泵送混凝土的砂率一般情况下宜采用35%～45%，大粒径粗骨料的含量不宜过高。合理地选择含砂率和确定骨料级配，对提高混凝土的泵送性能和预防堵管是至关重要的。

3）外加剂使用

泵送剂选择不当，与水泥的相容性差，掺量不当，偏大或偏小。

4）胶凝材料用量不当，水胶比过大或过小

水泥在泵送混凝土中起胶结和润滑作用，水泥具有良好的裹覆性能，使混凝土在泵送过程中不易泌水，水泥的用量也存在一个最佳值，若水泥用量过少，将严重影响混凝土的吸入性能，同时使泵送阻力增加，混凝土的保水性变差，容易泌水、离析和堵管。但也不能过大，水泥用量过大，将会增加混凝土的黏性，使得混凝土失去流动性，增加泵送阻力，造成堵泵。

因此，合理地确定水泥的用量，对提高混凝土的可泵性，预防堵管现象的发生也很重要。

5）混凝土拌合物的坍落度

混凝土在泵送过程中的输送阻力随着坍落度的增加而减小。泵送混凝土的坍落度一般控制在不大于 180mm，对于距离长和高度高的情况，泵送一般需严格控制在 160mm 左右。坍落度过小，会增大输送压力，加剧设备磨损，并导致堵管。坍落度过大，高压下混凝土易发生离析而造成堵管。因此，当混凝土拌合物的坍落度过大或过小，或坍落度经时损失太快，保塑性不好时，也会造成堵泵。

6）混凝土拌合物中有异物或大块石头、砖头等

混凝土中大的结块、长形异物（如钢筋、铁丝等）等被吸入泵中造成堵泵或堵管。为了避免异物的误入必须在料斗上方加设铁篦子，发现异物及时清理，使混凝土顺畅吸入。

7）润泵用的砂浆配比或用量不当，起不到润滑泵和管道的作用

首次泵送时，搅拌主机、混凝土输送车搅拌罐、料斗、管道等都要吸附一部分砂浆，用来润滑输送管道。正确的砂浆用量应按每 200m 管道需 0.5m^3 砂浆计算，现拌主机、料斗、混凝土输送车搅拌罐等需 0.2m^3 左右的砂浆。因此，泵送前计算好砂浆的用量。砂浆太少易堵管，砂浆太多将影响混凝土的质量或造成浪费。砂浆的配合比也很关键。当管道长度低于 150m 时，用 1∶2 的水泥砂浆；当管道长度大于 150m 时，用 1∶1 的水泥砂浆，水泥用量太少也会堵管。

（2）工艺及人员操作不当造成堵管

混凝土泵选型、输送管尺寸选择不当、管道的连接、布置不合理；管道内壁未清洗干净；泵送前润滑不到位；泵送速度选择不当；料斗内混凝土量控制不当；操作人员未注意到异常情况；混凝土供应频率不当；未经技术人员许可私自向混凝土中加水等，都会引起堵泵堵管现象的发生。

（3）设备问题导致混凝土堵泵

主要情况：管道连接错误导致的堵管；搅拌车搅拌叶片损坏；混凝土泵中缸与活塞磨损严重；切割环与眼镜板磨损严重（仅适用于 S 阀泵）；阀窗未关紧、漏气（仅适用于蝶阀泵）；阀箱盖与阀箱体、料斗与阀箱体间的石棉垫破损（仅适用于蝶阀泵）；蓄能器内压力不足等。

（4）环境温度变化及其他原因

1）环境温度

环境温度 32℃以上时，因太阳光直射，输送管管壁温度最高可达 70℃以上，使混

凝土中水分极易蒸发，特别是管壁的润滑膜，托浮力逐渐下降，造成堵管。应用草袋、布袋等吸水后将输送管覆盖起来，并及时浇水降温，保持泵送的连续性，停歇时间不得超出 30min。

环境温度−12℃以下时，部分水泥颗粒表面水膜超出防冻剂作用范围，形成结晶状态，混凝土流动性变差，造成堵管。应保持混凝土入泵温度在−12℃以上，并要给输送管以保温措施，有条件可以使施工现场封闭，加以取暖设施，给搅拌车滚筒加防冻套，混凝土在输送管中停歇不超过 30min，尽量保持泵送的连续性。

2）配料机混仓

粗骨料储备量超过仓位上限，滑入旁边的砂仓与砂混合在一起，在投料时将混合物作为砂用量，泵送时由于粗骨料过多造成堵泵或堵管。要加强上料人员的责任心，避免此类情况的出现。

3）掺纤维混凝土搅拌时间不够

为提高混凝土的抗裂性能，当前许多大体积或特殊要求的混凝土要求掺入一定量纤维（聚丙烯纤维、玄武岩纤维、钢纤维等），如果搅拌时间过短，纤维拌和不均匀造成混凝土结块，泵送时易堵泵或堵管。应适当延长混凝土搅拌时间，使纤维在混凝土中均匀分布，避免结块，减少堵泵、堵管的出现概率。

作为半成品的预拌混凝土，在泵送过程中引起堵泵、堵管的原因是多方面的，应从原材料的选用、配合比、泵工的操作水平、机械设备等方面着手，在每一次施工中积累经验，抓好每一个环节，从而降低堵塞发生的概率，真正提高泵送施工的效率。

混凝土的泵送施工严格执行《混凝土泵送技术规程》（JGJ/T 10—2011）的要求。

7.2 混凝土表面质量问题

在混凝土构件施工中，由于施工工艺不当或施工管理不善等原因，构件表观经常出现麻面（露石、气泡、粘皮）、凹凸错台、外形走样、表面颜色问题、外部露筋等缺陷，在一定程度上影响了工程耐久性和观感质量。

7.2.1 混凝土麻面

混凝土表面局部出现缺浆和许多小凹坑、麻点形成粗糙面，但无钢筋外露现象。主要包括俗称的“露石”“粘皮”“气泡”等缺陷。

（1）产生原因

① 模板表面粗糙或清理不干净，粘有干硬水泥砂浆等杂物，拆模时混凝土表面被粘损。

② 钢模板脱模剂涂刷不均匀，拆模时混凝土表面黏结模板。

③ 模板拼缝不严密，混凝土浇筑时缝隙漏浆，出现麻面。

④ 混凝土振捣不密实，混凝土中气泡未能排出，部分气泡留在模板表面，拆模后出现麻面。

⑤ 混凝土浇筑时分层厚度控制不好，每一层的下料高度过大，造成振捣时无法最大限度地将气泡排出，尤其是碰到仰斜面位置，下料时混凝土面往往高出斜面顶许多，

在振捣力的作用下，料内残余气体受挤压上升，游离至模板仰斜面位置受阻后汇集成堆，因而形成大量气泡。

（2）防治措施

① 模板面清理干净，不得粘有干硬水泥砂浆等杂物。

② 木模板灌注混凝土前，用清水充分湿润，清洗干净，不留积水，钢模板的涂模剂要涂刷均匀，不得漏刷。

③ 优化混凝土配合比，浇筑过程中按时检测混凝土的坍落度和水灰比等指标。

④ 模板拼缝止浆应严密，不得有漏浆现象。

⑤ 混凝土施工时应分层下料，分层厚度不宜过大（一般不大于 40cm）且逐层振捣密实，严防漏振，并在适当部位开孔，让气泡充分排除。

（3）处理措施

先将麻面部位用钢丝刷加清水刷洗，并使麻面部位充分湿润（使原混凝土处于饱和状态），然后用水泥浆或比原混凝土强度等级高一级的砂浆填补并抹平；待水泥素浆凝固后用砂纸或手砂轮适度打磨，使其平顺并且色泽与原混凝土相近。修整部位加强养护，确保修补材料牢固黏结，色泽一致，无明显痕迹，与原混凝土色泽相近。

7.2.2 混凝土凹凸错台、外形走样

1. 混凝土凹凸错台

混凝土的凹凸错台是指模板拆除后，混凝土表面模板接缝处出现超过规范要求的错台现象。一般凹凸错台产生的原因如下：

（1）模板接缝不好，平整度要求不高而形成的错台。

（2）模板外支撑不稳固，混凝土浇筑过程中出现局部跑模、模板变形等原因形成的错台。

（3）模板接缝不好，浇筑过程中出现露浆等形成错台。

防治措施：严格控制好模板接缝，保证平整度，稳固模板外支撑，严禁混凝土在浇筑中出现局部跑模、模板变形现象。

2. 混凝土外形走样

混凝土外形走样是指混凝土浇筑完成后，混凝土外形与设计轮廓线不吻合。一般外形走样产生的原因如下：

（1）模板外支撑不牢固，混凝土浇筑过程中出现局部模板变形引起的外形走样。

（2）模板支撑基础不牢固，混凝土浇筑过程中模板整体移位而造成外形走样。

（3）混凝土浇筑过程中振捣器靠模板太近，造成过振致使模板变形。

防治措施：加强模板外支撑，稳定模板支撑基础，严格控制振捣器的位置。

处理措施：对于凹凸错台、外形走样质量缺陷尽可能采用凿除、打磨等方法进行处理；如果凹陷较严重，凿除、打磨方法不能满足要求，则对凹陷部位表面进行凿毛，并用小级配的细石混凝土或砂浆填补，处理方法与麻面处理基本相同。

7.2.3 混凝土表面颜色问题

施工中许多因素都会引起混凝土表面颜色发生色差：如原材料的种类不同、施工配

合比及拌合物质量控制、混凝土的振捣情况、脱模剂的使用、模板表面处理情况等。需要分别采取不同措施进行控制处理。

（1）混凝土的配制应采用同一种水泥、矿物掺合料、骨料等原材料，严禁不同品牌、不同强度等级的水泥混在一起使用，一旦胶凝材料的品种或用量发生变化，都可能产生色差（图 7-5）。

图 7-5 混凝土表面色差

（2）混凝土拌合物质量控制也很重要，往往施工单位对骨料含水率测定不规范或因骨料级配不均匀，使得拌制出的混凝土坍落度或大或小，在浇筑过程中混凝土易离析，或振捣不均匀等，造成某些部位骨料集中或砂浆过于丰富，待混凝土硬化后，表面颜色不一致。应严格控制后盘混凝土的拌制质量，确保混凝土的工作性。

（3）施工中用振动棒振捣时应严格执行分层分段振捣，快插慢拔；气振和附着式振动应控制振动时间。

（4）使用不合格的脱模剂，或脱模剂使用不当，用量过大，既浪费又会引起混凝土表面缓凝，还会污染已经浇筑好的混凝土表面；为节约成本，不用脱模剂，而采用机油和柴油更有甚者采用废机油，都极易造成混土表面色差。必须使用符合内控指标要求的脱模剂。

（5）混凝土结构中伸出的预埋钢筋以及扎丝，遇到雨水侵蚀产生锈迹，极易污染混凝土表面；模板表面打磨不彻底，锈斑浸入脱模剂中，也会污染混凝土表面，必须加强管理。

对于颜色不均匀的混凝土表面，可采用细砂纸打磨或采用稀的酸性溶液进行清洗，然后用水彻底冲洗，最后用干水泥饰面。

总之，混凝土表观缺陷主要是工艺通病所造成的，而工艺通病与施工管理有关，只有严格控制施工工艺，狠抓工程管理，做到分工明确，责任落实，才能有效地避免和减少混凝土构件表观质量缺陷。

7.2.4 混凝土外部露筋

混凝土构件中主筋、副筋或箍筋等部分或局部未被混凝土包裹而外露称为外部露筋

(图 7-6)。露筋产生的原因如下：

(1) 钢筋整块设置不合理、垫块绑扎固定不稳，致使混凝土振捣时垫块发生位移，钢筋紧贴模板，拆模后导致露筋。

(2) 混凝土断面钢筋过密，遇大骨料不能被砂浆包裹，卡在钢筋上的水泥浆不能充满钢筋周围，使钢筋密集处产生露筋。

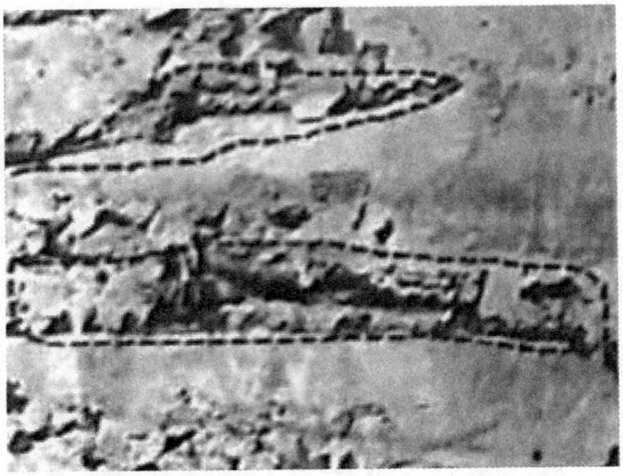

图 7-6　混凝土表面露筋

修补露筋时，首先将外露钢筋上的混凝土渣和铁锈清理干净，然后用水清洗并湿润外露钢筋，用 1：(2～2.5) 水泥砂浆，适量掺入 108 号胶抹压平整；如露钢筋较深，应将薄弱混凝土全部凿掉，冲刷干净并湿润外露部分，用比原基础高一强度等级的细石混凝土捣实，覆膜养护。

7.3　混凝土内部的蜂窝和空洞

混凝土表面无水泥浆，骨料间有空隙存在，形成数量或多或少的窟窿，大小如蜂窝，形状不规则，露出石子深度大于 5mm，但不大于保护层或 50mm 的缺陷称为蜂窝(图 7-7)；蜂窝的深度不露主筋，可能露箍筋。

空洞是指混凝土表面呈现出无数绿豆大小的不规则小凹点。直径通常不大于 5mm，深度大于保护层或 50mm 的洞穴、严重的蜂窝（图 7-8)。

图 7-7　混凝土表面蜂窝

图 7-8　混凝土表面空洞

7.3.1　蜂窝

（1）产生原因

① 混凝土的拌制配料不准，石子多、水泥和砂少，或浇筑时水泥浆流向单边；

② 混凝土搅拌时间过短，拌和不均匀，振捣时造成砂浆与石子分离，石子集中处往往会形成蜂窝；

③ 下料时不当，使混凝土产生离析；

④ 浇筑时未分层分段进行；

⑤ 模板支撑不牢固，致使大面积漏浆。

（2）防治措施

准确配料，延长混凝土拌制时间，振捣工人必须按振捣要求精心振捣，按混凝土坍落度的大小和构件的截面、配筋情况等选择合适的振捣方式，特别加强模板边角和结合部位的振捣，都能有效控制蜂窝产生。

（3）修补方法

修补方法可参考麻面处理方法。

7.3.2　空洞

（1）产生原因

① 混凝土振捣时漏振，分层浇捣时，振捣棒未伸到下一层混凝土中，致使上下层脱空。

② 竖向构件一次下料太多，坍落度相对过小，混凝土被钢筋等架住，下部成拱，挡住上部混凝土，并且下部漏振，拆模后出现混凝土脱空，下部成为空洞。

③ 混凝土中混入了杂物、木块等，拆模后抠掉杂物等而形成的明显空洞。

④ 钢筋密集处，预留孔或预埋件周边，由于混凝土浇筑时不通畅，不能充满模板而形成孔洞。

（2）预防措施

通过控制混凝土拌合物质量，按规范要求振捣，才可有效控制空洞产生。

（3）修补方法

① 将空洞周围松散混凝土和软弱浆模凿除，用压力水冲洗，支设带托盒的模板，洒水充分湿润后用高强度等级的细石混凝土内掺 8%膨胀剂浇灌捣实。

② 混凝土表面处理，剔除浮动石子，检查凿除后混凝土表面是否密实，有无明显空隙，如有空隙也应凿除，并用水冲洗干净，然后在新旧混凝土接触面处涂刷一层水泥浆，以便更好地加强新旧混凝土面黏结。

7.4　混凝土裂缝

裂缝（图 7-9）是混凝土结构最常见的缺陷，通常所说的裂缝是指宽度在 0.03～0.05mm 的宏观裂缝。混凝土裂缝的出现通常是由于混凝土发生体积变化时受到约束，或者是由于荷载作用，在混凝土内引起过大的拉应力（或拉变形）而引起的。

混凝土浇筑后一个月内出现的裂缝称为早期裂缝，早期裂缝最早的可在浇筑后1～3h内出现。早期裂缝最有可能发生在楼板跨中、梁板交接位置、板的45°边角区域，裂缝的宽度一般不超过1mm，且多为贯穿性的。泵送混凝土由于自身和施工原因而形成的裂缝会对结构的整体性和耐久性产生不利影响。在施工及使用阶段有无肉眼可见的裂缝是大部分业主评价工程质量好坏的主要标准，早期裂缝即使是在规范允许的范围内，对结构的安全影响不大，也会给业主的心理带来不安全感。若裂缝宽度大于0.3mm，则会对结构的整体性和耐久性产生影响，从承载力的角度而言，裂缝的形成将楼板分割为几块只有钢筋相连的小板块，改变了板的传力路径，造成板内应力的重分布，对板的承载力产生了不利影响。从耐久性的角度出发，早期裂缝的出现会引发楼板渗漏、钢筋锈蚀、结构刚度降低、变形增大等一系列问题，影响后续施工和结构的正常使用。因此，必须对结构的早期裂缝进行预防和控制。

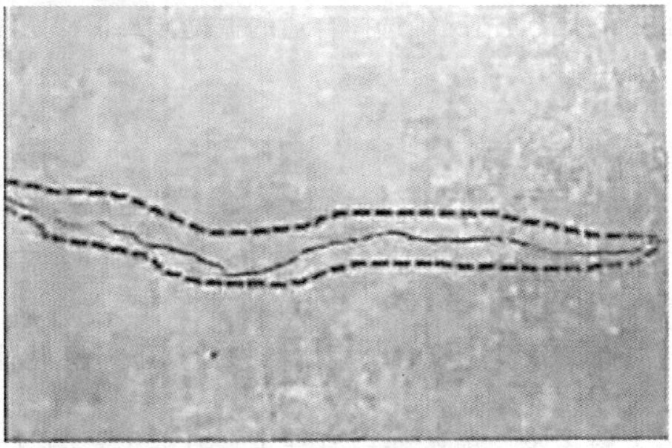

图7-9　混凝土裂缝

7.4.1　预拌混凝土裂缝的类型和原因

(1) 不均匀下沉裂缝

由于地基的承载力不一样，构筑物重心产生了明显的偏离，整个构筑物发生不均匀下沉。由于这种不均匀下沉导致的裂缝，称为不均匀下沉裂缝。

1) 产生原因

① 结构、构件下面的地基软硬不均，或局部存在松软土，未经夯实和必要的加固处理，混凝土浇筑后，地基局部产生不均匀沉降而引起开裂。

② 模板刚度不够，模板支撑不牢，支撑间距过大或支撑在松软土上，以及过早拆模，也导致不均匀沉陷裂缝出现。

③ 冬期施工，模板支架支承在冻土层上，上部结构未达到规定强度时地层化冻下沉，使结构下沉或产生开裂。

2) 出现的规律

① 裂缝多为深入或贯穿裂缝，与地面垂直或呈45°～60°。

② 基本不受温度影响，易产生在截面变化处。

3) 预防措施

① 对软弱地基、不均匀地基应进行妥善处理后方可浇筑混凝土结构或构件。

② 模板及其支撑要有足够的强度、刚度，底部支撑点要坚实。

③ 禁止过早拆模。

④ 结构荷载不均匀时应从设计、施工方面采取调整措施。

（2）沉降收缩裂缝

沉降收缩裂缝是在施工过程中混凝土尚无任何强度时，由于模板振动、骨料自重下沉、混凝土振捣后表面泌水较多，竖向体积缩小而产生的塑性变形裂缝。这类裂缝一般较深，沿钢筋走向出现的纵缝，是引起钢筋锈蚀的常见原因，对结构的危害应引起重视。

1）产生原因

混凝土浇筑后，在重力的作用下粗骨料等密度大的颗粒缓慢沉降密实，水、气泡等密度小的组分被挤压浮至混凝土面层，出现分层现象（图 7-10）。混凝土因沉降竖向体积缩小约 1%，坍落度越大，保水性越差，凝结时间越长及混凝土越厚时，沉降收缩量越大。

若混凝土均匀沉降，则不会出现裂缝。然而混凝土沉降时会受到钢筋、预埋件、大的粗骨料、模板、先期硬化的混凝土等局部阻碍或约束，或混凝土本身各部相对的沉降量相差过大，由此产生拉应力。此时混凝土的抗拉强度很小而产生裂缝。

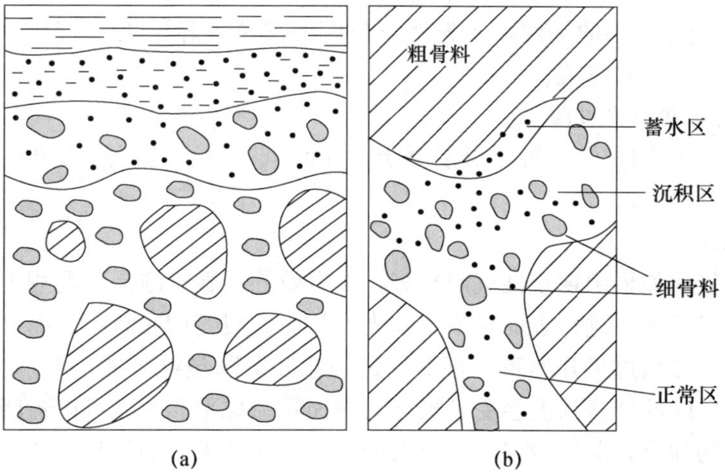

图 7-10 混凝土内、外分层示意图

（a）外分层；（b）内分层

2）出现的规律

沉降收缩裂缝出现在混凝土沉降受阻处，其出现规律如下：

① 钢筋上方或预埋件周围：这类裂缝的分布形状与钢筋的布置有关，裂缝沿着结构上表面钢筋通长方向或箍筋上断续出现，或者在预埋件周围出现（图 7-11）。裂缝宽度 1～4mm，深度不一。

② 沉降深度不同处：厚的混凝土部位比薄的沉降量大，在交界处出现拉应力，从而产生裂缝（图 7-12），常出现在结构的变截面处、梁板交界处、梁柱交界处及板肋交界处等，裂缝深度通常可达钢筋表面。

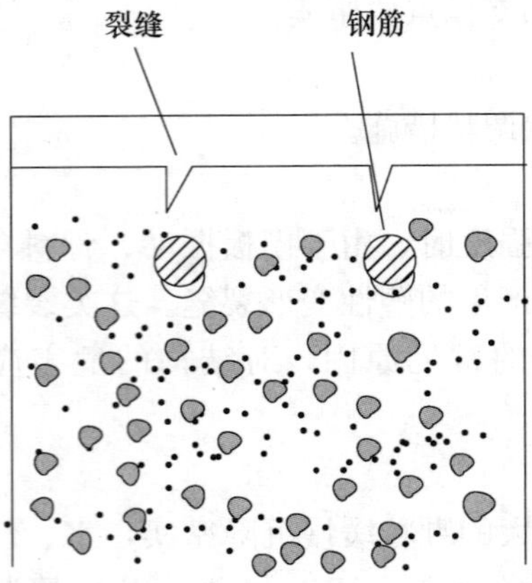

图 7-11　钢筋上方的沉降收缩裂缝

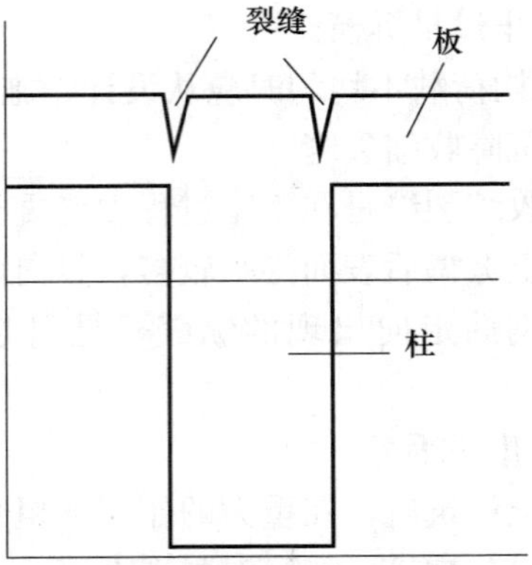

图 7-12　结构断面厚度突变处沉降收缩裂缝

③ 临近模板处：模板凸凹不平或吸水变形会限制混凝土的均匀下沉，由此形成沉降收缩裂缝。

3）预防措施

① 控制水灰比、砂率和坍落度不要过大。

② 对截面相差过大的构件，要先浇筑较深的部位，静止 1～1.5h 后，待沉降稳定后再与上部薄截面同时浇筑。

③ 保护层厚度不要过薄。

④ 对于较厚结构，先浇筑下层混凝土，让其沉降一会儿，然后浇筑上层混凝土并充分振捣，及时养护。

4）补救措施

混凝土初凝前如果出现塑性沉降裂缝，最有效的补救措施是在混凝土尚处在塑性阶段重新振捣，然后重新进行表面抹平和收光，从而使裂缝彻底封闭。而选择重新振捣的时机非常关键，如果过早开始重新振捣，过一会儿沉降裂缝可能还会产生；如果过晚，钢筋与混凝土之间的结合强度会受到破坏。表面重新抹平和收光可以封闭沉降裂缝，但如果没有振捣的配合，这样做仅仅是将表面裂缝封闭，无法彻底封闭深层的裂缝。如果混凝土已经开始初凝，这时想补救已经不可能了，只能等到混凝土硬化、强度达标后采取注浆等手段来封闭裂缝，防止混凝土结构的耐久性受到影响。

（3）塑性收缩裂缝

塑性收缩裂缝是指浇筑后还处于塑性状态的混凝土因风吹日晒，表面失水过快，产生急剧的体积收缩而出现的裂缝。

1）产生原因

塑性收缩是混凝土在初凝前的塑性阶段失水形成的，存在两种情况：一种是由于混凝土表面泌水，在室外会很快地蒸发；另一种是由于新拌混凝土颗粒之间的空隙充满了水，浇筑后的混凝土表面受风吹、日晒以及外部的高、低湿度因素的影响，混凝土表面水分蒸发，造成混凝土在塑性阶段的体积收缩。另外，水化反应中收缩，也反映在塑性收缩中。当混凝土表面的收缩应力大于混凝土的抗拉强度时，产生大量不规则微裂缝，如不及时抹压和覆盖保水养护，裂缝会迅速向内部延伸，严重时会造成贯通裂缝。塑性混凝土坍落度为10～90mm，而泵送预拌混凝土坍落度较大，通常为120～220mm，稍加振捣即出现石子下沉、浆体上浮、时常有泌水现象，随着水分蒸发，表面较易出现大量塑性收缩裂缝。

2）出现规律

塑性收缩裂缝出现在暴露于空气中的混凝土表面，裂缝较浅，长短不一，短的仅20～30cm，长的可达2～3m，宽1～5mm。裂缝互不连贯，类似干燥的泥浆面（图7-13）。出现的规律如下：

① 刮风、晴天、气候干燥，混凝土浇筑后表面没有及时覆盖养护时容易出现。

② 使用收缩较大的水泥（如矿渣水泥），水泥用量过多，砂子太细，粗骨料粒径小，混凝土面层强度低时容易出现。

③ 整层浇筑、模板过于干燥，吸水大时容易出现。

3）预防措施

① 在浇筑混凝土之前，将基层和模板浇水均匀湿透，应避免骨料、模板、基础过多吸水。

② 加强养护，并采取必要的防风措施，如覆盖塑料薄膜或者潮湿的草垫、麻片等，保持混凝土终凝前表面湿润，或者在混凝土表面喷洒养护剂等进行养护以防水分的过多蒸发。

③ 严格控制水灰比，掺加高效减水剂来增加混凝土的坍落度和和易性，减少水泥及水的用量。

（4）干燥收缩裂缝

混凝土干燥收缩裂缝多出现在混凝土养护结束后的一段时间或是混凝土浇筑完毕后的一周左右，也称为干缩裂缝。干缩裂缝出现于混凝土硬化后，由其内部的水泥石失水收缩而引起（图7-14）。

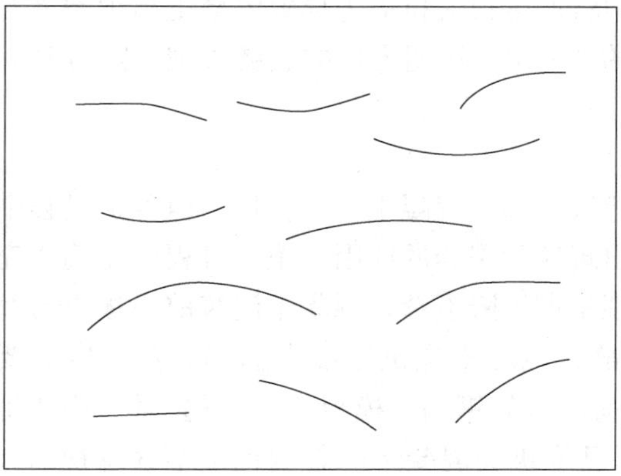

图7-13 塑性收缩裂缝示意图

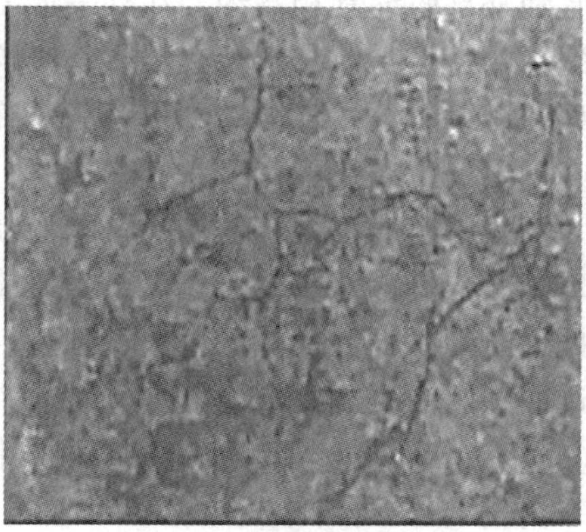

图7-14 干燥收缩裂缝照片

1）产生原因

硬化的混凝土，内部的游离水由表及里逐渐蒸发，而外部没有水分补给，导致混凝土由表及里逐渐产生干燥收缩，在约束条件下，收缩变形导致的收缩应力大于混凝土的抗拉强度时，混凝土则出现由表及里的干燥裂缝。随着时间的推移，混凝土内部的水分蒸发量逐渐增大，干燥收缩量也不断增加，裂缝也就逐渐明显起来。在大流动性混凝土中，混凝土拌合物中富含多余水量，混凝土硬化后，随着水分的蒸发，比较容易出现干燥收缩裂缝。

2）出现规律

裂缝为表面性的，宽度较细，多在0.05～0.2mm。其走向纵横交错，没有规律性，较薄的梁、板类构件（或桁架杆件），多沿短方向分布；整体性结构多发生在结构变截面处；平面裂缝多延伸到变截面部位或块体边缘，大体积混凝土在平面部位较为多见，但侧面也常出现；预制构件多产生在箍筋位置。

3）预防措施

① 选用收缩较少的中低热水泥和粉煤灰水泥。

② 控制水泥用量、水灰比和砂率；振捣密实，并注意对板面进行抹压，可在混凝土初凝后、终凝前进行二次抹压，以提高混凝土抗拉强度，减少收缩量。

③ 加强混凝土早期养护，并适当延长养护时间。长期露天堆放的预制构件，可覆盖草帘、草袋，避免暴晒，并定期适当洒水，保持湿润。薄壁构件则应在阴凉地方堆放并覆盖，避免发生过大温度变化。冬期施工时要适当延长混凝土保温覆盖时间，并涂刷养护剂养护。

（5）温度裂缝

随着水泥强度等级的提高，混凝土逐渐转为快硬、高强类型，水化热也随之大幅度提高。水泥水化热一般在3d内释放50%，混凝土内部温度不断升高，外表面散热很快，楼板内外产生温度梯度，再加上环境温度的影响，内部混凝土热胀变形产生压力，外部混凝土冷却收缩产生拉力。这种裂缝一般较深，而且是贯穿性的。

混凝土硬化初期，水泥水化热放出较多的热量，混凝土是热的不良导体，散热较慢，因此，混凝土内部温度较外部高，有时可达50～70℃，这将使内部混凝土的体积产生较大的膨胀，而外部混凝土却随气温降低而收缩，造成温度变形和温度应力，内部膨胀和外部收缩互相制约，在外表混凝土中将产生很大拉应力导致混凝土出现裂缝。这种裂缝的特点是裂缝出现在混凝土浇筑后的3～5d，初期出现的裂缝很细，随着时间的推移而继续扩大，甚至达到贯穿的情况。

（6）施工裂缝

工程中有时发现，使用的水泥的强度等级不高，混凝土蓄水养护，但养护过程中却出现了贯穿性渗水裂缝。施工不当可能是出现这种裂缝的原因。施工过程中振捣不充分和振捣时间过长，模板的沉陷、移动会出现早期沉降裂缝；混凝土浇筑前模板没有润湿浸透而吸收混凝土水分过多易产生收缩裂缝；混凝土浇筑后没有达到规范规定的要求（1.2N/mm^2）就开始后续施工或堆放临时荷载（如钢筋、模板等），更会对结构产生严重“内伤”。另外，泵送混凝土的输送管对已浇筑的混凝土的影响也是不容忽视的。工程中输送管直接放在楼板钢筋上（下垫废旧轮胎，管体用支架支撑时泵送过程中支架易侧向倾覆），泵送时，输送管的冲力会扰动已浇筑的混凝土。用臂泵浇筑时，混凝土下落对钢筋的撞击也有类似影响。

（7）水化反应收缩裂缝

水泥水化反应后，反应产物的体积与剩余自由水体积之和小于反应前水泥矿物体积与水体积之和，称水化反应收缩。水泥的几种主要矿物的反应速度不同，水化反应的需水量不同，化学反应收缩量也不相同。如 C_3A 水化反应生成钙矾石时，水化反应收缩为7%。C_3A 在水泥熟料中占8%～15%，所以水化反应的浆体收缩量为0.56%～1.05%，导致混凝土体积收缩0.2%～0.35%。水化反应收缩体积较大时形成水化反应收缩裂缝。

（8）缓凝裂缝

为了满足运输和泵送的要求，预拌混凝土需添加缓凝剂，致使混凝土初凝时间有的达10h，甚至更长。混凝土表面由于太阳暴晒，水分蒸发很快，表面形成一层硬化膜。看上去好像已经凝结，实际上内部还远未达到初凝，脚踩似橡皮泥，此时产生的裂纹很难靠持压愈合。其产生原因是缓凝剂量过大，尤其是采用蔗糖作为缓凝剂，与柠檬酸、木钙相比，在相同剂量下，蔗糖的缓凝作用最大，会造成较长时间的缓凝。这样的混凝土若不进行二次振捣和多次抹面，混凝土表面不可避免地会出现裂缝。开始裂缝是浅表的、窄细的，若不及时处理，裂缝就会扩展，甚至可能形成贯穿性裂缝。

7.4.2 与预拌混凝土有直接关系的裂缝原因

（1）预拌混凝土坍落度大，稍加振捣即出现石子下沉，浆体上浮，时常有较多泌水随着水分的蒸发，表面出现大量收缩裂缝。

（2）混凝土振捣时间过长，在过振处出现较厚的水泥浆。

（3）浇筑时集中卸料使混凝土产生流动或用振捣赶料，大量浆体被赶走，粗骨料在原处，导致混凝土拌合物失匀，浆体多的部位出现裂缝。

（4）楼板地面等在混凝土表面压光时，低凹或脚印处用水泥抹平，导致局部浆体过多产生裂缝。

（5）外加剂质量不稳定，混凝土振捣后表面出现泌水现象。

（6）混凝土中砂石级配不好，偏粗，或粉煤灰细度不够，导致混凝土保水性不好出现泌水，产生裂缝。

（7）砂石含量大或石粉量过多。

（8）混凝土浇筑后覆盖养护不及时，大风、高温天气使混凝土表面大量失水，出现裂缝。

（9）为方便施工，施工人员私自向混凝土内加水。

（10）梁、柱等构件侧模拆模过早，又没有用塑料薄膜包裹养护等。

上述原因最终导致混凝土局部水泥浆过多或表面失水过多，出现塑性收缩及干燥收缩裂缝。

7.4.3 预拌混凝土裂缝防治措施

正如以上所述，预拌混凝土容易产生裂缝，主要是因为它是大流动性混凝土、坍落度大、拌合水量多以及施工时振捣、抹压和养护不当等造成的。只要能针对预拌混凝土的特点，在配制混凝土和现场施工的每一道工序都严把质量关，认真采取相应的技术措施，是完全可以有效地预防和减少裂缝发生的。

（1）按照《混凝土质量控制标准》（GB 50164—2011）的规定，根据设计要求的混凝土强度等级，正确确定混凝土配制强度：在施工工作性能允许的情况下，尽量减少混凝土坍落度、减少用水量，即将坍落度控制在160～180mm。

(2) 选择级配较好且洁净的砂石料，并尽量增加单方石子用量，这样，$1m^3$ 混凝土可减少砂浆量约19L，减少拌合水约2kg；配混凝土时尽量使用Ⅰ级（优质）粉煤灰，既改善了混凝土流动性，又可降低用水量。

细骨料宜采用中、粗砂。泵送混凝土宜采用中砂并靠上限，为保证混凝土的流动性、黏聚性和保水性，以便于运输、泵送和浇筑，泵送混凝土的砂率要比普通流动性混凝土增大约6%，但是砂率过大，不仅会影响混凝土的工作性和强度，而且能增大收缩和裂缝。

粗骨料在混凝土中主要起到骨架的作用，并且对胶凝材料收缩具有一定抵抗作用。骨料的级配越好，所形成的混凝土骨架越稳定，抵抗变形能力越好。同时，骨料的级配越好，能降低混凝土中单方水和水泥的用量，降低混凝土的收缩。此外，粗骨料的含泥量、泥块含量对混凝土的收缩也有很大的影响。

(3) 制拌混凝土应尽量避免使用太细的水泥，因太细的水泥水化快，水化收缩量大，凝结时易开裂；还应避免使用矿渣水泥，因为矿渣水泥凝固时的收缩量比普通硅酸盐水泥约大25%。

水泥品种要优先选用 C_3A 含量低的中、低热的普通水泥或复合水泥，除冬期施工外，不宜选早强型水泥；也不宜采用火山灰水泥，因火山灰水泥需水量大，易泌水。

(4) 施工时要注意均匀振捣，不能欠振、漏振，也不能过振，否则局部易出现塑性收缩裂缝和干缩裂缝。严禁用振捣棒赶料。

混凝土施工中过分振捣，模板、垫层过于干燥，混凝土浇筑振捣后，粗骨料沉落，挤出水分、空气，表面呈现泌水而形成竖向体积缩小沉降，造成表面砂浆层，它比下层混凝土有较大的干缩性能，待水分蒸发后，易形成凝缩裂缝。而模板在浇筑混凝土时洒水不够，过于干燥，则模板吸水量大，引起混凝土的塑性收缩，产生裂缝。混凝土浇捣后，过分抹干压光会使混凝土的细骨料过多地浮到表面，形成含水量很大的水泥浆层，水泥浆中的氢氧化钙与空气中二氧化碳作用生成碳酸钙，引起表面体积碳化收缩，导致混凝土板表面龟裂。

(5) 混凝土初凝前要及时反复抹压，可使已出现的塑性收缩裂缝愈合；如表面已开始硬结，人力抹压不动时，可采取二次振捣的方法。趁初凝前水泥晶胚开始形成时，使重新组成的混凝土结构进一步密实化，然后抹压1～2遍。

由于混凝土加入泵送剂后，缓凝时间长，如按常规操作，待混凝土初凝后，再用抹子压光的老办法，表面水分已在5～6h内挥发，裂缝也已形成。为此，可以在振捣完成后，边收浆抹面，同时立即覆盖塑料薄膜，可将塑料薄膜卷成卷，采用后退法施工。由于塑料膜不透气，水分不易蒸发，即使有空隙也会形成高湿度、小空间，对混凝土养护是有利的。但因塑料膜质轻，易被风吹开，故应有重物压边，防止吹开。

(6) 混凝土浇筑、振捣、抹压后如遇烈日暴晒、大风时，应及时用塑料膜等覆盖保湿，以免失水过快、产生裂缝；冬期施工时，应及时覆盖保温、保湿，避免混凝土塑性收缩及受冻破坏。

现场养护不当是造成混凝土收缩开裂最主要的原因。混凝土浇筑后，若表面不及时覆盖、浇水养护，表面水分迅速蒸发，很容易产生收缩裂缝。特别是在气温高、相对湿度低、风速大的情况下，干缩更容易发生。有资料表明，当风速为16m/s时，混凝土中的水分蒸发速度为无风时的4倍。一些高层建筑的楼面之所以更容易产生裂缝，是因为高空中的风速比地面大。

（7）严格控制拆模时间。在混凝土强度能保证其表面及棱角不因拆模而受损坏时，方可拆除侧模；拆除侧模后应立即浇水并用塑料膜覆盖养护，或喷涂养护剂养护；底模拆除必须严格按规范要求执行；跨度小于8m的梁、板等结构物混凝土的设计强度等标准值必须大于75%，跨度大于或等于8m的梁、板等结构物和悬挑梁板结构在混凝土强度大于或等于100%时方可拆模，否则将会影响结构安全。

7.4.4 混凝土裂缝治理方法

裂缝的出现不但会影响结构的整体性和刚度，还会引起钢筋的锈蚀，加速混凝土的碳化，降低混凝土的耐久性和抗疲劳、抗渗能力，因此根据裂缝的性质和具体情况应区别对待、及时处理，以保证建筑物的安全使用。

如果裂缝发现得较早，混凝土仍保持塑性状态时及时采用二次振捣或及时抹压来消除，然后喷涂养护剂或加湿养护。二次振捣一般采用平板振捣器，振捣至表面均匀泛浆，然后刮平、压光，沉降较大引起的塑性沉降裂缝也可用插入式振捣器振捣，若混凝土较厚、面层水泥浆较多时可撒铺碎石，碾压数遍，然后抹平及覆盖养护。

若裂缝发现较晚，混凝土已硬化，则需要对裂缝进行修补，混凝土裂缝的修补措施主要有以下一些方法：表面修补法，灌浆、嵌缝封堵法，结构加固法，混凝土置换法以及仿生自愈合法。

（1）表面修补法

表面修补法包括表面涂抹法和表面贴补法两种，是一种简单、常见的修补方法，适用于稳定和对结构承载能力没有影响的表面裂缝的处理。表面涂抹法是在裂缝的表面涂抹水泥浆、环氧树脂、丙烯酸橡胶或在混凝土表面涂刷油漆、沥青等防腐材料。表面贴补法是用胶黏剂把橡皮、氯丁橡皮、塑料带、高分子土工防水材料等贴在裂缝部位的混凝土面上，达到密封裂缝、防止渗漏的目的。

（2）灌浆、嵌缝封堵法

灌浆法主要适用于对结构整体性有影响或有防渗要求的混凝土裂缝的修补，分为化学灌浆和水泥灌浆两种，一般混凝土裂缝多采用化学灌浆，对宽度较大的稳定裂缝则采用水泥灌浆，它是利用压力设备将胶结材料压入混凝土的裂缝中，胶结材料硬化后与混凝土形成一个整体，从而起到封堵加固的目的。化学灌浆的浆材有环氧树脂、甲基丙烯酸酯、聚氨酯等。水泥灌浆材料主要是水泥浆并加入微膨胀剂、硅粉、碱水剂或其他添加剂以改善水泥浆的性能。

嵌缝法是裂缝封堵中最常用的一种方法，一般用于修补水平面上较宽的裂缝（＞0.3mm），较宽的裂缝可直接向缝内灌入同黏度的树脂，宽度小于0.3mm的裂缝通常是沿裂缝凿槽，在槽中嵌填塑性或刚性止水材料，以达到封闭裂缝的目的，常用的塑性材料有聚氯乙烯胶泥、塑料油膏、丁基橡胶等；常用的刚性止水材料为聚合物水泥砂浆。

(3) 结构加固法

当裂缝影响混凝土结构的性能时，就要考虑采取加固法对混凝土结构进行处理，结构加固中常用的方法主要有加大混凝土结构的截面面积、在构件的角部外包型钢、采用预应力法加固、粘贴钢板加固、增设支点加固以及喷射混凝土补强加固。

(4) 混凝土置换法

混凝土置换法是处理严重损坏混凝土的一种有效方法，此方法是先将损坏的混凝土剔除，然后置换入新的混凝土或其他材料。常用的置换材料有普通混凝土或水泥砂浆、聚合物或改性聚合物混凝土或砂浆。

(5) 仿生自愈合法

仿生自愈合法是一种新的裂缝处理方法，它模仿生物组织对受创伤部位自动分泌某种物质，而使创伤部位得到愈合的机能，在混凝土的传统组分中加入某些特殊组分（如含胶黏剂的液芯纤维或胶囊），在混凝土内部形成智能型仿生自愈合神经网络系统，当混凝土出现裂缝时分泌出部分液芯纤维可使裂缝重新愈合。

7.5 混凝土强度不足

混凝土的施工强度是建筑业界最重视的一个指标，建筑质量的优劣决定混凝土的强度和操作技术，因此，混凝土强度是工程建设中最关键的问题。评定混凝土强度，采用的是标准试件的混凝土强度。

混凝土强度不足（图 7-15）是指施工阶段中混凝土的强度未达到设计标准所要求的数值。所造成的后果是混凝土抗渗性能降低，耐久性降低，构件出现裂缝和变形，承载能力下降，严重者会影响建筑物正常使用甚至造成安全事故，如图 7-16 所示。鉴于混凝土强度不足造成的危害，弄清造成混凝土强度不足的原因及采取何种措施进行控制是非常必要的。现主要从原材料、配合比、施工工艺等方面分析、控制混凝土的强度。

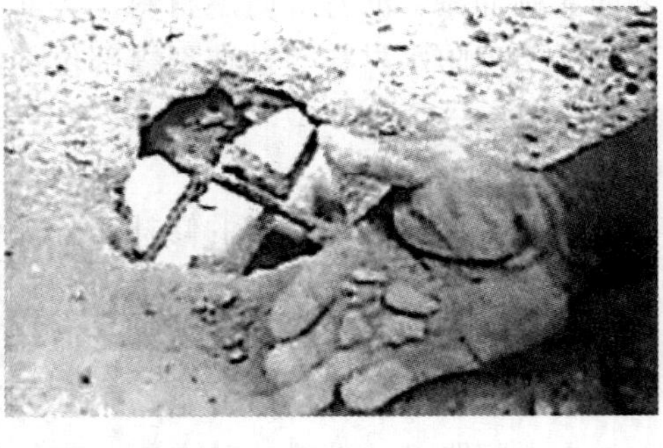

图 7-15　混凝土强度不足

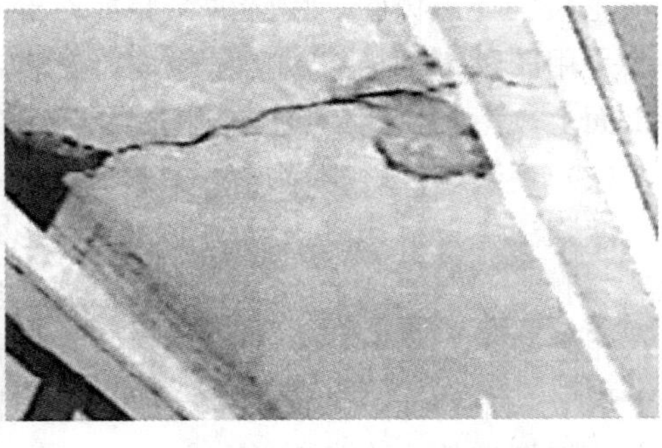

图 7-16　混凝土强度不足引发的裂缝

7.5.1 混凝土强度不足的原因

(1) 原材料质量存在的问题

混凝土是由水泥、砂、石、水、外加剂、掺合料按一定比例拌和而成的，原材料质量的好坏直接影响混凝土的强度。

1）水泥

水泥质量不好是造成混凝土强度不足的关键因素。同一等级的水泥，生产厂家不同其实际强度和需水量（标准稠度用水量）存在一定的差异，当生产过程中更换水泥厂家时，如果依然按原配合比生产混凝土，就有可能发生混凝土强度不足的问题。

管理良好的水泥企业，其水泥实际强度和需水量波动较小；而管理较差的企业，其水泥 28d 强度有时会出现 10MPa 左右的波动。由于水泥检验滞后，将大大影响混凝土强度的稳定性。

2）骨料

① 骨料中的不良成分含量较高：粗骨料中含较多的石粉、黏土等成分，一是会影响骨料与水泥的黏结；二是加大骨料的表面积，增加用水量；三是黏土颗粒体积不稳定，干缩湿胀，对混凝土有一定的破坏作用。细骨料中含有硫化物、硫酸盐及腐烂的植物等有机物（主要是鞣酸及其衍生物），对水泥水化产生不利影响，使混凝土强度降低。

② 骨料的颗粒形状和自身强度有问题：粗骨料中针、片状颗粒的含量过多，或骨料自身强度有问题，都会使混凝土强度降低。

3）拌合水和外加剂质量不合格

使用有机杂质较高的沼泽水、pH 值大于 4 的酸性水、工业含油污废水作为拌合水，都可造成混凝土强度下降。不合格外加剂的使用或外加剂用量不当可造成混凝土强度不足，甚至不凝结事故发生。

4）矿物掺合料

矿物掺合料质量发生明显变化，使用细度变粗或掺假的矿物掺合料，都会引起混凝土强度不足。

（2）混凝土配合比及生产方面出现问题

1）未对混凝土配合比进行试验验证，随意套用配合比，造成强度不足。

2）减水剂的减水率已降低，或其他材料质量发生明显变化，未合理调整生产配合比，只采取增加用水量的方法调整坍落度，造成强度不足。

3）剩余混凝土处理不当，造成强度不足。

4）计量装置失灵，造成配合比严重失控，使混凝土强度不足。

（3）现场施工工艺不规范

混凝土搅拌、浇筑、振捣不得当，模板使用后不及时修复造成严重漏浆，运输中发生混凝土离析，运输工具漏浆，混凝土养护不当，冬期施工脱模太早等都可造成混凝土强度不足。

7.5.2 混凝土的强度控制

（1）原材料的控制

1）水泥

① 应优先选用生产规模较大的水泥生产厂家，选择质量和信誉好的企业的水泥，对进厂的水泥分批检验其质量。

② 配制混凝土用的水泥应符合国家标准《通用硅酸盐水泥》（GB 175—2007）的规定；当采用其他水泥时，应根据工程特点，所处环境以及设计、施工的要求，选用适当

品种和强度等级的水泥。

③ 水泥应按不同品种、不同强度等级及日期分批分别存储在专用的仓罐或水泥库内。对存储时间超过三个月或质量明显降低的水泥，应在使用前对其质量复验，并按复验结果使用或弃用。

④ 当更换不同厂家的水泥时，应检验其质量及水泥与外加剂的相容性。

2）骨料

① 进厂的骨料应附有质量证明书，根据需要按批检验其颗粒级配，含泥量及针、片状颗粒含量。

② 骨料在生产、运输、存储过程中，严禁混入对混凝土性能有害的成分；现场要按品种、规格堆放，不准混放，并要保持洁净。

3）水和外加剂

① 拌制混凝土用水应符合行业标准《混凝土用水标准（附条文说明）》（JGJ 63—2006）的规定。

② 混凝土外加剂的选用，应符合国家标准《混凝土外加剂》（GB 8076—2008）的规定：应根据混凝土的性能、施工工艺及气候条件，结合原材料性能、配合比以及水泥的适应性等因素，通过试验确定其品种和掺量。

（2）严格执行配合比制度及监控生产过程

1）严格控制配合比

① 混凝土配合比、水胶比除应按国家现行标准的规定，通过设计计算和试配外，不得随意改变，不得仅根据混凝土强度等级的指标，随意套用配合比。

② 当配合比的确定采用早期推定混凝土强度时，其试验方法应按国家现行标准进行，混凝土配合比使用过程中，应根据混凝土质量的动态信息及时调整。

2）监控计量设备和器具

① 施工过程中混凝土各组成材料计量的偏差应控制在2%～3%之间。

② 施工中应每班不少于一次测量骨料的含水率，当含水率有显著变化时，应增加测定次数，依据检测结果及时调整用水量和骨料用量。

③ 计量磅秤在每班使用前都应进行零点核对。

（3）规范施工工艺

1）搅拌

① 混凝土搅拌应按有关施工工艺标准的要求在最短时间内按序加料，拌制均匀，颜色一致，不得有离析和泌水现象的拌合物。

② 每一工作班不少于一次在搅拌地点和浇筑地点分别取样检测稠度和坍落度，评定时应以浇筑地点的检测值为准。

2）运输

① 控制混凝土运至浇筑地点时间不宜过长，且混凝土不离析、不分层，组分不发生变化。

② 应控制混凝土容器和管道不吸水、不漏浆。容器和管道在冬季应有保温措施，夏季气温超过40℃时，应有隔热措施。

3）浇筑

① 在浇筑前，应检查和控制模板的平整和板缝，减少漏浆现象。

② 浇筑高度大于 3m 时，应采用串筒、溜管或振动溜管浇筑。

③ 混凝土应振捣成型，根据施工对象及混凝土拌合物性质应选择适当的振捣器，并确定振捣时间。

4）养护

① 在养护工序中，应控制混凝土处在有利于硬化及强度增长的温度和湿度环境中，使硬化后的混凝土具有必要的强度和耐久性。

② 对洒水养护要控制水中有害成分。自然养护时，应每天记录最高、最低气温的变化，防止冬季受冻，夏季暴晒脱水，并记录养护方式和制度，且应养护到具有一定强度后方可撤除养护。

混凝土强度控制应从多方面入手，严格执行规范，做到设计与施工密切配合，加大主动控制力度，以保证建筑物的安全使用，满足使用要求的各种功能，确保建筑物具有足够的耐久性。

7.5.3 混凝土强度不足事故的处理方法

（1）检测、鉴定实际强度

当试块试压结果不合格，估计结构中的混凝土实际强度可能达到设计要求时，可用无损检验、钻孔取样等方法测定混凝土实际强度，作为事故处理依据。

（2）分析验算

当混凝土实际强度与设计要求相差不多时，一般通过分析验算，挖掘设计潜力。多数可不做专门加固处理。因为混凝土强度不足对受弯构件正截面强度影响较小，所以经常采用这种方法处理；必要时在验算的基础上，做荷载试验，进一步证实结构安全可靠，不必处理。装配式架梁柱节点核心区混凝土强度不足，可能导致抗震安全度不足，只要根据抗震规范验算后，在相当于设计震级的作用下，强度满足需求，结构裂缝和变形不经修理或经一般修理仍可继续使用，则不必采用专门措施处理。需要指出：分析验算后得出不处理的结论，必须经设计鉴证同意方有效。同时还应强调指出，这种处理方法实际上是挖设计潜力，一般不应提倡。

（3）利用混凝土后期强度

混凝土强度随龄期增加而提高，在干燥环境下 3 个月的强度可达 28d 的 1.2 倍左右，一年可达 1.35～1.75 倍。如果混凝土实际强度比设计要求低得不多，结构加荷时间又比较晚，可以采用加强养护方法，利用混凝土后期强度的原则处理强度不足事故。

（4）减少结构荷载

由于混凝土强度不足造成结构承载能力明显下降，又不便采用加固补强方法处理时，通常采用减少结构荷载的方法处理。例如，采用高效轻质的保温材料代替白灰炉渣或水泥炉渣等措施，减轻建筑物自重；又如，降低建筑物的总高度等。

（5）结构加固

柱混凝土强度不足时，可采用外包钢筋混凝土或外包钢加固，也可采用螺旋筋约束柱法加固。梁混凝土强度低导致抗剪能力不足时，可采用外包钢筋混凝土及粘贴钢板方法加固。当梁混凝土强度严重不足，导致正截面强度达不到规范要求时，可采用钢筋混凝土加高梁，也可采用预应力拉杆补强体系加固等。

（6）拆除重建

由于原材料质量问题严重和混凝土配合比错误，造成混凝土不凝结或强度低下时，通常都采用拆除重建方法处理。中心受压或小偏心受压柱混凝土强度不足时，对承载力影响较大，如不宜用加固方法处理时，也多用此法处理。

7.6 其他质量问题

7.6.1 混凝土凝结时间异常

混凝土的凝结时间明显超过正常范围，可判为凝结时间异常，混凝土的凝结时间异常通常表现为缓凝、速凝和假凝三种，如图 7-17 和图 7-18 所示。速凝和假凝会导致混凝土浇筑困难，缓凝会导致混凝土拆模时间延长，早期强度低，严重时 28d 强度达不到设计要求，酿成质量事故。

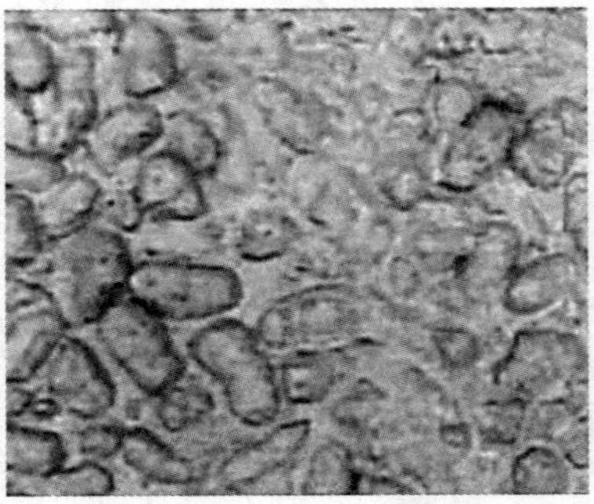

图 7-17 混凝土长时间不凝固

图 7-18 混凝土速凝来不及使用

1. 缓凝

（1）判断依据

混凝土产生缓凝现象没有固定的时间规定，往往以是否影响后续正常施工来进行判断，混凝土浇筑后，热天超过 10h 不凝结硬化，冷天超过 20h 不凝结硬化，可认为是异常凝结（特殊要求混凝土除外）。

（2）原因分析

1）人为因素

① 搅拌站人员未按混凝土外加剂使用说明要求，盲目多掺外加剂。

② 按混凝土配合比要求，将粉煤灰误当水泥使用。

③ 工作疏忽导致外加剂混淆使用，如将缓凝剂当早强剂使用。

④ 混凝土浇筑过程中，施工人员看混凝土发干、流动性小，擅自给混凝土加水。

2）设备因素

① 计量器具未按照要求自检、送检，长期使用后产生较大误差。

② 盛放混凝土外加剂的料仓使用不当，改变了外加剂的性能。

③ 计量装置突发故障，特别是外加剂中复配有缓凝剂时，过量称量将明显延长混凝土的凝结时间，甚至发生严重异常缓凝事故。

3）水泥因素

① 水泥自身凝结时间长。水泥生料配合比不合理或水泥煅烧过程中温度控制不够，导致煅烧后水泥有效成分少，依靠调凝石膏来调整凝结时间。

② 水泥细度对凝结时间的影响。水泥细度越粗水化反应越慢，凝结时间越长。水泥细度对混凝土凝结时间的影响更加明显，因为测定水泥凝结时间的是水泥净浆，在水泥净浆中，水泥的体积约占55%，而混凝土由于其他材料用量大，水泥的体积占5%～15%，因此对混凝土凝结时间的影响更大。

③ 水泥工艺流程的重大改变，导致水泥性能不稳定。

④ 水泥厂家大量掺加粉煤灰作为外掺料提高水泥产量。

4）矿物掺合料因素

① 由于矿物掺合料要靠水泥水化生成的$Ca(OH)_2$才能发生胶凝反应，因此矿物掺合料掺量越大，混凝土的凝结时间越长，故在冬期施工时矿物掺合料掺量不宜过多。

② 使用脱硫粉煤灰将显著延长混凝土的凝结时间。

5）外加剂因素

① 外加剂种类繁多，工地上不注意外加剂标志，误用外加剂。

② 外加剂对运输、储存、使用掺量等都有严格要求。未按外加剂厂家说明使用。

③ 外加剂有一定适应性，调试过程中虽然混凝土满足了各项指标要求，但在大批量生产供货中，由于原材料的不稳定，会在凝结时间上有一定的误差。

④ 外加剂配方不合理的产品，自身凝结时间长，导致混凝土凝结时间过长。

6）其他因素

① 环境因素。水泥的水化反应随温度的上升而加快，施工的环境温度较低时，可能会使凝结时间延长。

② 施工。冬期施工如果准备工作不到位，某一环节跟不上或仓促施工，容易造成混凝土凝结时间过长，如起始养护温度越低，凝结时间越长。

2. 速凝

（1）判断依据

速凝的主要特征是混凝土停止搅拌后，很快开始放热，拌合物流动性损失快，导致浇筑困难甚至无法浇筑。

（2）原因分析

混凝土发生速凝的原因除了上述的人为因素和设备因素外，可能还会有以下因素：

1）水泥

① 熟料中铝酸三钙（C_3A）和碱含量过高时，石膏的掺量没有随之增大，会导致水泥速凝。

② 为调节水泥凝结时间，水泥中要掺入适量的石膏，若石膏掺量不足或掺量过多，都可能导致水泥发生速凝现象，甚至会导致水泥安定性不良。

③ 水泥粉磨细度过细。水泥细度越细水化反应越快，而且随着细度的增大，吸附外加剂的量也增大，随着用量增加，拌合物越黏，流动性越差。

2）外加剂

① 外加剂的质量与标识不符，或外加剂的用量没有掌握好，都有可能导致混凝土速凝。

② 外加剂与胶凝材料相容性差，也导致混凝土速凝。

3）其他因素

施工的温度及湿度都对混凝土的凝结硬化有很大影响。温度上升，新拌混凝土的凝结时间缩短；温度高湿度小，即在干燥的环境下，新拌混凝土的水分蒸发快，混凝土的凝结时间相应缩短，并会导致混凝土出现裂缝、强度降低等。

3. 假凝

（1）判断依据

假凝的主要特征是混凝土停止搅拌后，流动性损失很快，并有凝结特征，但无明显温度上升现象，重新搅拌后有一定的流动性，可用于浇筑。

（2）原因分析

水泥在粉磨过程中，当磨内温度过高时，可引起二水石膏脱水，生成溶解度很小的半水石膏。在使用过程中水泥加水后，半水石膏迅速吸入水分生成二水石膏，导致自由水分减少，引起假凝现象，另外，某些含碱较高的水泥，氯酸钾与二水石膏生成钾石膏迅速长大，也会造成假凝现象。

4. 混凝土异常凝结的解决方案

（1）混凝土 3d 未凝结，应迅速通知相关人员，果断处理，清除旧混凝土后重新浇筑，以免对后续施工造成更大的损失。

（2）迅速对混凝土进行覆盖，加强混凝土的养护。

（3）分析产生异常的原因，检查混凝土配合比是否合理，检查搅拌站仪器设备是否存在较大误差，人员是否操作不当，原材料（水泥、粉煤灰、外加剂等）是否合格等。

5. 混凝土异常凝结的防治措施

（1）加强胶凝材料与外加剂相容性检验和生产配合比的验证，及时发现问题及时解决，尽量避免混凝土拌合物交付后发生异常凝结情况。

（2）当混凝土的凝结时间通过采用调整外加剂的方法不能满足施工要求时，在保证混凝土质量的前提下，可同时调整水泥用量。

（3）严格按规定周期检定生产计量装置，并加强自校和维护保养工作，防止发生卡、顶、传感器灵敏度不良现象导致称量失准。

（4）加强筒仓管理工作，避免发生胶凝材料入错用错现象。

（5）冬期施工时，必须加强新浇混凝土的养护工作，尽量减少混凝土自身热量损失过快而延长凝结时间，影响早期强度的正常增长。

（6）禁止施工过程中随意向混凝土里加水。向已搅拌好的混凝土中加水不仅造成混凝土凝结时间延长，还将降低混凝土强度，增加开裂的概率，更重要的是改变了混凝土的匀质性，对硬化后的混凝土结构的耐久性影响较大。

7.6.2 混凝土与钢筋握裹力差

（1）产生原因

混凝土出现局部强度低，与钢筋的握裹力差，是由于搅拌站的原因，引起混凝土中断，供应时间超过初凝时间，接近终凝时间时，接着浇筑，振捣新浇混凝土时将下部强度低的混凝土振疏松，钢筋和混凝土握裹力受到破坏，接缝处形成渗漏的薄弱点。

（2）预防和处理措施

为避免出现混凝土与钢筋握裹力差，浇筑混凝土时，不得任意甩槎留缝。如由于某种特殊原因不得不留缝时，中断时间应控制在初凝时间以内。如时间超过初凝，则应待已浇筑混凝土硬化具有一定强度后再按施工缝处理（硬化混凝土表面铺一层同强度等级的砂浆，再接着施工）。施工缝处渗漏，可用防水剂渗透材料处理，混凝土强度达不到设计要求，应进行加固修补。

7.6.3 混凝土夹渣

施工缝处混凝土结合不好，有缝隙或夹有杂物，造成结构整体性不良。

（1）产生原因

① 在浇筑混凝土前没有认真处理施工缝表面；浇筑时捣实不够。

② 浇筑钢筋混凝土时，分层分段施工，在施工停歇期间常有木屑、锯末等杂物（在冬期可能有积雪、冰块）积存在混凝土表面，未认真检查清理，再次浇筑混凝土时混入混凝土内，在施工缝处造成杂物夹层。

③ 浇筑混凝土柱头时，因柱子施工缝停留时间较长，易掉进杂物，浇筑上层柱时，又未认真检查清理，以致施工缝处夹有杂物。

（2）预防措施

① 在浇筑柱、梁、楼板、墙及类似结构混凝土时，如间歇时间超过规定要求，应按施工缝处理。

② 对混凝土进行二次振捣，可以提高接缝的强度和密实度，在大体积混凝土施工中，可以在先浇筑的混凝土终凝前（初凝前后）进行二次振捣，然后浇筑上层混凝土。

③ 在已硬化的混凝土表面上继续浇筑混凝土前，应清除掉进的杂物和表面水泥薄膜和松动的石子或软弱混凝土层，并充分湿润和冲洗干净，残留在混凝土表面的水应予清除。

④ 在浇筑混凝土前，施工缝宜先铺或抹与混凝土相同成分的水泥砂浆。

（3）处理方法

缝隙夹层不深时，可将松散的混凝土凿去，洗刷干净后，用1∶2或1∶2.5水泥砂浆填嵌密实；较深时，应清除松散部分和内部夹杂物，用压力水冲洗后，在内部埋压浆管、排气管并填清洁的碎石（粒径10～20mm），表面抹砂浆或浇筑薄层混凝土，然后用水泥压力灌浆方法进行处理，使之密实。

7.6.4 混凝土内部疏松

指混凝土结构由于漏振、离析或漏浆造成混凝土局部无水泥浆且深度超过蜂窝的缺陷。

（1）原因

① 由于一次浇筑层太厚，振捣不密实或漏振，造成混凝土疏松。

② 混凝土搅拌不均匀，造成局部混凝土水泥或水泥浆少，混凝土强度不足。

③ 模板加固不牢或拼缝不严，混凝土严重漏浆，造成混凝土疏松。

(2) 预防措施

① 混凝土浇筑应严格按规定分层分段施工，混凝土振捣按“孔洞”预防措施中的有关规定执行。

② 混凝土现场搅拌应严格控制质量，保证搅拌时间，在浇筑过程中如发现混凝土有离析和不均匀的应停止浇筑，将不符合要求的混凝土退回重新搅拌。

③ 模板加固应合格，以防浇筑混凝土时跑模；在浇筑混凝土前应对模板进行检查，接缝不严的应采取措施堵塞缝隙后，再浇筑混凝土。

(3) 处理方法

凿除疏松的混凝土，按孔洞处理方法进行处理。

本章小结

和易性不好时，混凝土会出现离析、泌水等现象，有时还会同时产生“抓底”，影响混凝土的均匀性和浇筑密实性。在泵送混凝土时，经常会遇到堵管或者堵泵现象，影响施工效率，严重时还会引起质量事故。

在混凝土构件施工中，由于施工工艺不当或施工管理不善等原因，构件表面经常出现麻面（露石、气泡、粘皮）、凹凸错台、外形走样、表面颜色差异、外部露筋等缺陷，在一定程度上影响了工程耐久性和观感质量。混凝土内部缺陷主要有蜂窝和空洞。

裂缝是混凝土结构最常见的缺陷，主要包括：①不均匀下沉裂缝；②沉降收缩裂缝；③塑性收缩裂缝；④干燥收缩裂缝；⑤温度裂缝；⑥施工裂缝；⑦水化反应收缩裂缝；⑧缓凝裂缝。裂缝的出现不但会影响结构的整体性和刚度，还会引起钢筋的锈蚀，加速混凝土的碳化，降低混凝土的耐久性和抗疲劳、抗渗能力，因此根据裂缝的性质和具体情况应区别对待、及时处理，以保证建筑物的安全使用。

混凝土强度不足是指施工阶段中混凝土的强度未达到设计标准所要求的数值。所造成的后果是混凝土抗渗性能降低，耐久性降低，构件出现裂缝和变形，承载能力下降，严重者会影响建筑物正常使用甚至造成安全事故。

其他质量问题还有混凝土凝结时间异常、混凝土与钢筋握裹力差、混凝土夹渣、混凝土内部疏松等。

习　题

一、填空题

1. 和易性不好时，混凝土会出现离析、泌水等现象，影响混凝土的__________和__________性。

2. 混凝土离析是指混凝土拌合物中各组分分离，石子__________或__________，水泥浆__________，混凝土拌合物出现__________的现象。

3. 混凝土构件表观经常出现__________、__________、__________、__________、__________等缺陷。

4. 对于凸凹错台、外形走样质量缺陷尽可能采用__________、__________等方法进行处理；如果凹陷较严重，则对凹陷部位表面进行__________，并用小级配的细石混凝土或砂浆填补。

5. 混凝土的凝结时间异常通常表现为__________、__________、__________。

二、单项选择题

1.《普通混凝土用砂、石质量及检验方法标准（附条文说明）》（JGJ 52—2006）中规定，粗骨料采用连续级配，针片状颗粒含量不宜大于(　　)。

A. 5%　　B. 10%　　C. 15%　　D. 20%

2. 防止离析与泌水的根本途径是提高混凝土拌合物的(　　)。

A. 黏聚性　　B. 流动性　　C. 水胶比　　D 坍落度

3. 混凝土表面无水泥浆，露出石子深度大于 5mm，但不大于保护层或(　　)的缺陷称为蜂窝。

A. 20mm　　B. 30mm　　C. 40mm　　D. 50mm

4. 混凝土强度随龄期增加而提高，在干燥环境下 3 个月的强度可达 28d 的(　　)倍左右。

A. 1.1　　B. 1.2　　C. 1.3　　C. 1.4

5. 水泥在粉磨过程中，当磨内温度过高时，可引起二水石膏脱水，生成溶解度很小的半水石膏，会造成(　　)现象。

A. 急凝　　B. 缓凝　　C. 假凝　　D. 速凝

三、多项选择题

1. 导致混凝土离析与泌水的配合比方面的原因主要有(　　)。

A. 砂率偏小　　B. 坍落度过大　　C. 缓凝剂掺量大　　D. 环境温湿度变化

2. 混凝土表面颜色问题的主要原因有(　　)。

A. 原材料种类　　B. 混凝土配合比　　C. 施工方法　　D. 模板表面处理

3. 下列情况可能会造成混凝土速凝的有(　　)。

A. 熟料中铝酸三钙（C_3A）含量过高

B. 石膏掺量过多

C. 水泥过细

D. 石膏掺量不足

4. 混凝土塑性收缩裂缝产生的主要原因是(　　)。

A. 表面泌水　　B. 新拌混凝土表面水分迅速蒸发

C. 干燥收缩　　D. 施工不当

5. 泵送混凝土在(　　)环境温度需要采取相应的防护措施。

A. 0℃以下　　B. 32℃以上　　C. －12℃以下　　D. 32℃以下

四、判断题

1. 胶凝材料用量少、粉煤灰颗粒较粗、矿粉掺量过大等，容易发生离析泌水问题。(　　)

2. 混凝土泌水都是有害的。(　　)

3. 使用脱模剂质量的好坏与混凝土表面颜色没有关系。(　　)

4. 混凝土坍落度越大，保水性越差，硬化后的沉降收缩量越大。（　　）

5. 混凝土拌合物坍落度过小，会造成堵泵，所以泵送混凝土的坍落度越大越好。（　　）

五、案例分析题

1. 某工程从夏季开始施工，混凝土强度一直稳定合格。而进入秋、冬期施工以来，混凝土强度却出现偏低现象，甚至有的试件不合格，试分析混凝土试件强度不合格的原因。

2. 某搅拌站生产C30基础混凝土，基础总方量为2100m^3，厚1.1m。属于大体积基础混凝土，当混凝土生产到1/2时，由于粉煤灰料仓的灰已用完，搅拌站为解决“燃眉之急”，临时从其他电厂调来一车Ⅲ级粉煤灰，而原来料仓中用的是Ⅱ级粉煤灰。施工完成后第二天，发现用Ⅲ级粉煤灰生产的混凝土强度明显偏低，且用Ⅲ级粉煤灰生产的混凝土颜色明显与其他混凝土颜色深浅不一，试分析原因。

3. 某工程3月初施工混凝土（12层墙板，C30），北方春季3月初由于气温不太稳定，施工时恰逢出现大风降温情况，平常最低气温为0℃以上，而施工时最低温度突然降至－10℃，施工后发现混凝土出现近20h不凝固的问题，试分析原因并提出处理措施。

4. 某搅拌站夏期施工中由于工地停电近4h，混凝土坍落度损失太大，搅拌站为增加坍落度而不增大水灰比，采用添加泵送剂的办法调节坍落度，但由于泵送剂掺加过多，混凝土施工后12h不凝固，试分析原因并提出处理措施。

5. 某工程施工顶板C30混凝土，搅拌车到达工地卸料后，发现一车混凝土坍落度明显偏大并有离析现象，混凝土呈黄色，试分析原因并提出处理措施。

6. 某工程基础混凝土C30P8，混凝土施工后发现凡覆盖塑料薄膜的部位没有出现裂缝，因在有钢筋部位塑料薄膜无法覆盖，混凝土出现了一些不规则的小裂缝，影响混凝土的抗渗性能，试分析原因并提出处理措施。

7. 某工程冬季12月中旬施工6层顶板混凝土，平均气温为－6℃，C30混凝土顶板，施工单位自认为冬期施工，搅拌站掺用防冻泵送剂就可以防冻。因而在施工中只覆盖一层塑料薄膜，没有对混凝土进行保温养护，致使顶板混凝土在边、棱角部位出现冻伤，试对此施工过程进行分析。

8 通用混凝土绿色生产和安全生产

本章导读

混凝土生产行业属于高能耗、高污染、低门槛行业，绿色生产已经成为预拌混凝土行业可持续发展的必经之路。混凝土绿色生产通过建立绿色发展理念，建设绿色工厂，设计绿色产品，循环使用非可再生资源，减少生产过程中有害物的排放，生产出高性能产品，实现混凝土生产的资源利用最大化、环境污染最小化，并有效改善厂区职业健康环境。安全生产关系人民群众的生命财产安全，关系企业生存与发展，也是混凝土行业稳定可持续发展的重要保障。

8.1 通用混凝土绿色生产

预拌混凝土是现代混凝土技术发展史上的重大进步，也是建筑施工走向现代化的重要标志，预拌混凝土经过近四十年的发展，为我国现代化城市化和工业化建设做出了巨大贡献。预拌混凝土行业属于高能耗、高污染、低门槛行业，传统预拌混凝土生产普遍存在废水废浆随意排放、生产废弃物处置利用不合理、粉尘噪声污染严重及缺乏系统的环境监测处置措施等问题。我国混凝土绿色生产技术和管理水平存在较大的地域性差异和个体性差异，整体绿色生产水平较低，生产管理粗放，环保不达标，造成较大的资源浪费和环境污染。

随着我国经济的快速发展，资源与环境问题日益突出，国家出台了一系列的环保政策，加强生态环境保护力度，促进可持续发展和生态文明建设。随着我国预拌混凝土行业节能减排要求日益严格，混凝土绿色生产的理念已成为共识，预拌混凝土行业必须加快转变传统生产方式，大力推进绿色发展，实现转型升级。

8.1.1 混凝土绿色生产及意义

混凝土绿色生产是指预拌混凝土生产全过程中保证混凝土质量，满足节地、节能、节材、节水和保护环境基本要求，做到技术先进、经济合理、安全适用和可持续发展的管理过程。混凝土绿色生产是以技术和管理为手段，以节能降耗、减少排放、保护环境和提升资源综合利用水平为目的，进一步提高混凝土绿色发展水平和可持续发展能力。

预拌混凝土绿色生产是针对原材料、设计、生产、运输、生产废弃物利用等生产全过程，绿色生产不仅局限在厂址选择和厂区要求符合规划、建设、环境保护要求，还包括宜选用技术先进、低能耗、低污染的搅拌、运输和试验设备；不仅对原材料、生产废水和废浆、废弃混凝土、噪声、粉尘进行控制，还包括加强环境监测、运输管理和职业健康安全。混凝土绿色生产包括以下三个层面的内涵：

（1）混凝土产品绿色化。高性能绿色混凝土为人类提供温和、舒适、便捷的生存环境，强调产品与自然环境的协调相容性，比传统混凝土材料有更优的强度、工作性能和耐久性。

（2）生产组织全过程绿色化。即从场站规划、设计、建设到运营管理的全过程，都要符合绿色、低碳、可持续原则，采取必要措施，防止污水、固体垃圾、粉尘、噪声等环境污染的产生。

（3）物料转化全过程绿色化。从骨料、水泥、外加剂等材料的生产，到混凝土预拌、配送、现场浇筑，甚至到建筑废渣循环使用等各个环节，均采取必要的技术，有效实施污染控制、实现节能降耗。

混凝土绿色生产通过建立绿色发展理念，建设绿色工厂，设计绿色产品，循环使用非可再生资源，减少生产过程中有害物的排放，生产出高性能产品，实现混凝土生产的资源利用最大化、环境污染最小化，并有效改善厂区职业健康环境。混凝土绿色生产全过程充分利用资源，减少生产过程中的污染排放，积极推进消纳固废，减少自然资源的开发和利用，保护生态环境，使混凝土产业成为“资源的再生器”；同时积极推广绿色高性能混凝土，提高工程的使用寿命和混凝土材料的利用效率，减少维护维修成本，使生态、经济、社会成为统筹协调发展，具有较好的技术、经济和社会综合效益，可以不断提高企业可持续发展能力和市场竞争力。

绿色生产还可以从技术标准、企业管理上提高入行门槛，规范市场秩序，加大政府宏观调控力度，优化调整产业布局和行业结构，促进预拌混凝土行业实现绿色、可持续发展，预拌混凝土绿色生产具有显著的社会效益。同时，混凝土绿色生产是推广绿色建材，实现绿色施工和绿色建筑的关键技术之一，绿色施工和绿色建筑行动方案离不开混凝土绿色生产，通过混凝土绿色生产实现绿色建材，以绿色、循环、低碳理念指导城市建设，既有助于保障建筑工程质量，又促进绿色施工和绿色建筑发展，推进生态文明与新型城镇化建设。

随着国家可持续发展战略的不断实施和生态文明建设的不断推进，混凝土行业绿色发展的要求不断提高，推广预拌混凝土绿色生产已经成为混凝土行业的共识，绿色生产已经成为预拌混凝土行业可持续发展的必经之路。

8.1.2 混凝土的绿色生产技术途径

（1）活性矿物掺合料技术

水泥作为混凝土主要原材料之一，是一种高能耗的胶凝材料。水泥生产过程中，会产生大量粉尘和有害气体。在发展低碳绿色水泥的同时，利用矿物掺合料应用技术，将具有一定活性的矿物细粉替代部分水泥，减少水泥用量，可以降低能源消耗。粉煤灰、高炉矿渣粉、磷渣粉、沸石粉、石灰石粉、煤矸石粉、硅灰等矿物掺合料的综合利用，是混凝土行业绿色生产的技术途径之一。

利用矿物掺合料应用技术，一方面可以减少水泥用量，降低二氧化碳排放，实现工业废渣的再利用，有效节约能源和降低资源消耗；另一方面可以显著改善混凝土工作性能和微观结构，降低混凝土的早期水化热和体积收缩，同时还能提高混凝土后期强度、耐久性等。开发和利用矿物掺合料实现原材料绿色化，通过多种类、复合化使用矿物掺合料，节约资源，保护环境，这也是混凝土绿色生产的一个重要途径。

（2）循环再生骨料技术

天然骨料是不可再生资源，开采天然骨料会带来生态环境破坏，且天然骨料已经出现资源供应不足的趋势，积极发展和利用废弃混凝土、建筑垃圾、尾矿、矿渣等制作成再生骨料，是解决天然骨料资源不足的一种途径。

我国每年城市建设要产生大量的废弃混凝土和建筑垃圾，经过处理可作为混凝土骨料再次利用，消纳建筑垃圾既解决建筑垃圾污染环境问题，又实现了资源的循环再利用；尾矿、矿渣等作为工业废弃物或副产品，储存数量巨大，也可以加工成混凝土骨料，为混凝土骨料提供更加丰富的资源。循环再生骨料技术通过将再生骨料、工业废弃物等有效利用，实现资源的循环利用，减少混凝土对不可再生资源的消耗，提高混凝土产品的绿色度。

（3）绿色高性能减水剂技术

减水剂在现代混凝土技术中起着重要作用，是混凝土中不可缺少的组成部分，它能改善混凝土的工作性能和力学性能，提高混凝土的耐久性，减少水泥用量和用水量，因而推广使用低碳化和绿色化的外加剂是混凝土绿色生产必不可少的技术措施之一。

在混凝土减水剂选择和应用过程中，尽可能地使用绿色高性能减水剂，保障其使用性能和环保性。从生产过程和使用过程来说，传统的萘系、三聚氰胺等类型减水剂在生产过程中会对环境造成污染，对人的健康和环境不利，有违绿色发展的要求。高性能减水剂是以聚羧酸盐类为主要成分的一类外加剂，高性能减水剂是比高效减水剂具有更高减水率、更好坍落度保持性能、较小干燥收缩，且具有一定引气性能的减水剂，生产过程无污染，是环保型外加剂。因而，对绿色高性能外加剂的研究和推广是发展绿色高性能混凝土的重要环节。

（4）绿色高性能混凝土设计

由于混凝土结构老化、耐久性差等问题，不少混凝土工程使用寿命远低于设计年限，带来巨额的维修费用，造成严重的资源浪费。高性能混凝土具有比传统混凝土更加优良的力学性能、工作性能和耐久性，在延长混凝土结构使用寿命的同时，更能适应各种恶劣环境，从而提高资源利用率，实现节能减排。推广和应用高性能混凝土是实现预拌混凝土绿色生产的重要途径，包括推广应用高强高性能混凝土和普通强度混凝土的高性能化。通过混凝土绿色发展理念，强调产品与自然环境的协调相容性，进行混凝土配合比高性能设计，生产绿色低碳产品，同时建立起混凝土低碳性、耐久性和环境性等产品管理体系，以提高混凝土结构使用寿命和资源利用率。

（5）生产废弃物循环利用

混凝土的生产过程中会产生大量的废水、废浆和固体废弃物，不仅带来严重的环境影响，而且造成较大的资源浪费，混凝土绿色生产的关键技术之一是要实现这些生产废弃物的循环再利用。

废浆水回收处理系统包括利用排水沟槽、多级沉淀池、全循环污水利用系统和雨水收集配套设施，实现生产废浆水、设备场地清洗水和雨水等的收集和利用。生产废水经排水沟槽引导至废水池，经过多级沉淀可得到各种不同清度的废水，最终实现废水的循环分级利用；全循环污水利用系统核心是在不影响混凝土质量的前提下，实现污水不通过分级沉淀分离直接用于混凝土生产，使废水处理成为混凝土生产的一个环节，进一步提升废浆水回收利用效率；通过科学的配置，实现对废水的收集处理和循环利用，提高水资源的利用效率，减少了对环境的污染。

固体废弃物的再利用主要是对废渣、废弃混凝土和沉淀渣等的利用。废弃混凝土性能符合使用要求时，可以采用降等级处理使用或是成型为混凝土制品等；无法继续使用的废弃混凝土通过砂石分离机等处理设备，将其中的砂石从中分离出来回收利用，对混凝土废浆水、废弃混凝土进行处理，剩余泥浆水进入多级沉淀池收集处理；而沉淀渣具有污染性，不能直接排放，通常可用作回填材料或者与废弃混凝土混合搅拌后制成混凝土制品。

(6) 粉尘、噪声控制技术

为了实现混凝土绿色生产的要求，对粉尘、噪声排放采取多种技术措施，减少粉尘和噪声排放，同时建立粉尘、噪声实时监测和控制制度。通过混凝土生产系统实行全封闭，在粉料储存罐、搅拌楼、配料仓和上料接口处增设专用除尘设备和回收利用系统，并将收集后的粉尘重新实现回收再利用；同时在料场和厂区范围设置喷淋装置和雾炮机，通过喷雾降尘的方式，减少粉尘排放及对周边环境的影响。

预拌混凝土企业生产噪声主要来源于搅拌机、车辆、物料传输装置、装载机生产过程中产生的噪声。采用封闭搅拌楼、筒仓、输送系统及砂石料场大棚等，以及加装封闭隔声板，选择低噪声、低能耗、低排放的生产设备，并适当应用消声装置，可以降低对周围环境的噪声影响；同时采用地仓式配料仓工艺设置，称量斗位于地面以下，可以最大限度地减少装载机的工作量，降低了生产过程中的噪声和粉尘，降低生产能耗。

(7) 绿色工厂和智能制造

通过建立高效、节能、环保、舒适的花园式厂区，选用先进、低噪声、低能耗、低排放的设备和工艺，形成自动化和智能化生产装备系统，以及 ERP（Enterprise Resource Planning，企业资源计划）管理系统和车辆调度系统等现代化管理技术，提高生产效率和绿色管理水平，实现混凝土绿色工厂和智能制造，绿色工厂、智能制造是实现预拌混凝土绿色发展的必要手段与途径。

智能制造是采用新技术、新装备、新工艺，大量应用基于信息化技术和物联网技术的传感器、控制器，实现集约化管理，使信息数据实现贯通，强化生产全程监控、信息传递和环境监测，智能制造的应用可有效提升企业绿色生产水平和效率，大幅优化管理流程及增效，实现绿色、清洁、节能的生产模式，以及精细化、数字化、智能化的管控模式，是预拌混凝土行业绿色发展方向。

8.1.3 混凝土的绿色生产及管理

混凝土绿色生产的设备、技术和管理与传统生产方式存在较大区别，绿色生产必须在工艺设备、废浆水和固体废弃物处理、粉尘噪声监控和生产管理等方面进行科学合理规定，以实现节能、环保和可持续发展的要求。《预拌混凝土绿色生产及管理技术规程》

(JGJ/T 328—2014）为预拌混凝土绿色工厂建设和生产提出了总体要求，混凝土绿色生产及管理技术主要包括厂址选择和厂区要求、设备设施、生产控制要求、环境监视控制和绿色生产评价等方面，适用于预拌混凝土绿色生产、管理及评价。

（1）厂址选择与厂区要求

工厂建设做到节地、节能、节材、节水、满足环保要求，总体设计做到技术先进、经济合理、安全适用。厂址应符合规划、建设和环境保护的要求，宜满足生产过程中合理利用地方资源和方便供应产品的要求；宜将生产区、办公区和生活区分区布置，降低生产区对生活区和办公区环境的影响，厂区内应进行道路硬化和环境绿化，并保持卫生清洁；生产区内应设置生产废弃物存放处，生产废弃物应分类存放、集中处理，厂区内应配备生产废水处置系统，宜建立雨水收集系统并有效利用；厂区门前道路和环境应符合环境卫生、绿化和社会秩序的要求。

（2）设备设施

绿色生产宜选用技术先进、低噪声、低能耗、低排放的搅拌、运输和试验设备。搅拌站（楼）宜采用整体封闭方式，应安装除尘装置，搅拌层和称量层宜设置水冲洗装置，冲洗产生的废水宜通过专用管道进入生产废水处置系统，搅拌主机卸料口应设置防喷溅设施；粉料仓应标识清晰并配备料位控制系统，骨料堆场宜建成封闭式堆场，地面应硬化并确保排水通畅，粗、细骨料应分隔堆放，宜安装喷淋抑尘装置。

配料地仓宜与骨料仓一起封闭，配料用皮带输送机宜侧面封闭且上部加盖；粗、细骨料装卸作业宜采用布料机，应具有小型预制构件成型设备、砂石分离机等处理废弃新拌混凝土的设备，应配备运输车清洗装置，实时监控系统等。

（3）生产控制要求

1）原材料

原材料的运输、装卸和存放应采取降低噪声和粉尘措施，预拌混凝土生产用大宗粉料不宜使用袋装方式，当掺加纤维等特殊原材料时，应安排专人负责技术操作和环境安全。

2）生产废水和废浆

生产废水、废浆用作混凝土生产拌和用水时，应符合相关规定；生产废水、废浆不宜用于制备预应力混凝土、装饰混凝土、高强混凝土和暴露于腐蚀环境的混凝土，不得用于制备使用碱活性或潜在碱活性骨料的混凝土，经处理的生产废水也可用于硬化地面降尘和生产设备冲洗。

3）废弃混凝土

废弃新拌混凝土可用于成型小型预制构件，也可采用砂石分离机进行处置，分离后的砂石应及时清理、分类使用。废弃硬化混凝土、可生产再生骨料和粉料由预拌混凝土生产企业消纳利用，也可由其他固体废弃物再生利用机构消纳利用，以实现节材目的。

4）噪声

预拌混凝土绿色生产应根据国家标准《声环境质量标准》(GB 3096—2008）和《工业企业厂界环境噪声排放标准》(GB 12348—2008）的规定以及规划，确定厂界和厂区声环境功能区类别，制订噪声区域控制方案和绘制噪声区划图，建立环境噪声监测网络与制度，评价和控制声环境质量。搅拌站（楼）的厂界声环境功能区类别划分和环境噪声最大限值应符合规定，对产生噪声的主要设备设施应进行降噪处理，当搅拌站（楼）临近居民区时，应在对应厂界安装隔声装置。

5）生产性粉尘

预拌混凝土绿色生产应根据国家标准《环境空气质量标准》（GB 3095—2012）和《水泥工业大气污染物排放标准》（GB 4915—2013）的规定以及环境保护要求，确定厂界和厂区内环境空气功能区类别，制订厂区生产性粉尘监测点平面图，建立环境空气监测网络与制度，评价和控制厂区和厂界的环境空气质量。

搅拌站（楼）厂界环境空气功能区类别划分和环境空气污染物中的总悬浮颗粒物、可吸入颗粒物、细颗粒物的浓度控制要求以及厂界平均浓度差值应符合相关规定，厂区内生产时段无组织排放总悬浮颗粒物的 1h 平均浓度应符合规定要求。预拌混凝土绿色生产宜采取相应的防尘技术措施。

6）运输管理

运输车应符合当地机动车污染物排放标准要求，原材料和产品运输过程应保持清洁卫生；预拌混凝土绿色生产应制订运输管理制度，并应合理指挥调度车辆，且宜采用定位系统监控车辆运行；冲洗运输车辆宜使用循环水，冲洗运输车产生的废水可进入废水回收利用设施。

7）职业健康安全

混凝土绿色生产管理上更加注意以人为本的管理方式。预拌混凝土绿色生产应符合国家标准《职业健康安全管理体系要求及使用指南》（GB/T 45001—2020）的规定，应设置安全生产管理小组和专业安全工作人员，制订安全生产管理制度和安全事故应急预案，每年度组织不少于一次的全员安全培训；在生产区内噪声、粉尘污染较重的场所，工作人员应佩戴相应的防护器具，生产区的危险设备和地段应设置醒目安全标识，工作人员应定期进行体检。

（4）环境监测控制

绿色生产监测控制对象应包括生产性粉尘和噪声，当生产废水和废浆用于制备混凝土时，监测控制对象尚应包括生产废水和废浆。预拌混凝土绿色生产应编制监测控制方案，并针对监测控制对象定期组织第三方监测和自我监测；废浆、生产废水、噪声和生产性粉尘的监测时间应选择满负荷生产时段，监测频率最小限值和检测结果应符合相关的规定，废水、废浆、环境噪声、生产性粉尘的测点分布和监测方法应符合规定要求；预拌混凝土绿色生产应定期检查和维护除尘、降噪和废水处理等环保设施，并应记录运行情况。

（5）绿色生产评价

预拌混凝土绿色生产评价指标体系包括厂址选择和厂区要求、设备设施、控制要求和监测控制四类指标，均为绿色生产的基本控制技术指标，每类指标包括控制项和一般项，控制项为绿色生产必备条件，当控制项不合格时，绿色生产评价结果应为不通过，按照绿色生产评价等级可划分为一星级、二星级和三星级。2016 年 8 月中国混凝土与水泥制品协会发布了《混凝土与水泥制品行业“十三五”发展规划》，提出了绿色低碳产品占比稳步提高，品种质量能满足各类工程建设需要，到 2020 年 80％的搅拌站达到绿色生产一星级及以上水平，其中 50％达到二星级及以上水平的绿色发展目标。

8.2 混凝土安全生产

安全生产是指在预拌混凝土生产过程中，为了避免造成人员伤害和财产损失的事故而采取相应的事故预防和控制措施，使生产过程在符合规定的条件下进行，以保证从业人员的人身安全与健康，设备和设施免受损坏，环境免遭破坏，保证生产经营活动得以顺利进行的相关活动。

安全生产关系到人民群众的生命财产安全，关系到企业生存与发展，也是混凝土行业稳定可持续发展的重要保障。2018 年 5 月 11 日，由中国建筑材料联合会和中国混凝土与水泥制品协会批准发布了《预拌混凝土企业安全生产规范》(T/CBMF 34—2018)，2019 年 8 月 27 日工业和信息化部发布了同名标准，标准号为 JC/T 2533—2019，并于 2020 年 1 月 1 日正式实施。该规范规定了预拌混凝土企业安全生产、安全基础管理、设备及安全设施、工艺安全操作、设备维护保养安全操作、作业场所与职业健康安全、安全标志管理、隐患排查与治理等方面的内容，有助于预拌混凝土生产企业实现安全生产管理和安全效益。

8.2.1 安全生产管理

混凝土企业应制订年度安全生产总体工作目标和安全生产考核办法，设立安全生产管理机构和安全生产管理人员，建立安全生产责任制并明确安全生产职责，建设形成统一的安全价值观，消除所有人身伤害、职业病、可预防的交通事故和环境事故。

企业应建立健全安全生产管理制度，包括生产责任制度、企业日常安全管理规章制度、岗位操作规程、设备安全操作规程等；同时企业应投入安全生产费用用于安全生产设施、教育培训等，并建立安全生产费用投入保障和监督机制。企业应确定安全教育培训主管部门，并制订安全教育培训与计划，安全管理人员都应具备相应的安全生产知识和管理能力，并经培训考核取得《安全管理资格证书》后方可上岗，作业人员应严格遵守安全生产规章制度、安全操作规程，特种作业人员应持证上岗。

8.2.2 设备及安全设施

(1) 上料系统

皮带输送机在设计、制造、安装、使用、维护等方面符合带式输送机安全规范要求。传送带在正常作业条件下应具有满足要求的稳定性和强度，在皮带转接处应设防护装置，防止物料下冲过程中冲出皮带区域；传送带的人工加料区域应设有防护围栏，并辅有其他安全措施；操作面高于基准面时，应设置固定扶梯、坡道、台阶等，坡道应有防滑措施；上料仓内应配备安全下料篦子，篦子网孔尺寸规定不大于 10cm×10cm；地料仓仓面应设有篦子，篦子与仓口边坡应平整，定期检查，篦子磨损后应及时修复；地仓和坡道照明应与生产同步，底仓底部应有排水设施，电器及线路应采取防潮措施。

(2) 物料输送系统

物料输送机安全防护设施应符合带式输送机安全规范要求，带式输送机头尾轮和张紧装置应设置安全防护设施，输送机应设置急停开关，拉线开关的急停装置间隔不应大于 30m，应定期检修安全通道。

(3) 搅拌系统

搅拌机应符合相关标准要求，搅拌楼和筒仓应按规定设置防雷设施，定期对防雷设施进行检测；搅拌楼应按消防要求配备相应的灭火器材和应急照明系统，搅拌机电气系统必须装有总开关和漏电防护装置，电气线路要布局合理，电线要穿管敷设，穿线孔应用防火材料进行封堵，中控室应使用防静电、绝缘阻燃地板。搅拌楼应采用封闭式除尘系统，设置醒目的职业危害告知警示牌，定期进行职业危害因素检测，员工进入搅拌楼应佩戴安全帽、口罩、耳塞等安全防护用品。

筒仓顶部必须加装安全防护装置，并定期检查和维护仓顶除尘系统和安全阀，人员在高处检修作业和盘库作业时，必须按要求佩戴安全帽和悬挂安全带。搅拌系统中钢斜梯、安全防护栏杆、平台踢脚板的设置应符合相关要求，直梯、斜梯应设置休息平台。

(4) 厂内运输系统

厂内应设置车辆限速设施，生产现场应明确区域划分，应对厂内物料车、混凝土运输车等车辆进出场路线进行规定与划分，以及车辆排队等待区域划分，确保厂区人车分流。

(5) 压力容器设备

压力容器设备应符合相关规范要求，压力容器应有压力容器使用登记证、注册证件、质量证明书、出厂合格证、年检报告等，压力容器操作人员应取得有效证件上岗，压力容器应设置醒目的警示标识。压力容器压力表、安全阀等安全附件应定期检验，压力表半年检验一次，安全阀一年检验一次，氧气瓶、乙炔气瓶每三年检测一次，惰性气体瓶每五年检验一次，超过 30 年的应按报废处理。

氧气瓶、乙炔气瓶应选用正规企业的气瓶，使用应符合安全要求。气瓶安全附件齐全完好，外表无缺陷及腐蚀，气瓶颜色及标志正确明显，立放时应有防倾倒装置或措施；瓶内气体不得用尽，按规定留有剩余质量；氧气瓶、乙炔气瓶应分库存放，空、实瓶应分开放置，并保持 1.5m 以上距离；气瓶严禁在阳光下暴晒，不得靠近热源，与明火距离应大于 10m；氧气瓶、乙炔气瓶使用过程中，两者之间间距应大于 5m。

搅拌站锅炉应符合相关要求，安全阀、水位表和压力表等应齐全、灵敏、可靠，报警和联锁保护、安全防护装置保持完好。

(6) 电气系统及辅助设备

安装箱式变压器对建筑物的安全距离和防火间距要符合相关规范要求，箱式变压器应制订相应安全操作规程。变压器室、配电室和电容器室的耐火等级不应低于二级，配电装置室门和变压器室门的高度和宽度要符合相关规定。自备发电机组电源和电网配电线路电源与负荷之间配有安全可靠的联锁装置，自备发电机组的中性线应单独接地，接地电阻不得大于 4Ω。

变配电室的电气线路应配备防雷保护措施和灭火器材，并制订临时线管理方法；变电、配电设施应制订相应的安全管理制度，保证安全的组织措施，以及停电、验电、装设接地线、悬挂标识牌和装设防护栏等保证安全的技术措施，变配电室设备巡视检查、操作、清扫及事故处理，应遵守运行管理制度。

8.2.3 工艺安全操作

（1）原材料准备

砂石料卸料时应采取适当隔离措施，粉料运输车输料时应采用刚性接头，外加剂按化学品安全管理标准执行。

（2）原材料输送

皮带输送机启动前，应调整好输送带松紧度，检查传动部件、防护装置等应运转正常；装料前先空载试运转，加料应保持均匀，并减少落料对输送带、托辊的冲击，严禁超载运行。

运输中需调整输送带松紧、位置和卸料高度时，应停机进行调整，输送带打滑时，严禁用手拉动，严禁运转时进行清理或检修作业；运输中需要停机时，应先停止装料，待输送带上物料卸净后，方可停机。当电源中断或其他原因突然停机时，应立即切断电源，将输送带上的物料清除掉，待来电或排除故障后，方可再接通电源启动运转。

皮带输送机四周应无妨碍工作的堆积物，多机平行作业时，彼此间应留出 1m 以上的通道。输送机易堵塞部位应设置疏通装置，在无安全措施的条件下严禁人工疏导；作业人员在进入料仓前应确保系有安全带，清理料仓前应切断电源、气源，设立警示牌，并安排专人监护；非本机工作人员严禁操作输送机和进入输送机廊道，维修时或清理内部等危险作业时必须执行锁闭程序。

（3）搅拌系统保养维护

生产企业应制订搅拌系统的维护保养制度，检修或清理搅拌机时应切断动力源和压载，并严格执行锁闭程序，设立专人监护和警示标志，确认无误后方可进入搅拌机进行作业。在搅拌机内作业应使用 12V 的照明手灯，佩戴安全帽、穿着长袖工服和工作鞋、佩戴防护眼镜，清理搅拌罐时应佩戴耳塞和防尘口罩；搅拌系统维护保养操作前，应检查所使用工具以及安全联锁装置确保使用正常。

（4）厂外运输安全

混凝土运输车辆应安装 GPS 定位系统和超速报警系统，对运输过程中车辆的行驶状况进行监控和管理；车辆运输前应先进行例行检查和保养，提前了解运输路线，严禁损坏车辆运行；运输中严格遵守交通法规，安全行驶，严禁超速驾驶和酒后上岗，在上下桥坡及转变时控制车速，以免车辆倾翻、碰撞等事故的发生，雨雪天气应降低车速，与车辆行人保持足够的安全距离。

8.2.4 作业场所与职业健康安全

（1）作业场所

作业场所卫生标准和有害因素应符合要求，各种防护设备和急救用品应定点存放和保管，并定期校验和维护。对可能发生急性职业危害的有毒、有害作业场所，应配有报警装置和防护措施，并制订应急预案，配置现场急救用品、设备和应急撤离通道。

（2）厂区、车间及仓库环境

厂区采光照明设施应保持完好，井坑、水池等应设置盖板或护栏；生产场地和路面地面应硬化平整，在厂区道路的交叉路口、跨越道路等重要路段处应设置必要的反光镜、限高标志、限速标志等交通安全设施标志。

厂区划分作业区域应安全合理，厂区内设备凡可能危及人身安全的应设立防范设施，并在醒目处设立警示标志；生产厂区内各场所应配备完好的消防器材，消防通道保持畅通，且具有明显的消防安全标志；厂区道路实施养护、维修时，施工单位应当在施工路段设置必要的安全警示标志和安全防护设施；仓库各类物品分类存放，易燃品、危险化学品要由专人专库管理。

（3）危险化学品管理

厂内危险化学品储存场所、防护措施、分类包装等应满足相关要求，危险化学品储存场所应专人管理并配有相应的安全使用说明书，危险化学品储存场所应有安全警示标志、安全周知卡和应急救援预案，危险化学品使用现场应符合规定的安全条件。

（4）职业健康安全

企业应为作业人员配备劳动防护用品和装备，包括工作服、工作鞋、护目镜、耳塞、防尘口罩、安全帽、手套和安全带等，职业健康安全及其他要求应符合有关规定，工作场所有害气体、粉尘不能超标。

8.2.5 安全标志及标识管理

在有较大危险因素的作业场所和设备设施上，设置明显的安全警示标志，进行危险提示、警示，告知危险的种类、后果及应急措施等。应在设备设施检查、维修、施工、吊装等作业现场设置警戒区域和警示标志，对存在严重职业危害的作业岗位，应按照要求设置警示标志和警示说明，警示说明应包括职业危害的种类、后果、预防和应急救治措施。混凝土安全生产标志图示要符合相关规定，并应定期检查、维护、更换，确保其正常使用。

8.2.6 隐患排查与治理

生产经营单位应当建立健全事故隐患排查治理制度。企业应按照相关规定进行安全生产事故隐患排查；企业应根据隐患排查的结果，制订隐患治理方案，对隐患及时进行治理，隐患治理应要遵循整改责任、措施、资金、时限、预案“五到位”的原则，对于设备和车辆运输的隐患治理要放在首位；重大事故隐患在治理前应采取临时控制措施并制订应急预案，对存在不能保证安全生产的重大安全隐患，应立即撤出危险区域人员，实行停产整改，治理完成后应对治理情况进行验证和效果评估。

企业按照要求建立应急管理程序，每年至少进行一次应急演练。事故的调查处理应按有关规定严格落实，并建立事故档案。

本章小结

混凝土绿色生产是指预拌混凝土生产全过程中保证混凝土质量，满足节地、节能、节材、节水和保护环境基本要求，做到技术先进、经济合理、安全适用和可持续发展的管理过程。混凝土绿色生产通过建立绿色发展理念，建设绿色工厂，设计绿色产品，循环使用非可再生资源，减少生产过程中有害物的排放，生产出高性能产品，实现混凝土生产的资源利用最大化、环境污染最小化，并有效改善厂区职业健康环境。

混凝土的绿色生产技术途径包括：①活性矿物掺合料技术；②循环再生骨料技术；③绿色高性能减水剂技术；④绿色高性能混凝土设计；⑤生产废弃物循环利用；⑥粉尘、噪声控制技术；⑧绿色工厂和智能制造。

预拌混凝土绿色生产评价指标体系包括厂址选择和厂区要求、设备设施、控制要求和监测控制四类指标，均为绿色生产的基本控制技术指标。

安全生产是指在预拌混凝土生产过程中，为了避免造成人员伤害和财产损失的事故而采取相应的事故预防和控制措施，使生产过程在符合规定的条件下进行，以保证从业人员的人身安全与健康，设备和设施免受损坏，环境免遭破坏，保证生产经营活动得以顺利进行的相关活动。

习　题

一、填空题

1. 混凝土绿色生产包括__________、__________、__________三个层面的内涵。

2. 混凝土绿色生产通过建立________________，建设________________，设计________________，循环使用__________，减少生产过程中有害物的排放，生产出高性能产品，实现混凝土生产的资源利用最大化、环境污染最小化，并有效改善厂区职业健康环境。

3. 混凝土绿色生产全过程充分利用资源，积极推进消纳固废，使混凝土产业成为“____________________”。

4. 混凝土生产废浆水回收处理是实现__________、__________和__________等的收集和利用。

5. 混凝土生产固体废弃物的再利用主要是对_________、_________和_________等的利用。

二、单项选择题

1. 搅拌站（楼）宜采用整体封闭方式，应安装(　　)。

A. 除尘装置　　B. 冲洗装置

C. 防喷溅装置　　D. 喷淋抑尘装置

2. 废弃混凝土和建筑垃圾，经过处理可作为(　　)再次利用。

A. 胶凝材料　　B. 混凝土骨料

C. 矿物掺合料　　D. 强度增强剂

3. 对混凝土搅拌站（楼）产生噪声的主要设备设施应进行降噪处理，当搅拌站（楼）临近居民区时，应在对应厂界安装(　　)。

A. 隔声装置　　B. 消声装置　　C. 降噪装置　　D. 除尘装置

4. 2016 年 8 月中国混凝土与水泥制品协会发布了《混凝土与水泥制品行业“十三五”发展规划》，提出到 2020 年(　　)的搅拌站达到绿色生产一星级及以上水平。

A. 50%　　B. 60%　　C. 70%　　D. 80%

5. 从工艺安全考虑，原材料皮带输送机四周应无妨碍工作的堆积物，多机平行作业时，彼此间应留出(　　)以上的通道。

A. 0.5m　　B. 1m　　C. 1.5m　　D. 2m

三、多项选择题

1. 混凝土绿色生产宜选用技术先进，(　　)的搅拌、运输和试验设备。

A. 低噪声　　B. 低投资　　C. 低能耗　　D. 低排放

2. 利用矿物掺合料应用技术，可以(　　)。

A. 减少水泥用量　　B. 实现工业废渣的再利用

C. 改善混凝土工作性能和微观结构　　D. 提高混凝土早期强度

3. 下列可以作为再生骨料应用的是(　　)。

A. 废弃混凝土　　B. 建筑垃圾　　C. 尾矿　　D. 硅灰

4. 通过混凝土绿色生产实现绿色建材，以(　　)理念指导城市建设。

A. 绿色　　B. 循环　　C. 低碳　　D. 现代

5. 混凝土生产过程中废弃物的循环再利用包括(　　)的使用。

A. 废气　　B. 固体废弃物　　C. 废浆　　D. 废水

四、判断题

1. 混凝土生产过程中，用矿物掺合料替代部分水泥，是混凝土行业绿色生产的技术途径之一。(　　)

2. 砂石骨料为可再生资源。(　　)

3. 绿色混凝土生产中，尾矿、矿渣等工业废弃物或副产品，属于循环再生骨料。(　　)

4. 废弃混凝土可以作回填材料或制成混凝土制品。(　　)

5. 工厂建设宜将生产区、办公区和生活区分区布置，降低生产区对生活区和办公区环境的影响。(　　)

五、简答题

1. 混凝土绿色生产的技术途径有哪些?

2. 为减少混凝土生产过程中的粉尘排放，常采取的措施有哪些?

3. 简述混凝土安全生产的重要性。

参考文献

[1] 葛新亚．混凝土材料技术［M］．北京：化学工业出版社，2006.

[2] 孙武斌，张晨霞．建筑材料［M］．上海：上海交通大学出版社，2018.

[3] 唐寻，朱晓军．建筑材料与检测［M］．北京：中国建材工业出版社，2012.

[4] 张爱勤，李晶，张旭，等．混凝土性能与检测技术［M］．哈尔滨：哈尔滨工业大学出版社，2012.

[5] 韩素芳，王安岭．混凝土质量控制手册［M］．北京：化学工业出版社，2013.

[6] 冷发光，周永祥，王晶．混凝土耐久性及其检验评价方法［M］．北京：中国建材工业出版社，2012.

[7] 牛季收．土木工程施工［M］．郑州：郑州大学出版社，2007.

[8] 邓爱民．商品混凝土机械［M］．北京：人民交通出版社，2000.

[9] 俞宾辉．新编建筑混凝土工程施工手册［M］．济南：山东科学技术出版社，2004.

[10]《建筑施工手册》编写组．建筑施工手册［M］．5版．北京：中国建筑工业出版社，2013.

[11] 王建群．从毕业生到施工员——混凝土工程［M］．武汉：华中科技大学出版社，2011.

[12] 张慧爱．混凝土生产与质量控制［M］．武汉：武汉理工大学出版社，2015.

[13] 靳同红，王胜春，张青．混凝土机械构造与维护手册［M］．北京：化学工业出版社，2012.

[14] 尚晓峰．混凝土工［M］．北京：化学工业出版社，2007.

[15] 江卫．混凝土工［M］．武汉：湖北科学技术出版社，2009.

[16] 唐小林，杨再富．混凝土工［M］．重庆：重庆大学出版社，2007.

[17] 汤健．混凝土工问答200例［M］．上海：上海科学技术出版社，2008.

[18] 侯伟．混凝土工艺学［M］．北京：化学工业出版社，2018.

[19] 李立权．混凝土工手册［M］．北京：中国建筑工业出版社，2005.

[20] 靳同红，王胜春，张青．混凝土机械构造与维修手册［M］．北京：化学工业出版社，2011.

[21] 建设部干部学院．混凝土工［M］．武汉：华中科技大学出版社，2009.

[22] 余太勇，澹台恒军，王燕．混凝土工［M］．北京：化学工业出版社，2008.

[23] 乐莹．预拌混凝土生产管理实用技术［M］．南京：东南大学出版社，2014.

[24] 吴波．自建小别墅设计与施工［M］．北京：化学工业出版社，2015.

[25] 邱玉深．混凝土冬期施工的外加剂法［J］．建筑工人，2012，1：15-17.

[26] 赵桂荣，邹殿．冬季混凝土施工外加剂养护法浅论［J］．中国建筑金属结构，2013，2（下）：116.

[27] 冯浩，朱清江．混凝土外加剂工程应用手册［M］．2版．北京：中国建筑工业出版社，2005.

[28] 刘其城，徐协文，陈曙光．混凝土外加剂［M］．北京：化学工业出版社，2009.

[29] 中华人民共和国国家市场监督管理总局，中国国家标准化管理委员会．通用硅酸盐水泥：GB 175—2020［S］．北京：中国标准出版社，2020.

[30] 国家质量技术监督局．水泥胶砂强度检验方法（ISO法）：GB/T 17671—1999［S］．北京：中国标准出版社，2020.

[31] 中华人民共和国国家质量监督检验检疫总局，中国国家标准化管理委员会．建设用砂：GB/T 14684—2011［S］．北京：中国标准出版社，2012.

[32] 中华人民共和国国家质量监督检验检疫总局，中国国家标准化管理委员会．建设用卵石、碎石：GB/T 14685—2011［S］．北京：中国标准出版社，2012.
[33] 中华人民共和国建设部．混凝土用水标准（附条文说明）：JGJ 63—2006［S］．北京：中国建筑工业出版社，2006.
[34] 中华人民共和国国家质量监督检验检疫总局，中国国家标准化管理委员会．用于水泥和混凝土中的粉煤灰：GB/T 1596—2017［S］．北京：中国标准出版社，2017.
[35] 中华人民共和国国家质量监督检验检疫总局，中国国家标准化管理委员会．砂浆和混凝土用硅灰：GB/T 27690—2011［S］．北京：中国标准出版社，2012.
[36] 中华人民共和国国家质量监督检验检疫总局，中国国家标准化管理委员会．用于水泥、砂浆和混凝土中的粒化高炉矿渣粉：GB/T 18046—2017［S］．北京：中国标准出版社，2017.
[37] 中华人民共和国国家质量监督检验检疫总局，中国国家标准化管理委员会．用于水泥和混凝土中的钢渣粉：GB/T 20491—2017［S］．北京：中国标准出版社，2017.
[38] 中华人民共和国国家质量监督检验检疫总局，中国国家标准化管理委员会．用于水泥和混凝土中的粒化电炉磷渣粉：GB/T 26751—2011［S］．北京：中国标准出版社，2012.
[39] 中华人民共和国住房和城乡建设部．混凝土外加剂应用技术规范：GB 50119—2013［S］．北京：中国建筑工业出版社，2014.
[40] 中华人民共和国住房和城乡建设部．普通混凝土拌合物性能试验方法标准：GB/T 50080—2016［S］．北京：中国建筑工业出版社，2017.
[41] 中华人民共和国住房和城乡建设部，国家市场监督管理总局．混凝土物理力学性能试验方法标准：GB/T 50081—2019［S］．北京：中国建筑工业出版社，2019.
[42] 中华人民共和国住房和城乡建设部．普通混凝土长期性能和耐久性能试验 方法标准：GB/T 50082—2009［S］．北京：中国建筑工业出版社，2010.
[43] 中华人民共和国交通部．公路工程水泥及水泥混凝土试验规程：JTG E 30—2005［S］．北京：人民交通出版社，2005.
[44] 中华人民共和国住房和城乡建设部．混凝土质量控制标准：GB 50164—2011［S］．北京：中国建筑工业出版社，2012.
[45] 中华人民共和国住房和城乡建设部．普通混凝土配合比设计规程：JGJ 55—2011［S］．北京：中国建筑工业出版社，2011.
[46] 中华人民共和国国家质量监督检验检疫总局，中国国家标准化管理委员会．预拌混凝土：GB/T 14902—2012［S］．北京：中国标准出版社，2013.
[47] 中华人民共和国住房和城乡建设部．大体积混凝土施工标准：GB 50496—2018［S］．北京：中国计划出版社，2018.
[48] 中华人民共和国国家质量监督检验检疫总局．中热硅酸盐水泥、低热硅酸盐水泥：GB 200—2017［S］．北京：中国标准出版社，2017.
[49] 中华人民共和国建设部．普通混凝土用砂、石质量及检验方法标准（附条文说明）：JGJ 52—2006［S］．北京：中国建筑工业出版社，2007.
[50] 中华人民共和国住房和城乡建设部．海砂混凝土应用技术规范：JGJ 206—2010［S］．北京：中国建筑工业出版社，2010.
[51] 中华人民共和国住房和城乡建设部．混凝土泵送技术规程：JGJ/T 10—2011［S］．北京：中国建筑工业出版社，2011.
[52] 中华人民共和国环境保护部．声环境质量标准：GB 3096—2008［S］．北京：中国环境科学出版社，2008.

[53] 中华人民共和国环境保护部．工业企业厂界环境噪声排放标准：GB 12348—2008［S］．北京：中国环境科学出版社，2008.

[54] 中华人民共和国国家质量监督检验检疫总局，中国国家标准化管理委员会．环境空气质量标准：GB 3095—2012［S］．北京：中国标准出版社，2016.

[55] 中华人民共和国环境保护部，国家质量监督检验检疫总局．水泥工业大气污染物排放标准：GB 4915—2013［S］．北京：中国环境科学出版社，2014.

[56] 国家市场监督管理局，国家标准代管理委员会．职业健康安全管理体系 要求及使用指南：GB/T 45001—2020［S］．北京：中国标准出版社，2020.

[57] 中华人民共和国工业和信息化部．预拌混凝土企业安全生产规范：JC/T 2533—2019［S］．北京：中国建材工业出版社，2019.